国家科学技术学术著作出版基金资助出版

“十四五”时期国家重点出版物出版专项规划·重大出版工程规划项目

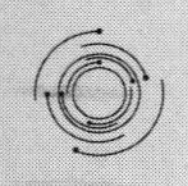

变革性光科学与技术丛书

Fiber Optic Interferometer: Principles and Applications

光纤干涉仪：原理与应用

廖延彪　黎敏　匡武　著

清華大学出版社
北京

内 容 简 介

本书从光的波动理论和相干性出发，在阐述光纤中偏振光的传输与控制、光纤干涉仪的光学特性基础上，系统讨论了光纤干涉仪的信号处理技术，针对性地剖析了光纤干涉仪的典型案例。

本书基于作者及其课题组多年光纤干涉仪领域的研究经验和心得，可为光电信息、自动控制和智能传感等相关领域的科学与工程技术人员了解和掌握光纤干涉仪提供有益参考。

图书在版编目（CIP）数据

光纤干涉仪 ：原理与应用 / 廖延彪，黎敏，匡武著.
北京 ：清华大学出版社，2024. 9. --（变革性光科学与技术丛书）. -- ISBN 978-7-302-67211-1

Ⅰ. TH744.3

中国国家版本馆 CIP 数据核字第 2024E8Z125 号

责任编辑：鲁永芳
封面设计：意匠文化 · 丁奔亮
责任校对：欧　洋
责任印制：杨　艳

出版发行：清华大学出版社
　　网　　址：https://www.tup.com.cn，https://www.wqxuetang.com
　　地　　址：北京清华大学学研大厦 A 座　　**邮　　编**：100084
　　社 总 机：010-83470000　　**邮　　购**：010-62786544
　　投稿与读者服务：010-62776969，c-service@tup.tsinghua.edu.cn
　　质量反馈：010-62772015，zhiliang@tup.tsinghua.edu.cn
印 装 者：三河市东方印刷有限公司
经　　销：全国新华书店
开　　本：170mm×240mm　　**印　　张**：14.75　　**字　　数**：303 千字
版　　次：2024 年 9 月第 1 版　　**印　　次**：2024 年 9 月第 1 次印刷
定　　价：109.00 元

产品编号：105206-01

丛书编委会

丛书序

光是生命能量的重要来源，也是现代信息社会的基础。早在几千年前人类便已开始了对光的研究，然而，真正的光学技术直到400年前才诞生，斯涅耳、牛顿、费马、惠更斯、菲涅耳、麦克斯韦、爱因斯坦等学者相继从不同角度研究了光的本性。从基础理论的角度看，光学经历了几何光学、波动光学、电磁光学、量子光学等阶段，每一阶段的变革都极大地促进了科学和技术的发展。例如，波动光学的出现使得调制光的手段不再限于折射和反射，利用光栅、菲涅耳波带片等简单的衍射型微结构即可实现分光、聚焦等功能；电磁光学的出现，促进了微波和光波技术的融合，催生了微波光子学等新的学科；量子光学则为新型光源和探测器的出现奠定了基础。

伴随着理论突破，20世纪见证了诸多变革性光学技术的诞生和发展，它们在一定程度上使得过去100年成为人类历史长河中发展最为迅速、变革最为剧烈的一个阶段。典型的变革性光学技术包括：激光技术、光纤通信技术、CCD成像技术、LED照明技术、全息显示技术等。激光作为美国20世纪的四大发明之一（另外三项为原子能、计算机和半导体），是光学技术上的重大里程碑。由于其极高的亮度、相干性和单色性，激光在光通信、先进制造、生物医疗、精密测量、激光武器乃至激光核聚变等技术中均发挥了至关重要的作用。

光通信技术是近年来另一项快速发展的光学技术，与微波无线通信一起极大地改变了世界的格局，使“地球村”成为现实。光学通信的变革起源于20世纪60年代，高琨提出用光代替电流，用玻璃纤维代替金属导线实现信号传输的设想。1970年，美国康宁公司研制出损耗为20 dB/km的光纤，使光纤中的远距离光传输成为可能，高琨也因此获得了2009年的诺贝尔物理学奖。

除了激光和光纤之外，光学技术还改变了沿用数百年的照明、成像等技术。以最常见的照明技术为例，自1879年爱迪生发明白炽灯以来，钨丝的热辐射一直是最常见的照明光源。然而，受制于其极低的能量转化效率，替代性的照明技术一直是人们不断追求的目标。从水银灯的发明到荧光灯的广泛使用，再到获得2014年诺贝尔物理学奖的蓝光LED，新型节能光源已经使得地球上的夜晚不再黑暗。另外，CCD的出现为便携式相机的推广打通了最后一个障碍，使得信息社会更加丰富多彩。

20 世纪末以来，光学技术虽然仍在快速发展，但其速度已经大幅减慢，以至于很多学者认为光学技术已经发展到瓶颈期。以大口径望远镜为例，虽然早在 1993 年美国就建造出 10 m 口径的“凯克望远镜”，但迄今为止望远镜的口径仍然没有得到大幅增加。美国的 30 m 望远镜仍在规划之中，而欧洲的 OWL 百米望远镜则由于经费不足而取消。在光学光刻方面，受到衍射极限的限制，光刻分辨率取决于波长和数值孔径，导致传统 i 线（波长：365 nm）光刻机单次曝光分辨率在 200 nm 以上，而每台高精度的 193 光刻机成本达到数亿元人民币，且单次曝光分辨率也仅为 38 nm。

在上述所有光学技术中，光波调制的物理基础都在于光与物质（包括增益介质、透镜、反射镜、光刻胶等）的相互作用。随着光学技术从宏观走向微观，近年来的研究表明：在小于波长的尺度上（即亚波长尺度），规则排列的微结构可作为人造“原子”和“分子”，分别对入射光波的电场和磁场产生响应。在这些微观结构中，光与物质的相互作用变得比传统理论中预言的更强，从而突破了诸多理论上的瓶颈难题，包括折反射定律、衍射极限、吸收厚度-带宽极限等，在大口径望远镜、超分辨成像、太阳能、隐身和反隐身等技术中具有重要应用前景。譬如：基于梯度渐变的表面微结构，人们研制了多种平面的光学透镜，能够将几乎全部入射光波聚集到焦点，且焦斑的尺寸可突破经典的瑞利衍射极限，这一技术为新型大口径、多功能成像透镜的研制奠定了基础。

此外，具有潜在变革性的光学技术还包括：量子保密通信、太赫兹技术、涡旋光束、纳米激光器、单光子和单像元成像技术、超快成像、多维度光学存储、柔性光学、三维彩色显示技术等。它们从时间、空间、量子态等不同维度对光波进行操控，形成了覆盖光源、传输模式、探测器的全链条创新技术格局。

值此技术变革的肇始期，清华大学出版社组织出版“变革性光科学与技术丛书”，是本领域的一大幸事。本丛书的作者均为长期活跃在科研第一线，对相关科学和技术的历史、现状和发展趋势具有深刻理解的国内外知名学者。相信通过本丛书的出版，将会更为系统地梳理本领域的技术发展脉络，促进相关技术的更快速发展，为高校教师、学生以及科学爱好者提供沟通和交流平台。

是为序。

罗先刚

2018 年 7 月

前 言

现代传感器向着更灵敏、更精确、更小巧和智能化的方向发展，光纤传感器因先天纤巧、灵敏、抗电磁干扰和感/传一体而受到越来越多的青睐，并已在航空航天、国防、海洋、电力工业等多个领域获得规模应用、光纤干涉仪是光纤传感器中最早获得工程应用、灵敏度极高的一个典型代表，但其工程化仍存在诸多技术壁垒，如温漂和稳定性问题。光纤传感技术自20世纪70年代末诞生以来，仅有 Eric Udd 的 *Fiber Optic Sensors*、法国 Herve C. Lefevre 的《光纤陀螺仪》，以及国内《新型光纤传感器》《光纤光栅：原理技术与传感应用》《光纤白光干涉传感技术》等为数不多的专业书籍。其内容或是对光纤传感器的全貌概览，或是针对某一专项传感器的深入讨论，尚未见围绕光纤干涉仪这一大类传感器的专著。光纤干涉仪基于相位调制与解调原理，传感结构复杂、信号处理技术成熟，且已获得广泛应用，作为高精度光纤传感器的代表，其发展空间仍然广阔。因此，从业人员亟需一本系统讲解干涉仪基础理论、信号解调与处理等关键技术的专业导学书。

本书从光的波动理论和相干性出发，在阐释光纤中偏振光的传输与控制、光纤干涉仪的光学特性基础上，系统地讨论了光纤干涉仪的信号处理技术，针对性地剖析了光纤干涉仪的典型应用案例。本书除涵盖主要光纤干涉仪类型外，新增了短腔 F-P 结构、白光干涉和长程干涉仪；系统性地分类阐释了双光束干涉仪、多光束干涉仪和长程干涉仪的信号处理方法；分析了获得广泛商业应用的光纤水声传感器、光纤矢量/加速度传感器、光纤陀螺，以及仍处于研发阶段的光纤氢气传感器和 LPG-MZ 复合折射率传感器等典型光纤干涉仪的应用技术。

本书用清晰的理论体系、细致的技术方案和生动具体的应用案例详解，将作者及其课题组多年光纤干涉仪领域的研究经验和心得加以提练，为光电信息、自动控制和智能传感等相关领域的科研与工程技术人员了解和掌握光纤干涉仪提供有益参考。

本书彩图请扫二维码观看。

目　录

第 1 章

光 的 干 涉

光纤干涉技术是基于光纤介质的一个光学干涉技术分支，因此它遵从光学干涉的一般规律，又因光纤这一特殊波导介质而产生了许多独特的现象、理论和应用技术。本章主要讨论光的干涉过程，包括产生干涉现象对光源的要求，干涉现象的规律和用途。首先讨论双光束干涉的一些基本规律。例如，如何由光程差来确定干涉场的分布、干涉条纹的特性等。在此基础上，接着讨论两种典型的分振幅干涉——等倾干涉和等厚干涉，讨论其干涉场的光强分布和有关的应用；光场的相干性；双光束干涉和多光束干涉的特点（迈克耳孙干涉仪，法布里-珀罗干涉仪）。光程的计算、光场的相干性以及多光束干涉的特性，也是本章的重点。

1.1 光波的叠加

1.1.1 概述

光波的叠加遵循以下规律：在非叠加区光波各自按自己的传播规律向前传播，如图 1-1 中画斜线区域；在叠加区光波的传播因两光波特征参量的差别而不同。

光波的特征参量有振幅、相位、偏振（由光矢量方向确定）和波长。按两光波特征参量之间的差别，光波的叠加有以下几种情况。

（1）光矢量方向和波长相同（但振幅和相位不同）的叠加。单色光的干涉、衍射等属于这一类叠加。

（2）光矢量方向相同，波长、振幅、相位均不相同的叠加。白光干涉、光脉冲、光调制等属于这一类。

(3) 波长相同,但光矢量方向、振幅、相位均不相同的叠加。光矢量方向相近时,可近似为干涉、衍射。光矢量方向相互垂直时,则属于偏振光干涉。

1.1.2 获得相干光的方法

在实验室中为了演示双光束的干涉现象,一个最简单的办法就是让一束激光通过两个窄缝(通常称为狭缝或两个小圆孔),则在缝后的白色屏幕上就会出现一个典型的双缝干涉图像——间距相等的明暗交替的条纹。如图 1-1 所示,图(a)是实验装置,图(b)是干涉条纹。图中 S_1、S_2 是两个细长的窄缝。在一张废底片上用刀片刻出两条刻痕即得到窄缝,两刻痕间的距离无严格要求,1 mm 左右即可。双缝的作用是产生两束相干光,这两束相干光的叠加处就形成干涉条纹。

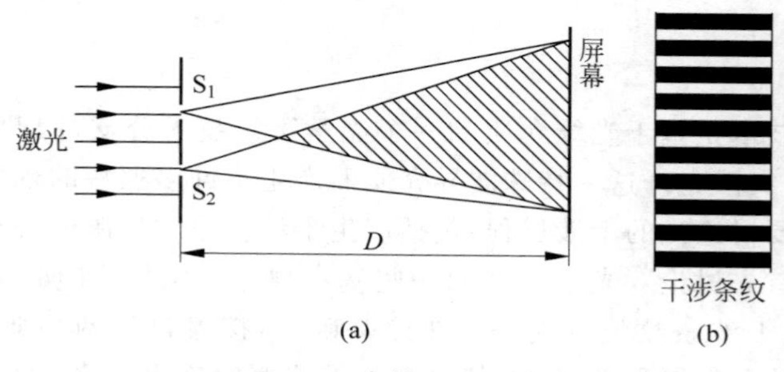

图 1-1 光的双缝干涉

可是,两个独立的光源发出的光波叠加后,却只有强度的相加,并无明暗的条纹。例如两支日光灯同时照亮某处时,只见其强度增加(仍为均匀光),却无明暗条纹出现。原因是两支独立的日光灯并不是相干光源。至于为什么不相干,则需了解一些光源发光的性质。

所谓双光束干涉是指两束光相遇以后所产生的一种现象：在两光波的叠加区,光强将会重新分布,经常会出现明暗相间、稳定的干涉条纹。所谓干涉条纹的稳定是指在一定的时间间隔内(通常这时间间隔要大大超过光探测器的响应时间。例如,人眼的视觉暂留时间、底片的曝光时间、光电管的响应时间等),光强的空间分布不随时间改变。这种强度分布是否稳定,是目前我们区别相干和不相干的主要标志。

从光源发光的本性可知,一个光源包含许多个发光的原子、分子,每个原子、分子都是一个发光中心(一个小的点光源)。而我们看见的每一束光都是从大量原子(发光中心)发射并会集出来的。另外,单个原子的发光并非无休无止。其发光动作每次只能持续短暂的时间,这个时间很短(经实验证明发光时间小于 10^{-8} s),因而原子发光每次只能产生有限的一段空间波列。普通光源的发光方式，主要是自发辐射，各原子都是一个独立的发光中心，各原子的发光动作杂乱无章，彼此无关。因而同一原子先后产生的各个波列之间，以及不同原子产生的各个波列之间，都没有固定的位相关系。这样的光波叠加的结果，当然不会有干涉现象产生。因为在某一时刻，其叠加的结果可能是加强。而在另一时刻，由于初相位的改变，其叠加的结果就可能是减弱。在 1 s 内，这种强弱的变化可能在 10^8 次以上。这样，总的效果是干涉项的时间平均值为零：

$$\frac{1}{\tau}\int_0^{\tau}\sqrt{I_1 I_2}\cos\delta \mathrm{d}t = 0$$

由此可见，不仅从两个普通光源发出的光不会产生干涉，而且即使是同一光源的两个不同部分发出的光也不相干。因此普通光源是一种非相干光源。

20 世纪 60 年代出现一种新型光源——激光器，其发光的主要特点是：原子的发光方式主要是受激发射，即各发光原子的动作和步调是有秩序、有规则、彼此协调的。因而同一原子先后发射的各波列之间，以及空间上不同原子发射的各波列之间都具有确定的相位关系。因此，激光有很好的相干性，所以激光器是一种相干光源。

由上述讨论可知，要获得稳定的干涉条纹，对光源有下列要求：①两光波频率相同；②两光波在相遇处光矢量方向相同；③两光波在相遇处有固定不变的相位差。对于光的干涉，由于光源发光的特点，最关键的是要满足第③条要求。因此，在光学中获得相干光源的唯一办法就是把一个波列的光分成两束或几束波，然后再令其重合而产生稳定的干涉效应。除此以外，别无他法。用一分为二的办法就能使两光波的初相差保持恒定的原因，从双缝干涉的装置即可明了。在图 1-1 中，设 S_1 和 S_2 两缝是由来自 S_0 点的光波所照明，这光波被双缝分成两部分，因此从 S_1 和 S_2 发出的两列波是来自同一波列，其初相差由程差 $\Delta_0 = S_0S_2 - S_0S_1$ 决定，与波列本身的初相位无关。因此，不论此波列的初相位怎样随时间在千变万化，从 S_1、S_2 发出的两光波其初相差却丝毫不变。所以利用这"一分为二"的办法，可解决光源初相位不稳定的问题。上述三点是产生干涉现象的必要条件，而为了获得一定质量的干涉条纹（即条纹对比度可供目视观察或测量），则需再满足以下两个充分条件：①参加干涉的诸光波，在光波叠加处其振幅（或光强）相近；②参加干涉的两光波到达叠加处的时间差远小于光源的相干时间，或光程差即折射率和几何路程差的乘积，远小于光源的相干长度。对此将在"光的相干性"一节再作说明。

获得相干光的办法一般有两类：分振幅干涉和分波面干涉。利用透明薄板的第一表面和第二表面对入射光波的依次反射，将入射光的振幅分解为若干部分，由这些部分的光波相遇所产生的干涉，称为分振幅干涉，这是一种常用的产生干涉的方法。油膜和肥皂泡的彩色就是这一类干涉的结果。所谓分波面干涉就是把一个波列的波面分成两部分或几部分，由每一部分发出的波再相遇时，必然是相干的。

上面介绍过的双缝干涉就是一个早期的分波面干涉。一个波列的波阵面被两个狭缝 S_1 和 S_2 分为两部分，这两部分就成为两个相干光源。

1.1.3 两平面光波的叠加

设两同频率、同振动方向的光波 $u_1=a_1e^{i\phi_1}$ 和 $u_2=a_2e^{i\phi_2}$ 在空间叠加，则叠加处任一点 P 的光振动是两列波在该点引起的振动叠加的结果，两波叠加后的光强为

$$I=u\times u^*=(a_1e^{i\phi_1}+a_2e^{i\phi_2})(a_1e^{-i\phi_1}+a_2e^{-i\phi_2})$$
$$=a_1^2+a_2^2+2a_1a_2\cos(\phi_1-\phi_2)$$

或

$$I=I_1+I_2+2\sqrt{I_1I_2}\cos\delta \tag{1-1}$$

式中，$I_1=a_1^2$，$I_2=a_2^2$ 分别为两光波在 P 点处的光强（略去一常数因子）；$\delta=\phi_1-\phi_2$ 是两光波在 P 点的相位差。式(1-1)表明，两束光叠加后的总强度并不等于这两列波的强度和，即 $I\neq I_1+I_2$，而是多出一交叉项。它反映了两束光的干涉效应，通常称为干涉项，用 J_{12} 代表：

$$J_{12}=2\sqrt{I_1I_2}\cos\delta \tag{1-2}$$

因此两波叠加要产生干涉效应，必须满足 $J_{12}\neq 0$，干涉项 J_{12} 和相位差 δ 有关，所以它的数值因 P 点的位置而异，并且可正可负。$J_{12}>0$ 时，$I>I_1+I_2$，是干涉加强；$J_{12}<0$ 时，$I<I_1+I_2$，是干涉减弱，显然 $\delta=0,\pm2\pi,\pm4\pi,\cdots$时，干涉强度最大（干涉极大）：

$$I_{max}=I_1+I_2+2\sqrt{I_1I_2}$$

而 $\delta=\pm\pi,\pm3\pi,\pm5\pi,\cdots$时，干涉强度最小（干涉极小）：

$$I_{min}=I_1+I_2-2\sqrt{I_1I_2}$$

当 $I_1=I_2$ 时，式(1-1)变成

$$I=4I_1\cos^2(\delta/2) \tag{1-3}$$

这时，$I_{max}=4I_1$，$I_{min}=0$。图 1-2 画出了式(1-3)的函数曲线。

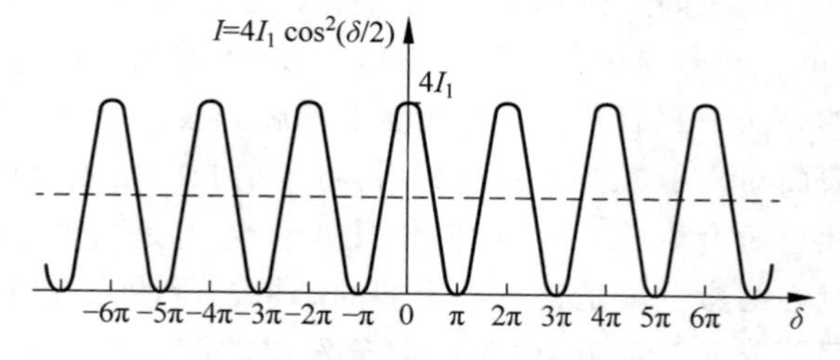

图 1-2 等光强双光束干涉的光强分布

1.2　分振幅的双光束干涉

1.2.1　等倾干涉

1. 计算光程差的公式

为研究分振幅干涉中光程差变化的规律，先讨论平行平板的干涉现象。

设有一均匀透明的平行平板，厚度为 h，折射率为 n。现有波长为 λ 的单色光入射于平板的上表面，入射角为 θ_0，经上、下两表面反射后的反射光束 $1'$ 和 $2'$，如图 1-3 所示。显见，这两束反射光 $1'$ 和 $2'$ 是相干光，因为都是从同一束入射光中分出来的。由于已假定平板上、下两表面相互平行，因此 $1'$、$2'$ 两束反射光也相互平行，所以这两束相干光只有在无穷远处才能相交，亦即干涉发生在无穷远处。为此需要用一个凸透镜 L 把干涉条纹移到近处(移到 L 的焦平面上)，以便观察和测量。所以平行平板的干涉条纹出现在无穷远处，是一种定域干涉。

求 P 点的光强，实质上就是要计算 $1'$、$2'$ 两反射光到达 P 点时的相位差。两光束从 A 点分开时无相位差。在从 DC 到 P 之间的这段路程中，两光束之间也不会有相位差产生(因理想透镜对这两束光不产生附加程差)。如图 1-3 所示，$CD \perp AD$。所以 $1'$、$2'$ 两束光的相位差只来源于 AD 和 ABC 这两段路程之间的光程差。若平板置于折射率为 n_0 的介质中，则两光束间的光程差为

$$\Delta = 2nAB - n_0 AD = \frac{2h}{\cos\theta}(n - n_0 \sin\theta \sin\theta_0)$$

再利用折射定律并化简，可得

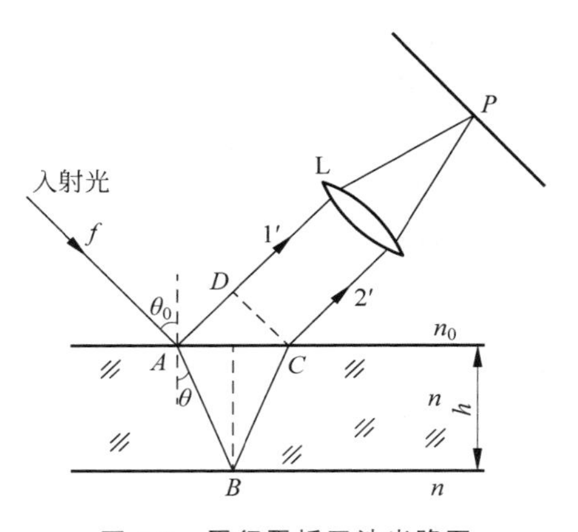

图 1-3　平行平板干涉光路图

$$\Delta = 2nh\cos\theta = 2h\sqrt{n^2 - n_0^2\sin^2\theta_0} \tag{1-4}$$

式中，h 是平板厚度；n 是平板的折射率；n_0 是周围介质的折射率；θ_0 是入射角；θ 是折射角。式(1-4)是讨论平板干涉最基本的公式。

由上述结果可知以下规律。

(1) 平板的干涉效应，主要由两光波的光程差 Δ 决定，Δ 值由式(1-4)求出。

(2) 平板干涉的条纹主要由三个因素决定：板的折射率 n，厚度 h，以及光束的入射角 θ_0。若板的折射率 n 是常数(即均匀平板)，则只由 h 和 θ_0 两个量控制条纹的变化。因此，为讨论方便，又把平板干涉分成两类：一类是 θ_0 固定(入射角不变)，h 变(各点板厚不同)，这时每个干涉条纹对应的是板厚度相同点的轨迹，故这一类干涉称为等厚干涉；另一类是板厚不变(板上各点 h 相同)，改变入射角 θ_0，这时每个干涉条纹对应的则是由同一个倾角(入射角)的入射光干涉的结果，故称为等倾干涉。

另外，在层状介质(多层膜)的干涉中，折射率也是控制干涉效应的一个重要因素。

(3) 在这类干涉中要注意附加程差的问题。虽然折射光与入射光之间永无相位突变，但反射光与入射光之间却经常有相位突变发生。因此，对于反射光就要考虑由相位突变而引起的附加光程。对于具体问题要利用菲涅耳公式进行讨论。但对于常见的小角度入射或掠入射的干涉问题，则可用下列规则：反射光在从折射率大的介质(光密介质)入射到折射率小的介质(光疏介质)界面上反射时，有 $\lambda/2$ 的附加光程。反之，从折射率小的介质入射到折射率大的介质界面上反射时，无附加光程。或者，如果平板是浸在同一均匀介质中，例如浸在空气或水中，则从平板上、下两表面反射的两束光之间永远有 $\lambda/2$ 的附加光程差(与入射角无关)。在具体装置中，两光束之间若有附加的光程差，则光程差公式(1-4)应改为

$$\Delta' = 2nh\cos\theta \pm \lambda/2 \tag{1-5}$$

(4) 条纹光强的分布由下式确定：

$$I = I_1 + I_2 + 2\sqrt{I_1 I_2}\cos k\Delta$$

因此，条纹光强分布由光程差 Δ 唯一确定。没有附加光程差时有

$$\Delta = 2nh\cos\theta = m\lambda \quad (m = 0, 1, 2, \cdots) \tag{1-6}$$

此时，干涉光强为极大；

$$\Delta = 2nh\cos\theta = m\lambda \quad \left(m = \frac{1}{2}, \frac{3}{2}, \frac{5}{2}, \cdots\right) \tag{1-7}$$

此时，干涉光强为极小。

在有附加光程差时，则应为

$$\Delta = 2nh\cos\theta \pm \frac{\lambda}{2} = m\lambda \quad (m = 0, 1, 2, \cdots)$$

此时，干涉光强为极大；

$$\Delta = 2nh\cos\theta \pm \frac{\lambda}{2} = m\lambda \quad \left(m = \frac{1}{2}, \frac{3}{2}, \frac{5}{2}, \cdots\right)$$

此时，干涉光强为极小。

2. 观察等倾干涉的实验装置

等倾干涉是指薄膜（一般板的厚度很小时，均称为薄膜）厚度处处相同，而光束以各种角度入射时所产生的一组干涉条纹。因此，要获得等倾条纹，关键是两条：一是要有厚度不变的均匀薄膜（或厚度不变的空气层），二是光源的光束要以不同的角度入射于薄膜。观察等倾干涉的光路图如图 1-4 所示。S 为一扩展光源，它发出的光经过半反射镜 M 后以各种角度入射于平行平板的上、下表面 M_1 和 M_2。板的厚度为 h，折射率为 n，板外的折射率为 n_0。入射光经平板上、下表面反射后再由透镜 L 聚焦于其焦平面上，等倾干涉条纹就在此焦平面上形成。等倾干涉条纹是圆形（在垂直于薄膜的方向观察），这圆条纹的形成过程如下所述。设光源发出的某一束光 S_0 以角度 θ_1 入射于薄膜表面。经膜上、下表面反射后产生两束相互平行的反射光 R_1 和 R_2，这两束光在 L 的焦平面上 P 点相交产生干涉，干涉的效应由其光程差决定。若光源中一束光 S_0' 也以同一角度 θ_1 入射于薄膜表面，则其两反射光 R_1' 和 R_2' 必与 R_1 和 R_2 平行，经透镜 L 后仍然是交于 P 点产生干涉。由于 R_1' 和 R_2' 之间的光程差与 R_1 和 R_2 之间的光程差相等，其在 P 点的干涉效应也必然一样。所以只要入射角相等，其两反射光的光程差也就相等，它在焦平面上的会合点也就属于同一个干涉级次。另外，由实验装置显见，凡是以透镜 L 的光轴 OO' 为轴，以入射角 θ_1 为圆锥半顶角的圆锥母线上的光束，经平板反射后的相干光，都会聚在焦平面上以 O 为圆心、OP 为半径的一个圆周上，也就是同一干涉级次的条纹是一个圆。由于光源为扩展光源，它在一定大小的面积上发光，因此在焦平面上就形成一套干涉圆环。由此实验装置可见：干涉条纹的形成是 θ_1（入射角）变，h（膜厚度）不变。所以同一条纹代表同一倾角（入射角或折射角）。等倾条纹在无穷远处形成，即条纹定域于无

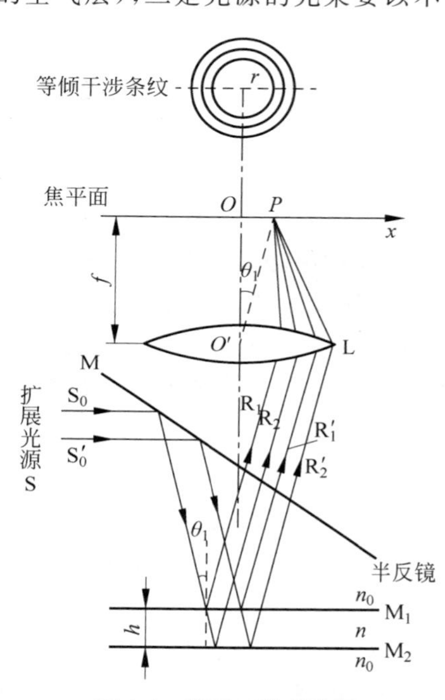

图 1-4　等倾干涉光路图

穷远。

3. 等倾条纹的性质

1）中央条纹

因为中央条纹就是干涉条纹的中心点 O，它是由入射角 $\theta_1=0$（当然有 $\theta=0$）的光线干涉而成。所以由程差公式可得，m_0 的表达式为

$$m_0=\frac{\Delta_0}{\lambda}=\frac{2nh}{\lambda}+\frac{1}{2} \tag{1-8}$$

式中，m_0 是中央条纹的干涉级次。在实际的干涉装置中 m_0 往往是一个很大的数。例如，当用 $h=1$ mm 厚的平玻璃片（$n=1.50$）产生等倾圆环时，对于 $\lambda=0.5\ \mu\mathrm{m}$ 的绿光，其中央亮环的级次是

$$m_0=\frac{2\times1.50\times1(\mathrm{mm})}{0.5\times10^{-3}(\mathrm{mm})}+\frac{1}{2}\approx6000$$

由等倾干涉的光程差公式（1-6）可见，当入射角 θ_1 增大时（折射角 θ 亦随之增大），$\cos\theta$ 的值却是减小，因而光程差也相应地减小。所以光线垂直入射时，光程差最大，干涉级次最高。因此等倾干涉环越向边缘，干涉级次越低，这是等倾干涉的一个特点。在测量上为方便起见，往往将最靠中心的环记作第 1 环，向边缘依次记为第 2，3，…，N 环。这种人为的标记环号 N 和干涉环本身的干涉级次 m 之间的对应关系如下：

干涉级次	$m_0, m_1, m_1-1, m_1-2, \cdots, m_N$
条纹标号	1，　2，　3，　…，N

由此可见，它们之间的关系是

$$m_N+N=m_1+1$$

式中，m_1 是最靠中心的第一个环的干涉级次，再把该式代入光程差公式（1-5），并经化简即可找出 N 和诸参量之间的关系。因为

$$\Delta_N=2nh\cos\theta+\frac{1}{2}\lambda=m_N\lambda=(m_1+1-N)\lambda$$

又一般干涉装置中均有 $\theta\approx0$，因此，

$$\cos\theta\approx1-\frac{1}{2}\theta^2$$

再利用

$$2nh+\frac{1}{2}\lambda=m_0\lambda=(m_1+\varepsilon)\lambda$$

式中，$m_1=m_0-\varepsilon$，这里 $\varepsilon<1$，ε 是中央条纹干涉级次的小数部分，因为中央条纹的级次不一定是整数。则可得 Δ_N 的表示式并化简，可得

$$\Delta_N=\sqrt{\frac{\lambda}{nh}}\cdot\sqrt{(N-1)+\varepsilon} \tag{1-9}$$

再利用小角度下的折射定律：$n_0\theta_0=n\theta$，

$$\theta_{0N}=\frac{1}{n_0}\sqrt{\frac{n\lambda}{h}}\cdot\sqrt{(N-1)+\varepsilon} \tag{1-10}$$

式中，θ_{0N} 是相应于第 N 环的光束的入射角；λ 是入射光波长；n 是膜的折射率；n_0 是膜周围介质的折射率；h 是膜的厚度。

2）条纹的半径和间距

由图1-4等倾干涉的实验装置可见，干涉圆环的半径 r_N 由透镜L的焦距 f 和干涉环对透镜中心的张角 α_N 决定：

$$r_N=f\tan\alpha_N$$

α_N 又称条纹的角半径，一般其值都很小，故有

$$r_N\approx f\cdot\alpha_N$$

显见：$\alpha_N=\theta_0$。把式(1-10)代入则得条纹角半径为

$$\alpha_N=\frac{1}{n_0}\sqrt{\frac{n\lambda}{h}}\cdot\sqrt{(N-1)+\varepsilon} \tag{1-11}$$

条纹半径为

$$r_N=f\cdot\frac{1}{n_0}\sqrt{\frac{n\lambda}{h}}\cdot\sqrt{(N-1)+\varepsilon} \tag{1-12}$$

再由 $r_{N+1}^2-r_N^2=\frac{f^2}{n_0^2}\cdot\frac{n\lambda}{h}$，可求出条纹间距 e_N 的表达式。因为

$$e_N=r_{N+1}-r_N=\frac{f^2}{n_0^2}\cdot\frac{n\lambda}{h}\cdot\frac{1}{r_{N+1}+r_N}$$

又

$$r_{N+1}+r_N\approx 2r_N=\frac{2f}{n_0}\sqrt{\frac{n\lambda}{h}}\cdot\sqrt{(N-1)+\varepsilon}$$

所以

$$e_N=\frac{f}{2n_0}\cdot\sqrt{\frac{n\lambda}{h(N-1+\varepsilon)}} \tag{1-13}$$

由此可见，越向边缘（N 增加），条纹越密。

1.2.2　平行平板的多光束干涉

在平行平板的干涉中（1.2.1节），我们只讨论了从平板上、下两表面反射的两束光叠加后所产生的双光束干涉现象。实际上，由于上下两表面多次反射和折射

的结果，其反射和透射光的数目远非两束。又因是平行平板，故诸反射波均相互平行，诸透射波也相互平行。当反射率很低时，例如，对于 $n=1.52$ 的玻璃平板，放在空气中，其上下界面的反射率均为 4%，这时只有最前面两束反射光强度相近，能产生可见度较好的干涉条纹。以后各反射光强度急剧下降，透射光也一样，故其干涉效应可忽略。反之，当反射率很高时，这种忽略就不能允许。例如，当用两面镀有高反射膜的平板玻璃时，如其两面反射率均为 90%。则每束透射光的强度就很相近，这时每束光对干涉效应都有贡献，不能忽略。这种由多束相干光叠加而产生的效应称为多光束干涉。

1. 多光束干涉的强度分布

如图 1-5 所示，设 $E^{(i)}$ 为入射平面波电矢量的复振幅，并假定入射波是线偏振波，电矢量平行于入射面或垂直于入射面，则由图 1-5 可见，每相邻两反射光或透射光之间的光程差为

$$\Delta = 2nh\cos\theta_{\mathrm{t}} \tag{1-14}$$

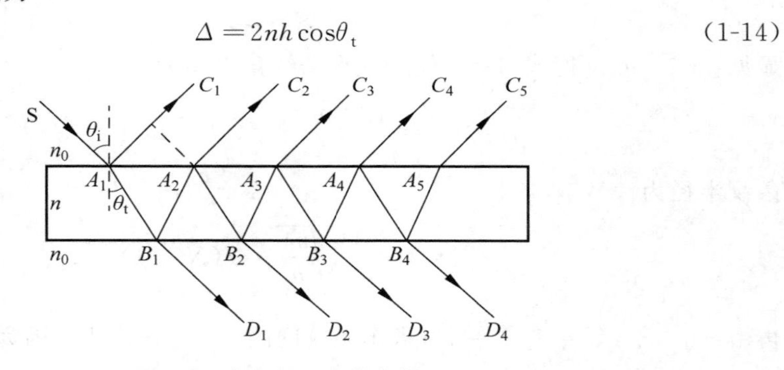

图 1-5　多束相干光的获得

而由光程差引起的相位差则为

$$\delta = k\cdot\Delta = \frac{4\pi}{\lambda_0}nh\cos\theta_{\mathrm{t}} \tag{1-15}$$

式中，h 是板的厚度；λ_0 是真空中波长；n 是平板材料的折射率(设板放在空气中)；θ_{t} 是光线的折射角。又设上、下两表面的透射振幅比，亦称透射系数(透射光振幅与入射光振幅之比)和反射振幅比，亦称反射系数(反射光振幅与入射光振幅之比)：光束自介质进入平板时，透射振幅比为 t，反射振幅比为 r；光束从平板进入介质时，则为 t' 和 r'，如图 1-6 所示。有了这几个系数后，就可立即求出每束反射光到达会合点时的复振幅。

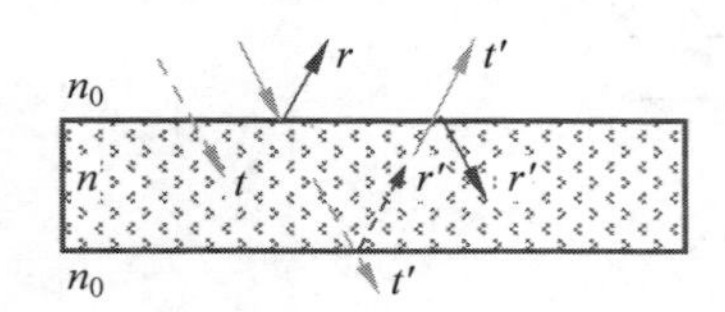

图 1-6　光在平板上的反射和透射
(请扫V页二维码看彩图)

$$\begin{cases} E_1^{(r)} = rE^{(i)} \\ E_2^{(r)} = r'tt'E^{(i)}\mathrm{e}^{-\mathrm{i}\delta} \\ E_3^{(r)} = r'^3 tt'E^{(i)}\mathrm{e}^{-\mathrm{i}2\delta} \\ E_4^{(r)} = r'^5 tt'E^{(i)}\mathrm{e}^{-\mathrm{i}3\delta} \\ \vdots \\ E_{P+2}^{(r)} = r'^{(2P+1)} tt'E^{(i)}\mathrm{e}^{-\mathrm{i}(P+1)\delta} \end{cases} \tag{1-16}$$

每束透射光到达会合点时的复振幅为

$$\begin{cases} E_1^{(t)} = tt'E^{(i)} \\ E_2^{(t)} = r'^2 tt'E^{(i)}\mathrm{e}^{-\mathrm{i}\delta} \\ E_3^{(t)} = r'^4 tt'E^{(i)}\mathrm{e}^{-\mathrm{i}2\delta} \\ \vdots \\ E_P^{(t)} = r'^{2(P-1)} tt'E^{(i)}\mathrm{e}^{-\mathrm{i}(P-1)\delta} \end{cases} \tag{1-17}$$

利用

$$\sum_{P=0}^{\infty} x^P = \frac{1}{1-x} \quad (P=1,2,3,\cdots)$$

即得叠加后反射光的复振幅为

$$\begin{aligned} E^{(r)} &= E_1^{(r)} + E_2^{(r)} + E_3^{(r)} + \cdots + E_P^{(r)} + \cdots \\ &= \left(r + \frac{r'tt'\mathrm{e}^{-\mathrm{i}\delta}}{1 - r'^2\mathrm{e}^{-\mathrm{i}\delta}}\right)E^{(i)} \end{aligned} \tag{1-18}$$

又由菲涅耳公式知诸振幅比有下列关系：

$$r' = -r, \quad tt' + r^2 = 1 \tag{1-19}$$

把式(1-19)代入式(1-18)，并化简即得

$$E^{(r)} = \frac{r(1-\mathrm{e}^{-\mathrm{i}\delta})}{1 - r^2\mathrm{e}^{-\mathrm{i}\delta}}E^{(i)} \tag{1-20}$$

由此得叠加后的反射光强 $I^{(r)} \propto E^{(r)}E^{(r)*}$ 为

$$I^{(r)} = \frac{r^2[2 - (\mathrm{e}^{\mathrm{i}\delta} + \mathrm{e}^{-\mathrm{i}\delta})]}{1 + r^4 - r^2(\mathrm{e}^{\mathrm{i}\delta} + \mathrm{e}^{-\mathrm{i}\delta})}I_0$$

再利用数学公式 $\mathrm{e}^{\mathrm{i}\delta} + \mathrm{e}^{-\mathrm{i}\delta} = 2\cos\delta$ 和 $1 - \cos\delta = 2\sin^2\dfrac{\delta}{2}$，则式(1-20)可化简为

$$I^{(r)} = \frac{4R\sin^2\dfrac{\delta}{2}}{4(1-R)^2 + R\sin^2\dfrac{\delta}{2}}I_0 \tag{1-21}$$

式中，$R = r^2$，是平板表面的反射率；$I_0 \propto E^{(i)}E^{(i)*}$ 是入射光强。

$$\delta=\frac{2\pi}{\lambda_0}\Delta=\frac{2\pi}{\lambda_0}2nh\cos\theta_{\mathrm{t}}=\frac{4\pi}{\lambda_0}nh\sqrt{1-\sin^2\theta_{\mathrm{t}}} \tag{1-22}$$

是相邻两光束的位相差，其中，n 是平板的折射率，h 是板的厚度，θ_{t} 是折射角。

同样，对于透射光则有

$$I^{(t)}=\frac{(1-R)^2}{(1-R)^2+4R\sin^2\dfrac{\delta}{2}}I_0 \tag{1-23}$$

令 $F=\dfrac{4R}{(1-R)^2}$，则式(1-21)和式(1-23)可改写成

$$\frac{I^{(r)}}{I_0}=\frac{F\sin^2\dfrac{\delta}{2}}{1+F\sin^2\dfrac{\delta}{2}} \tag{1-24}$$

$$\frac{I^{(t)}}{I_0}=\frac{1}{1+F\sin^2\dfrac{\delta}{2}} \tag{1-25}$$

式(1-24)和式(1-25)就是多光束干涉的强度分布公式。显然，由式(1-24)和式(1-25)可得

$$I^{(t)}+I^{(r)}=I_0$$

由上式可见，由于反射光强与透射光强之和为一常数，则当反射光因干涉而加强时，其透射光必因干涉而减弱；反之，反射光减弱时，透射光就加强。通常将这种情况也称为反射光和透射光互补。而且，这也是能量守恒的必然结果。因此，通常只要已求出 $I^{(r)}$（或 $I^{(t)}$），即可由上式直接计算 $I^{(t)}$（或 $I^{(r)}$）。

条纹的光强分布可由式(1-24)或式(1-25)求出，下面只讨论透射光的相对强度分布。以相邻两光束间的相位差 δ 为横坐标，相对光强为纵坐标，由式(1-25)即可作出多光束干涉的透射光强的分布曲线，如图 1-7 所示。而极值光强及其条件

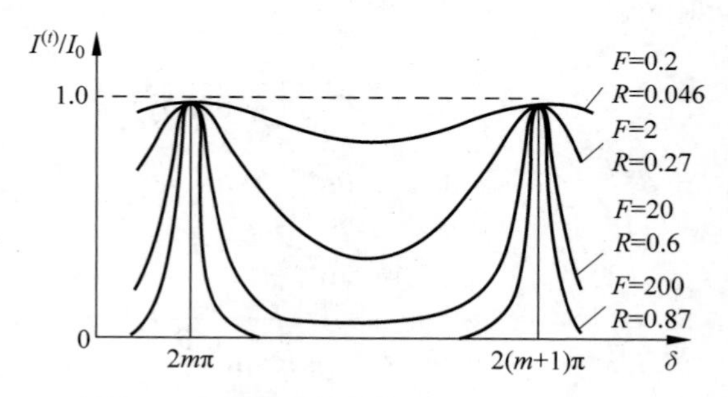

图 1-7　多光束干涉的透射光强的分布曲线

求解如下。由式(1-25)显见，当 $\sin\frac{\delta}{2}=0$ 时，即 $\delta=2m\pi$，或

$$\Delta=2nh\cos\theta_t=m\lambda \quad (m=0,1,2,3,\cdots) \tag{1-26}$$

时，$I^{(t)}$ 有极大值：$I^{(t)}_{\max}=I_0$。即透射光强极大值与入射光强相等，显然，相应的反射光强为零。

当 $\sin\frac{\delta}{2}=1$ 时，即 $\delta=(2m+1)\pi$，或

$$\Delta=2nh\cos\theta_t=(2m+1)\frac{\lambda}{2} \tag{1-27}$$

时，$I^{(t)}$ 有极小值：

$$I^{(t)}_{\min}=\frac{1}{1+F}I_0=\frac{(1-R)^2}{(1-R)^2+4R}I_0=\left(\frac{1-R}{1+R}\right)^2 I_0 \tag{1-28}$$

式(1-28)表明，多光束干涉时，透射光强之极小值不为零，且其值由表面反射率 R 决定，R 越大，则极小值越接近于零。

2. 干涉条纹的特点

从图 1-7 的曲线可看出多光束干涉条纹的几个特点。

(1) 光强分布由反射率 R 决定。R 很小时，干涉光强变化不大，即干涉条纹极值不明显，可见度低。当 R 增大时，条纹可见度提高。所以控制 R 的数值可以改变光强的分布。

(2) 干涉光强的极大值与 R 无关，恒等于 I_0。R 增加使极小值下降，且亮纹宽度变窄，这是其突出的优点。因此，在 R 很大时，透射光的干涉条纹是暗背景上的细亮纹。与此同时，反射光的干涉条纹则是在亮背景上的暗纹，不易辨认，故少应用。由此可见，多光束干涉的结果是：当 R 很大时，大部分光线均被反射；唯独在满足极大值条件的情况下，光线能全部透过，且透过光强与 R 无关。

(3) 条纹半宽度。条纹的锐度是用其强度峰值一半处的宽度，即半宽度来量度。在透射光的情况下，半宽度是指极大值两边的强度下降到峰值一半时两点间的距离。因为，$\delta=2m\pi$ 时，透射光强为极大值，即 $I^{(t)}_{\max}=I_0$。现设 $\delta=2m\pi\pm\frac{\varepsilon}{2}$ 时，干涉强度下降到最大值的一半，即 $I^{(t)}=\frac{1}{2}I_0$。ε 就称为条纹的半宽度，或简称条纹宽度(图 1-8)。显然，ε 越小，条纹越锐。这时，由式(1-25)有

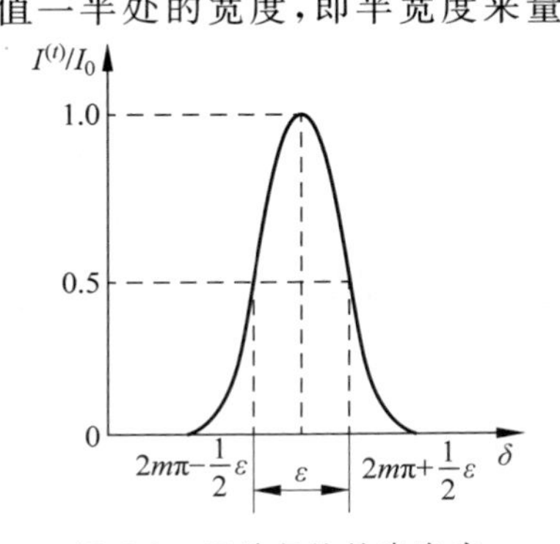

图 1-8　干涉条纹的半宽度

$$\frac{I^{(t)}}{I_0}=\frac{1}{2}=\frac{1}{1+F\sin^2\frac{1}{2}\left(2m\pi\pm\frac{\varepsilon}{2}\varepsilon\right)}=\frac{1}{1+F\sin^2\left(\frac{\varepsilon}{4}\right)}$$

由此即得

$$F\sin^2\left(\frac{\varepsilon}{4}\right)=1 \tag{1-29}$$

当 F 很大(即 R 较大)时,必有 ε 很小,所以

$$\sin\left(\frac{\varepsilon}{4}\right)\approx\frac{\varepsilon}{4}\quad 和\quad F\left(\frac{\varepsilon}{4}\right)^2=1$$

最后得

$$\varepsilon=\frac{4}{\sqrt{F}}=\frac{2(1-R)}{\sqrt{R}} \tag{1-30}$$

这就是条纹宽度 ε 的表达式,ε 是以弧度计算的。式(1-30)表明,$\varepsilon\propto 1/\sqrt{F}$,即 R 增大,ε 减小或条纹变窄。

通常用精细度 N 来表征条纹的锐度,精细度 N 是指相邻两条纹之间的间隔与一个条纹的宽度之比。因为相邻两干涉之间的相位差为 2π,因此由上述定义有

$$N=\frac{2\pi}{\varepsilon}=\frac{\pi}{2}\sqrt{F}=\frac{\pi\sqrt{R}}{1-R} \tag{1-31}$$

由此可见,亮条纹越细,N 越大,N 由 R 唯一决定。R、F 和 N 三者的关系见表 1-1。

表 1-1　多光束干涉的 R、F 和 N 的关系

R	0.5	0.8	0.9	0.94	0.96	0.98
F	8	80	360	1044	2400	9800
N	4.5	14.1	29.8	51	77	155

应注意,上述条纹宽度 ε 是一严格单色光由干涉装置的多光束干涉效应而产生的条纹宽度,故又称为“仪器宽度”,它不同于准单色光的谱线宽度(准单色光的谱线宽度由光源本身的特性确定,条纹宽度 ε 由干涉装置确定)。

1.3　低相干光源干涉术

“低相干光源干涉术”或“宽光谱光源干涉术”俗称“白光干涉术”,是指使用低相干光源的干涉术,由此构成的干涉仪则为低相干光源干涉仪(或称白光干涉仪)。其特点是干涉仪的光源不是单色光波,而是有一定谱宽。但绝非用白光作光源。因此“白光干涉仪”的名称不够确切。

采用低相干光源干涉仪的目的是克服一般干涉仪只能作相对测量而不能作绝对测量的缺点。因为用单色光源构成的干涉仪无法标定干涉条纹的级次，因而也就无法确定被测量的绝对值。只能通过干涉条纹的移动来测量距离、长度等被测量的变化值。这说明：**单一波长构成的干涉仪只能测变化量，而无法测状态量。**为此人们改用有一定谱宽的光源所获得的干涉条纹来确定干涉条纹的级次（实际是由等光程确定零级条纹的位置），从而达到对状态量测量的目的。

图1-9是低相干光源干涉仪的原理图。干涉仪由两套迈克耳孙干涉仪构成：一套用于测量，另一套用作参考干涉仪。图中M_1、M_2、M_3、M_4为全反射镜，S_1和S_2为1∶1的分束镜。显见，这种结构的干涉仪能产生干涉的光路有多种。但由于所用干涉光源是宽谱光源（即其相干性差或干涉长度短），这时适当调节诸反射镜位置，只有两束光能满足等光程干涉（即产生零级条纹）的条件。在图1-9中，这两束光分别是：

（1）光源S→分束镜S_1→反射镜M_2→分束镜S_1→分束镜S_2→反射镜M_4→分束镜S_2→光探测器PD；

（2）光源S→分束镜S_1→反射镜M_1→分束镜S_1→分束镜S_2→反射镜M_3→分束镜S_2→光探测器PD。

显见：当$(S_1\to M_1)+(S_2\to M_3)$和$(S_1\to M_2)+(S_2\to M_4)$这两段光程相等时，可出现零级干涉条纹。

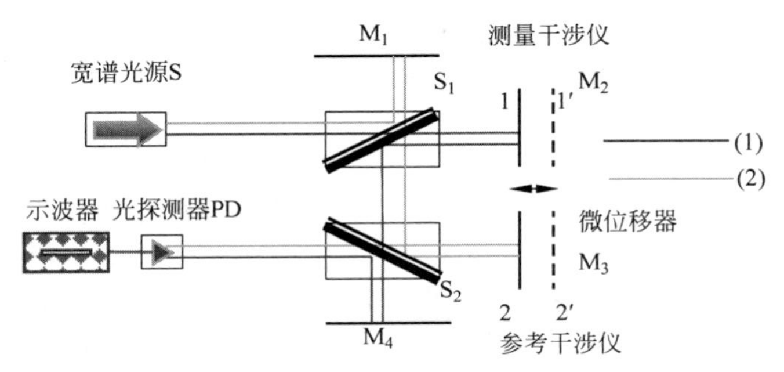

图1-9　低相干光源干涉仪原理图

（请扫Ⅴ页二维码看彩图）

因此，当反射镜M_2在被测量位置1时，调节微位移器，移动M_3使光路(1)和光路(2)满足等光程条件。这时在示波器上将观测到图1-10所示波形，其包络的峰值即对应零级干涉条纹；当M_2在位置2时，再次调节M_3的位置，使其仍满足等光程条件。这时由微位移器的两次读数即可得到位置1和位置2之间的距离。这就是低相干光源干涉的原理。

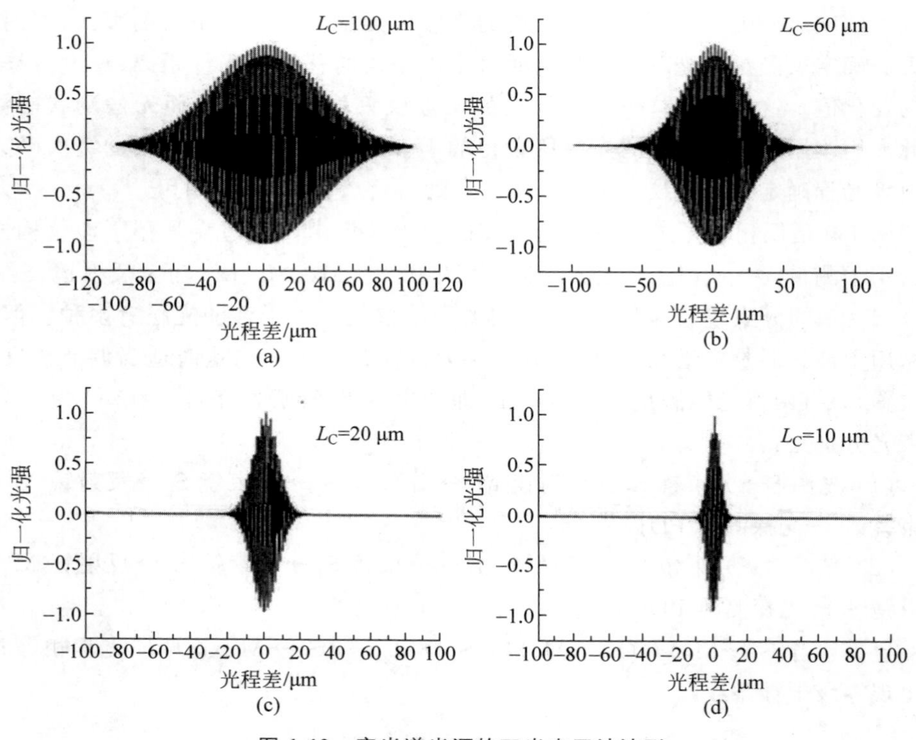

图 1-10　宽光谱光源的双光束干涉波形

(a) $L_C = 100$ μm；(b) $L_C = 60$ μm；(c) $L_C = 20$ μm；(d) $L_C = 10$ μm

上述用于绝对量测量的光纤干涉仪的理论基础是宽光谱光源干涉原理。现对宽光谱光源的双光束干涉理论作进一步分析，并讨论光源特性对光纤干涉仪系统性能的影响。

首先讨论单色光的双光束干涉。图 1-9 中，由光源 S 发出的单色光经半透半反镜 S_1 后分成两束，再由迈克耳孙干涉仪两臂的反射镜 M_1、M_2 反射后通过探测器探测干涉条纹的强度。探测器接收到的两束光，其电场强度矢量为

$$\begin{cases} \boldsymbol{E}_1 = E_1 \mathrm{e}^{\mathrm{i}(\omega t + \phi_1)} \boldsymbol{e}_1 \\ \boldsymbol{E}_2 = E_2 \mathrm{e}^{\mathrm{i}(\omega t + \phi_2)} \boldsymbol{e}_2 \end{cases} \tag{1-32}$$

式中，$\boldsymbol{e}_1$、$\boldsymbol{e}_2$ 分别是 $\boldsymbol{E}_1$ 和 $\boldsymbol{E}_2$ 电场强度方向上的单位矢量。假设两束光偏振态方向相同，其矢量合成的结果是

$$\boldsymbol{E} = \boldsymbol{E}_1 + \boldsymbol{E}_2 = [E_1 \mathrm{e}^{\mathrm{i}(\omega t + \phi_1)} + E_2 \mathrm{e}^{\mathrm{i}(\omega t + \phi_2)}] \boldsymbol{e}_1 \tag{1-33}$$

则干涉光强 I 为

$$
\begin{aligned}
I &= E \cdot E^{*} \\
&= [E_1 e^{i(\omega t+\phi_1)} + E_2 e^{i(\omega t+\phi_2)}][E_1 e^{-i(\omega t+\phi_1)} + E_2 e^{-i(\omega t+\phi_2)}] \\
&= E_1^2 + E_2^2 + E_1 E_2 [e^{i(\phi_1-\phi_2)} + e^{-i(\phi_1-\phi_2)}] \\
&= I_1 + I_2 + 2\sqrt{I_1 I_2}\cos(\Delta\phi)
\end{aligned} \tag{1-34}
$$

式中，I_1，I_2 是两束相干光各自的光强；$\Delta\phi$ 是它们之间的相位差，用光源频率 ν 及光程差 ΔL 表示有

$$\Delta\phi = \frac{2\pi\nu}{c}\Delta L \tag{1-35}$$

对于宽光谱光源的双光束干涉，式(1-34)仍然适用。所不同的是，式中 I_1 及 I_2 是某一特定频率的光强分量 $i_1(\nu)$ 和 $i_2(\nu)$，不同频率分量之间是非相干的光强叠加，即

$$I = \int_0^{\infty} [i_1(\nu) + i_2(\nu) + 2\sqrt{i_1(\nu) i_2(\nu)}\cos(\Delta\phi)]\mathrm{d}\nu \tag{1-36}$$

设所用宽光谱的LED光源，其光强分布为高斯分布，即

$$i_1(\nu) = I_i \frac{2}{\Delta\nu_D}\left(\frac{\ln 2}{\pi}\right)^{\frac{1}{2}} \exp\left[-\frac{4\ln 2(\nu-\nu_0)^2}{\Delta\nu_D^2}\right] \quad (i=1,2) \tag{1-37}$$

式中，$\Delta\nu_D$ 为光源线宽；ν_0 为谱线中心频率。令 $\nu-\nu_0=\delta\nu$，则相位差 $\Delta\phi$ 可表示为

$$\Delta\phi = \frac{2\pi}{c}\Delta L(\nu_0 + \delta\nu) \tag{1-38}$$

将式(1-37)、式(1-38)代入式(1-36)，并利用积分公式：

$$\int_{-\infty}^{\infty} e^{-\alpha^2 x^2}\mathrm{d}x = \frac{\sqrt{\pi}}{\alpha}, \quad \int_{-\infty}^{\infty} e^{-\alpha^2 x^2}\cos(bx)\mathrm{d}x = \frac{\sqrt{\pi}}{\alpha}e^{-\left(\frac{b}{2a}\right)^2}$$

则有

$$I = I_1 + I_2 + \int_{-\infty}^{\infty} 2\sqrt{I_1 I_2}\frac{2}{\Delta\nu_D}\left(\frac{\ln 2}{\pi}\right)^{1/2}\exp\left[-\frac{4\ln 2(\delta\nu)^2}{(\Delta\nu_D)^2}\right]\cos\left[\frac{2\pi}{c}\Delta L(\nu_0+\delta\nu)\right]\mathrm{d}(\delta\nu) \tag{1-39}$$

令

$$L_C = \sqrt{\frac{16\ln 2 c^2}{\pi^2(\Delta\nu_D)^2}} \tag{1-40}$$

并取交流分量，

$$I_{ac} = 2\sqrt{I_1 I_2}e^{-\left(\frac{2\Delta L}{L_C}\right)^2}\cos\left(\frac{2\pi\Delta L}{\lambda_0}\right) \tag{1-41}$$

当 $\Delta L=0$ 时，两光束严格等光程，对应零级干涉条纹，其强度为

$$I_{ac}(0) = 2\sqrt{I_1 I_2} \tag{1-42}$$

干涉光强包络为

$$I_{env}=2\sqrt{I_1 I_2}\,e^{-\left(\frac{2\Delta L}{L_C}\right)^2} \tag{1-43}$$

当$|\Delta L|=L_C/2$时，干涉光强包络下降到$I_{ac}(0)$的$1/e$。可以认为，$|\Delta L|>L_C/2$时两束光之间的干涉已经很弱，因此L_C称为光源的相干长度。由式(1-40)可以看出，L_C与光源谱宽$\Delta\nu_D$呈反比关系，光源谱宽越大，其相干性越差，相干长度L_C越小。

此外，干涉条纹对比度V和系统最低信噪比要求SNR_{min}也是宽光谱干涉理论中十分重要的两个物理量，它们的定义分别为

$$V=\frac{I_{max}-I_{min}}{I_{max}+I_{min}}=\frac{2\sqrt{I_1 I_2}\,e^{-\left(\frac{2\Delta L}{L_C}\right)^2}}{I_1+I_2} \tag{1-44}$$

$$SNR_{min}=\frac{1}{1-\dfrac{I^{(1)}}{I^{(0)}}} \tag{1-45}$$

式(1-45)中$I^{(0)}=I_{ac}(0)$，为零级干涉峰强度；$I^{(1)}$为一级干涉峰强度，满足

$$I^{(1)}=2\sqrt{I_1 I_2}\,e^{-\left(\frac{2\lambda_0}{L_C}\right)^2} \tag{1-46}$$

将式(1-46)代入式(1-45)，则

$$SNR_{min}=\frac{1}{1-e^{-\left(\frac{2\lambda_0}{L_C}\right)^2}} \tag{1-47}$$

以dB为单位表示有

$$SNR_{min}^{(dB)}=20\lg(SNR_{min})=-20\lg\left\{1-\exp\left[-\left(\frac{2\lambda_0}{L_C}\right)^2\right]\right\} \tag{1-48}$$

从式(1-44)和式(1-45)可以看出，干涉条纹的对比度在$I_1=I_2$及$\Delta L=0$时最大，随着干涉级次的增加，条纹对比度下降。在实际系统中由于存在各种非相干杂散光，V的数值比式(1-44)所给的理论值要偏小一些。物理量SNR_{min}反映了干涉系统的抗干扰能力。为了准确确定中心条纹位置，零级干涉与一级干涉峰之间的光强差$\Delta I=I^{(0)}-I^{(1)}$应该大于系统噪声和外界干扰引起的光强起伏。SNR_{min}越小，系统的性能越好。图1-10(a)～(d)分别为$L_C=100\ \mu m$，$60\ \mu m$，$20\ \mu m$及$10\ \mu m$时数值计算得到的干涉条纹图样。图1-11为典型的LED光源干涉包络波形。图1-12是干涉信号的信噪比SNR_{min}与L_C的关系曲线。

由以上分析及计算结果可以得出以下结论。

(1) 通过改变干涉仪两臂之间的光程差ΔL，可以获得两路光的干涉条纹信号。各级干涉峰的位置只与光程差有关，零级干涉峰对应等光程点，光源光强起伏

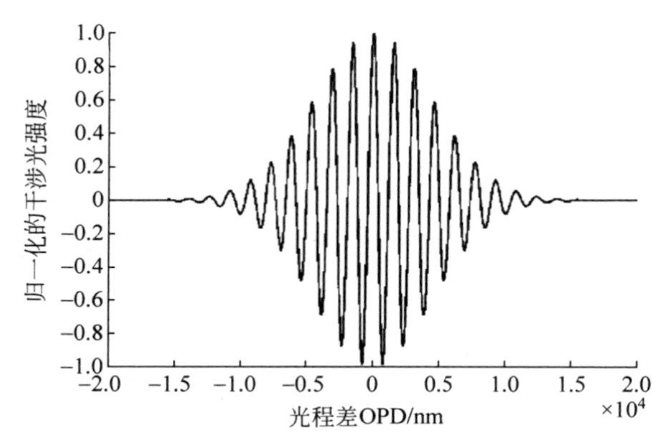

图 1-11　LED 光源干涉包络波形

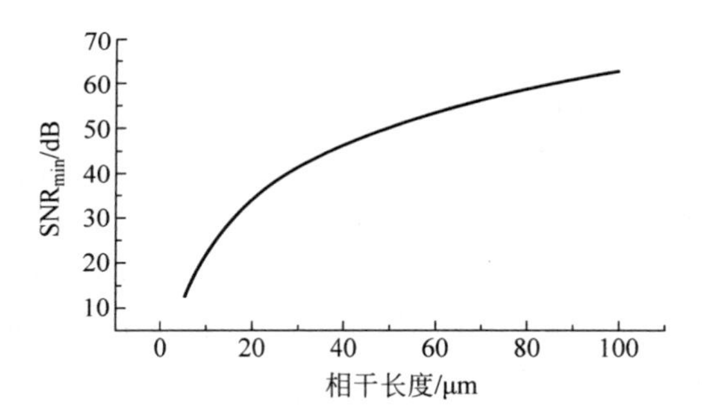

图 1-12　单光源干涉仪 SNR_{min} 与光源相干长度 L_C 的关系曲线

及外界干扰只影响干涉条纹幅度。因此，通过对干涉仪的参考臂反射镜位置进行扫描，可以由零级干涉峰对传感臂反射镜位置准确定位，从而实现绝对测量。

(2) 干涉光强包络的宽度决定于光源的相干长度。由式(1-43)，包络的 1/e 全宽 $W_H = L_C$。相干长度越短，干涉包络宽度越窄，其中包含的干涉峰个数越少，这将有利于中心条纹的准确定位。因此，应选择相干长度较短、光谱宽度较宽的光源，以构成宽光谱的光纤干涉仪系统。

(3) 光源中心波长一定的情况下，系统最低信噪比 SNR_{min} 要求只与光源的相干长度有关，相干长度越小，SNR_{min} 越小，系统抗干扰能力越强。

1.4　光的相干性

1.4.1　概述

前述光的干涉都是以光场的相干性为基础。一般而言，光场是随时间和空间变化的场，所以光的相干性既具有时间上的特性，又具有空间上的特性，它表示了两个时空点之间光扰动的相关程度。

当考察辐射场中某一固定点两个不同时刻发出的光波的干涉问题时，研究的就是光场时间相干性；而在同一时刻，考察光场内两个不同点的干涉问题时，则是研究光场的空间相干性。

时间相干性起源于发光粒子的发光过程不是无限延续的，因此光源发出的波列是有限长度，而且各波列之间无固定的相位关系，这就决定了满足相干条件的两光束之间的最大时间延迟(相干时间)和最大光程差(相干长度)。时间相干性与光源的谱线宽度 $\Delta\nu$ 有关，它与单色性是光的同一物理性质的两种不同表述。从频谱分解中可以知道，有限的波列长度不是单一频率的理想单色波，而是在一频带 $\Delta\nu$ 范围内各种频率简谐波的叠加。

空间相干性起源于光源上不同部位的发光过程是互相独立的，即不同发光点发出的波列之间相位是无关的。它表现为具有一定宽度的光源发出的光波在某一波阵面上相隔一定距离范围内的两点才能发生干涉，满足相干条件。

相干性是光场的一种重要性质，它直接影响干涉条纹对比度。一般两列光束可分为完全相干、部分相干和非相干三种情况。若两列光波的振动完全相关联，则称为完全相干，它们彼此能完全发生干涉；若仅在一定时间范围或空间范围内是相关的，则称为部分相干光束；若两列光波的相位涨落完全不相关，则称为非相干光束，它们不会形成干涉条纹。为了衡量两列光波之间的这种相干程度，即对光场中任意两个时空点光振动的相关程度提供一种适当的量度，于是引入了互相干函数和复相干度，并形成部分相干理论的基本概念。下面作简要介绍。

1.4.2 相干时间和相干长度

在迈克耳孙干涉仪中，当反射镜 M_1 离 M_2'(M_2 的虚像)越来越远时(即 $L/2$ 不断增大)，干涉条纹的可见度也随之逐渐变坏。在 M_1 移动到一定距离，也就是 h 增加到一定程度 $h=L/2$ 时，干涉条纹就会完全消失。这时视场中看不到干涉条纹，只剩下一片均匀的照明。这个长度 $L/2$ 就与所用光源的相干性有关。

如前所述，实际光源的发光过程都不是无限延续，而是经过一段时间后就会中断(但对整个光源来说，由于发光粒子数目多，所以整个光源仍是连续发光，并不中断)。现假定，光源中某一独立的发光中心，按时间先后的顺序，分别发出第一段波列 A，第二段波列 B，第三段波列 C，……且假定每段波列的长度均为 L，各波列频率也完全一样，但各波列之间却无固定的相位关系，亦即各段波列之初相位一般不相同。现讨论这种波列在迈克耳孙干涉仪中叠加的情况。

当 $h=0$ 时，波列被 P_1 分成两束(图 1-9)，分别经 M_1、M_2 反射后，将同时到达屏幕。这时光路 1(经 M_1 反射)中的波列,由 A 突变为 B 时,光路 2(经 M_2 反射)中的波列也同时发生突变,即两光路来的光波在会合时始终是同相位,因而在屏幕处干涉始终加强。所以这种情况下,有限长度波列之间的相位突变对屏幕处干涉没有影响,如图 1-13(a)所示。当 M_1 移动 $\lambda/4$ 时($h=\lambda/4$),两光路之间有 $\lambda/2$ 的光程差,到达屏幕上的波列也就错开 $\lambda/2$,如图 1-13(b)所示。由图可见,在 C_A 到 D_A 这段时间内,两光路的波列都属于波列 A,它们之间的相位差完全由其光程差决定。因而在这段时间内的每一时刻,两光路之间都有固定的相位差 π。在 C_BD_B,C_CD_C,…的时间间隔内也都如此。但是在 C_BD_A 这段时间内(图中画斜线部分),情况不同,从光路 1 来的是波列 A,而从光路 2 来的却是波列 B。这样一来,在屏幕上叠加的两个波是来自不同波列段的。如前所述,这两个波列之间无固定的相位关系,所以这段时间内其干涉项的时间平均值为零。在屏幕上将无干涉现象,只是一片均匀照明。在 D_BC_C,D_CC_D,…的时间间隔内,情况也一样,如果画斜线部分的时间间隔远小于不画斜线部分的时间间隔,则由于后一时间间隔内屏幕上有稳定的干涉效应,使我们仍然能够看见屏上的干涉条纹。只不过由于上述均匀照明的作用,会使干涉条纹的可见度下降一点。当 h 继续增大时,无干涉效应的时间间隔随之增加,有干涉效应的时间间隔则随之缩短,其结果是干涉条纹的可见度逐渐变坏,条纹越来越模糊。当 $h=L/2$,两光路的程差为 L 时,到达屏幕上的两列波在时间上完全错开,即在屏幕上叠加的两束光系来自完全不同的两列波,如图 1-13(c)所示。这时屏幕上在任何时刻均无干涉效应,即两束光是完全不

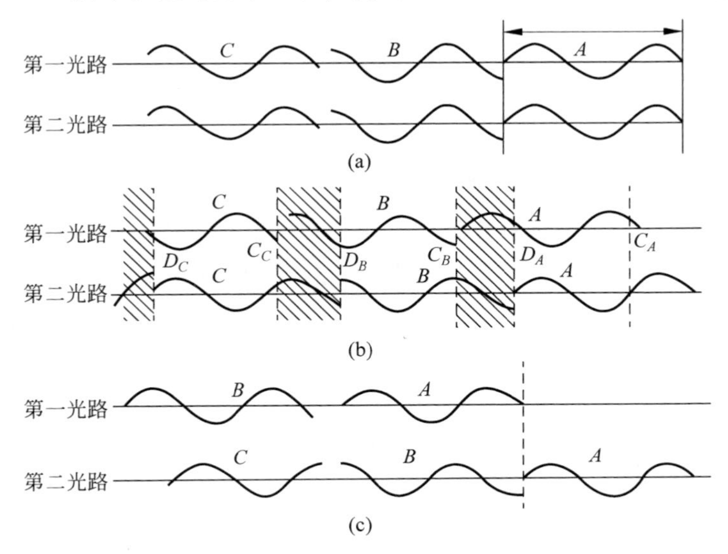

图 1-13　两有限长的波列在不同程差时的叠加

(a) 程差为零;(b) 程差小于波列长度;(c) 程差大于或等于波列长度

相干的。

所以，由于光源发光不是无限延续的，因而 M_1 的移动距离亦有限，这种能产生干涉效应的最大光程差，就称为光源的相干长度。相干长度越长，光源的相干性就越好。当然，相干长度只是一个粗略的数值。由此可见，两列相干波叠加时，其干涉效果随光程差而变。当光程差小于相干长度时，两列波有一部分时间存在着恒定的相位差，因此有明显的干涉效果；而当光程差大于相干长度时，两列波在任何时间间隔内均无固定的相位关系，也就看不到干涉效果。另外，这两列相干波是来自同一段波列，只是由于其光程不同，才使其在空间某一点相会合时有一个时间先后的差别。所以两列波在这一点的干涉，实际上就是同段波列上，时间前后不同的两点的波在该点的干涉。光源所发光波的这种干涉效应就叫时间相干性，时间相干性的好坏是用相干时间 τ 来量度。因此，波列上时间相差 τ 的两点在空间某点相遇时，有干涉效应(即有固定的相位关系)，否则就没有干涉效应。显然，相干时间越大，光源的时间相干性就越好。

相干长度 L_C 和相干时间 τ 之间的关系为

$$L_C = \tau c$$

式中，c 是光速。因为由相干长度的含义可知，若在光的传播方向上取 a、b 两点，当 a、b 两点之间的距离等于(或小于)相干长度 L_C，则在每一时刻，光波场在两点的振动都有固定的相位关系，也就是有相干性。但由于 b 点的振动是从 a 点传播过来的(设波传播方向为由 a 到 b)，传播所需的时间为 $\tau = L/c$，所以 a、b 两点在同一时刻的振动的相位关系，就是 b 点在 t 和 $t+\tau$ 两个不同时刻的振动的相位关系，而且有固定的相位关系。显然，由相干时间的含义可知，这个时间 τ 就是相干时间。因为超过时间 τ 就没有固定的相位关系。

1.4.3 相干时间和谱线宽度

上面分析了光源的波列长度，另外，也可以从光源的单色性来讨论其相干性。如前所述，单一波长的谐波只是理想情况，任何实际的波列都有一定的谱线宽度。例如，白炽灯包括可见光范围(波长 0.4～0.7 μm)内的全部波长，实验室常用的单色光源有钠灯和水银灯，其谱线也包括一个很小的波长范围，如图 1-14 所示。谱线中心的强度 I_0 最大，波长是 λ_0，中心两边强度对称地下降，在 $\lambda_0 \pm \Delta\lambda/2$ 处下降到 $I_0/2$。$\Delta\lambda$ 就是谱线宽度，它表示谱线单色性的好坏，$\Delta\lambda$ 越小，谱线的单色程度就越高。所以用这种光源所

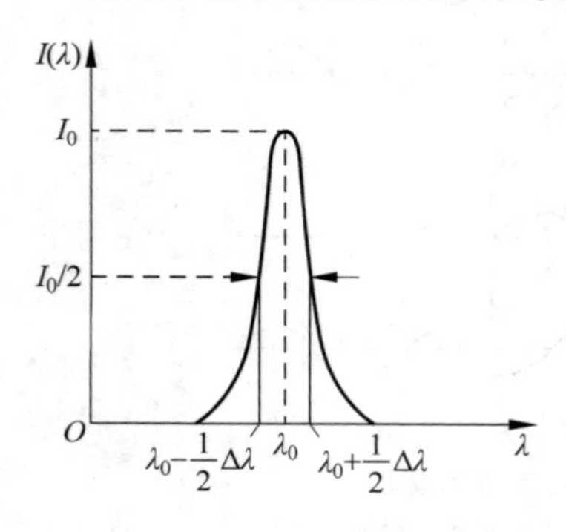

图 1-14　谱线宽度

得到的干涉图样，实际上是这些不同波长的多套干涉条纹的叠加。但如前所述，干涉条纹的间距与波长的大小有关：波长大者，条纹间距也大（见前面各节有关公式）。所以在准单色光的干涉花样中，不同波长的条纹并不能完全重叠一起，而是彼此稍稍错开一点。只有零级干涉条纹例外，因为这时光程差等于零，所有波长的光都产生干涉极大（或极小）。

设想用两把不同刻度的尺子来代表两种波长的屏幕上所产生的干涉条纹，设波长为 λ_0 的光在屏上产生的干涉条纹的间距为 0.9 mm，标尺每一格代表一个条纹；波长为 $\lambda_0 \pm \Delta\lambda$ 的光在屏上产生的干涉条纹的间距为 1.0 mm。两标尺零点对齐，则从图 1-15 可见，随着干涉光程差和干涉级的增加，λ_0 和 $\lambda_0 \pm \Delta\lambda$ 两个波长的同级极大错开得越来越多；而在 λ_0 和 $\lambda_0 \pm \Delta\lambda$ 之间的那些波长，它们的各级极大连续分布在 λ_0 和 $\lambda_0 \pm \Delta\lambda$ 的同级极大之间，如图中阴影部分所示。干涉级次越高，因条纹错开而引起的干涉亮区也随之扩大，暗区则不断缩小。当光程差达到某一数值 L 时，正好 λ_0 的第 $m+1$ 级极大和 $\lambda_0 + \Delta\lambda$ 的第 m 级极大重合在一起。如图 1-15 所示，λ_0 的第 10 级和 $\lambda_0 \pm \Delta\lambda$ 的第 9 级重合，这时各波长的极大将连成一片，干涉条纹就完全消失。

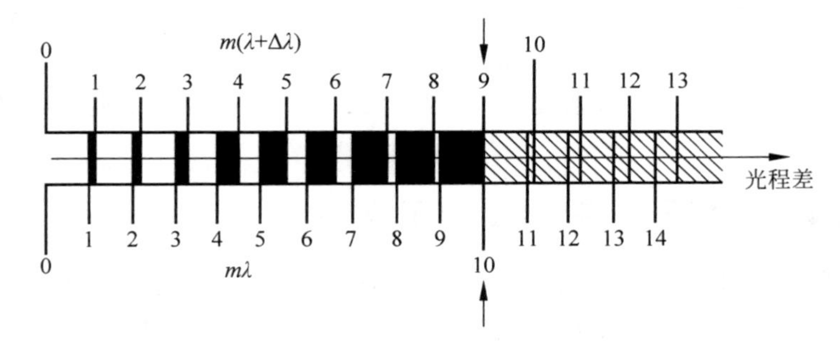

图 1-15　λ 到 $\lambda + \Delta\lambda$ 范围内各个极大的相对位置

因此，当 $L = m(\lambda + \Delta\lambda) = (m+1)\lambda$ 时，干涉条纹消失。由此得 $m = \dfrac{\lambda_0}{\Delta\lambda}$，

$$L = \frac{\lambda_0}{\Delta\lambda} m \tag{1-49}$$

式(1-49)利用了关系式 $\Delta\lambda \ll \lambda$，并用 λ_0 代替 λ。这结果说明：在准单色光（$\lambda_0 \pm \Delta\lambda/2$）的干涉中，最高干涉级是 $\lambda_0/\Delta\lambda$，最大光程差是 $\lambda_0^2/\Delta\lambda$。如下所述，这个最大光程差就是相干长度 L。这是同一事物从不同侧面分析所得到的一致结果。显见，光源的单色性越好，即 $\Delta\lambda$ 越小，允许的光程差就越大。例如，对于 $\lambda_0 = 0.5\ \mu m$ 的绿光，当 $\Delta\lambda \approx 0.01$ nm 时，$m = 5 \times 10^4$，$L = 2.5$ cm；$\Delta\lambda = 0.001$ nm 时，$m = 5 \times 10^5$，$L = 25$ cm；$\Delta\lambda = 0.0001$ nm 时，$m = 5 \times 10^6$，$L = 2.5$ m。对于白光，则因其

$\Delta\lambda$ 和 λ_0 同数量级，就只能获得波长数量级的最大光程差和低级次的干涉条纹。

上述讨论中，曾认为每个原子发的光都是一个有限长度的波列，并由此得出计算相干长度的公式。但是，从另一方面，也可认为这每一段波列是在 $\Delta\lambda$ 范围内连续分布的无限多个正弦波列叠加的结果，用傅里叶积分就可以进行这种变换。这说明：每一光源发出的光都不可能是单一波长的谐波(即使相干性极好的激光也是如此)，而是有一定波长范围的准单色光。由傅里叶变换的计算结果可知，一个有限长的等辐波列，其频谱宽度 $\Delta\nu$ 和时间 Δt 之间的关系为 $\Delta\nu\Delta t=1$。波列所包含的单色光的大部分光强都集中在$(-1/\Delta t+\nu_0)$到$(1/\Delta t+\nu_0)$的范围内。Δt 是有限长波列所对应的时间间隔，由上述讨论可见，它就是相干时间 τ。因为波列长度 L 和 Δt 的关系是 $L=c\Delta t$，再利用 $\lambda\nu=c$，就可求出 L 和 $\Delta\lambda$ 的关系如下：

$$L=c\Delta t=c\frac{1}{\Delta\nu}=c\frac{\lambda_0^2}{c}\frac{1}{\Delta\lambda}=\frac{\lambda_0^2}{\Delta\lambda}$$

这就是上面已经推导过的公式。两种观点得到相同的结果，它说明：把原子发出的光看成是一个有限长的波列，或者看成一系列正弦波的叠加，实质上是一样的。因为一纯单色光波，就必然是一时空无限延续的谐波，而一个有限长度的波列就只能是系列纯单色波叠加的结果。实际上，用任何办法都无法产生单一频率的光波，所谓单色光只不过是 $\Delta\nu$ 相对较小而已。

若波列是衰减的正弦波，则其频谱关系为 $\Delta\nu\Delta t=1/\pi$，即对于衰减波仍有 $\Delta\nu\propto 1/\Delta t$ 的关系。

1.4.4 互相干函数和复相干度

如前所述，由于实际物理光源发出的光不可能是严格单色的，即使是光谱线宽最窄的激光光源，也有一定的谱线宽度；而且实际光源也非理想的点光源，而是由大量的基元辐射体组成，因而有一定大小。为了对实际光源的这种时间和空间上的特性，作较确切的数量上的描述，需引入互相干函数和复相干度的概念。下面以杨氏双孔干涉为例进行讨论。

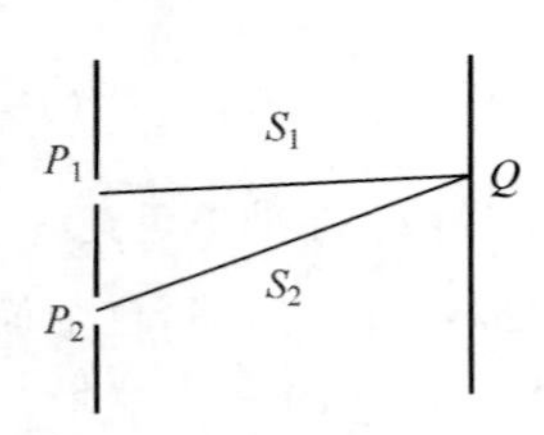

图 1-16 扩展的非单色光源的杨氏干涉实验

(请扫Ⅴ页二维码看彩图)

如图 1-16 所示，用一实际扩展的非单色光源，照明位于此光源辐射场中的两点 P_1、P_2，这时 P_1、P_2 发出的子波作为两相干光束到达观察屏上 Q 点进行相干叠加。因此，在 Q 点的光振动就可以表示为自 P_1、P_2 发出的子波到达 Q 点时光振动的和，即

$$u_{Q(t)}=a_1u_1\left(t-\frac{S_1}{c}\right)+a_2u_2\left(t-\frac{S_2}{c}\right)\tag{1-50}$$

式中，$u_1(t)$、$u_2(t)$分别表示 P_1、P_2 两点的光振动；

S_1、S_2 表示 P_1、P_2 两点到 Q 点的距离；c 为光速；a_1、a_2 为传输因子，其大小反比于传输距离 S_1、S_2，由光的衍射理论可知，它们均为虚数。

用〈 〉表示时间取平均值，则 Q 点的平均光强为

$$I_Q = \langle u_{Q(t)} u_{Q(t)}^* \rangle$$
$$= I_1 + I_2 + 2R\left\langle a_1 a_2^* u_1\left(t - \frac{S_1}{c}\right) u_2^*\left(t - \frac{S_2}{c}\right)\right\rangle \tag{1-51}$$

令 $t_1 = \dfrac{S_1}{c}$，$t_2 = \dfrac{S_2}{c}$，$\tau = t_2 - t_1$，则 $I_{(Q)}$ 可表示为

$$I_Q = I_1 + I_2 + 2R_e[a_1 a_2^* \langle u_1(t+\tau) u_2^*(t)\rangle] \tag{1-52}$$

令 $\Gamma_{12}(\tau) = \langle u_1(t+\tau) u_2^*(t)\rangle$，$\Gamma_{12}(\tau)$ 称为互相干函数(注意：式(1-51)和式(1-52)中的变量 t 不同，两者相差一常数 t_2)。

按平稳随机过程的互相关函数定义有

$$\Gamma_{12}(\tau) = \langle u_1(t+\tau) u_2^*(t)\rangle = \lim_{T\to\infty} \frac{1}{2T}\int_{-T}^{T} u_1(t+\tau) u_2^*(t)\,\mathrm{d}t \tag{1-53}$$

于是式(1-52)可以表示为

$$I_Q = I_1 + I_2 + 2R_e[a_1 a_2^* \Gamma_{12}(\tau)] \tag{1-54}$$

按上述讨论，可定义自相干函数为

$$\begin{cases} \Gamma_{11}(\tau) = \langle u_1(t+\tau) u_1^*(t)\rangle \\ \Gamma_{22}(\tau) = \langle u_2(t+\tau) u_2^*(t)\rangle \end{cases} \tag{1-55}$$

当延迟时间 $\tau = 0$ 时，自相干函数即光强：

$$\begin{cases} \Gamma_{11}(0) = \langle u_1(t) u_1^*(t)\rangle = \langle | u_1(t) |^2\rangle \\ \Gamma_{22}(0) = \langle u_2(t) u_2^*(t)\rangle = \langle | u_2(t) |^2\rangle \end{cases} \tag{1-56}$$

把式(1-52)中的 I_1、I_2 用自相干函数表示：$I_1 = |a_1|^2 \Gamma_{11}(0)$，$I_2 = |a_2|^2 \Gamma_{22}(0)$。为了进一步明确互相干函数 $\Gamma_{12}(\tau)$ 的物理意义，可将其归一化为

$$\gamma_{12}(\tau) = \frac{\Gamma_{12}(\tau)}{\sqrt{\Gamma_{12}(0)\Gamma_{22}(\tau)}} \tag{1-57}$$

式中，$\gamma_{12}(\tau)$ 称为复相干度，是一个复数，因此可表示为如下形式：

$$\gamma_{12}(\tau) = | \gamma_{12}(\tau) | \mathrm{e}^{\mathrm{i}\phi_{12}(\tau)} \tag{1-58}$$

式中，$\phi_{12}(\tau)$ 为 $\gamma_{12}(\tau)$ 的幅角，它一般包含两部分，一部分是 P_1、P_2 两点的光振动本身的位相差，一般是延迟时间 τ 的函数；另一部分是 P_1、P_2 两点振动传播到观察点 Q 而引入的相位差。有了复相干度的定义，就可把式(1-52) Q 点的干涉光强表示为

$$I_{(Q)} = I_1 + I_2 + 2\sqrt{I_1 I_2}\ | \gamma_{12}(\tau) | \cos\phi_{12}(\tau) \tag{1-59}$$

由于复相干度是归一化的互相关函数，$|\gamma_{12}(\tau)|$的大小在 0～1 变化，所以实际光源的相干度不外乎以下三种情况。

(1) $|\gamma_{12}(\tau)|=1$：完全相干，干涉条纹与严格单色平面波产生的干涉条纹分布相同。

(2) $|\gamma_{12}(\tau)|=0$：完全不相干，合成点光强只是强度的简单叠加，干涉条纹消失。

(3) $0<|\gamma_{12}(\tau)|<1$：部分相干，若把光源发光的总强度 $I_{总}$ 看作由完全相干 I_{coh} 和完全不相干 I_{incoh} 两部分组成，则$|\gamma_{12}(\tau)|$表示相干光部分所占总强度的比例，即$\frac{I_{coh}}{I_{总}}=|\gamma_{12}(\tau)|$。

从以上的讨论可以看出，互相干函数和复相干度表示的就是光场中的两点的相干程度，它们决定了光束叠加时产生干涉效应的“清晰度”，可以预料，它们必然与干涉条纹的对比度或清晰度有关。定义干涉条纹的对比度 V 为

$$V=\frac{I_{max}-I_{min}}{I_{max}+I_{min}} \tag{1-60}$$

即干涉条纹光强的两个极值 I_{max}，I_{min} 的相对比值。

$$\begin{cases} I_{max}=I_1+I_2+2\sqrt{I_1 I_2}\ |\gamma_{12}(\tau)| \\ I_{min}=I_1+I_2-2\sqrt{I_1 I_2}\ |\gamma_{12}(\tau)| \end{cases} \tag{1-61}$$

当 $I_1=I_2$ 时，可以看出条纹对比度即复相干度的模，即 $V=|\gamma_{12}(\tau)|$，这给出了实验上确定相干函数的具体方法。显然，完全相干光形成干涉条纹的对比度为 1；完全不相干光，对比度为 0，条纹消失，部分相干光对比度在 0～1。实验中，一般认为只要$|\gamma_{12}(\tau)|>0.9$，两光束仍是完全相干。干涉理论中取 $V=1/\sqrt{2}=0.707$ 作为允许值，$V=0$ 作为条纹消失的临界值。

1.4.5 光源的相干时间与相干长度

1. “准单色”光源的时间相干性

为了解部分相干度与光源的特性的关系，先考虑一种假想的“准单色”光源。它具有如下性质：光振动及其产生的场在一定时间 τ_0 内作正弦变化，此后突然改变相位。其结果是难以确切保持重复性。这种过程的图解示于图 1-17 中。τ_0 称为相干时间。在每段相干时间后所发生的相位改变被认为是从 $0\sim2\pi$ 的无规分布。

这个准单色光场对时间的依赖关系可以表示为

$$u(t)=u_0(t)\exp[\mathrm{i}(\omega t-\phi(t))] \tag{1-62}$$

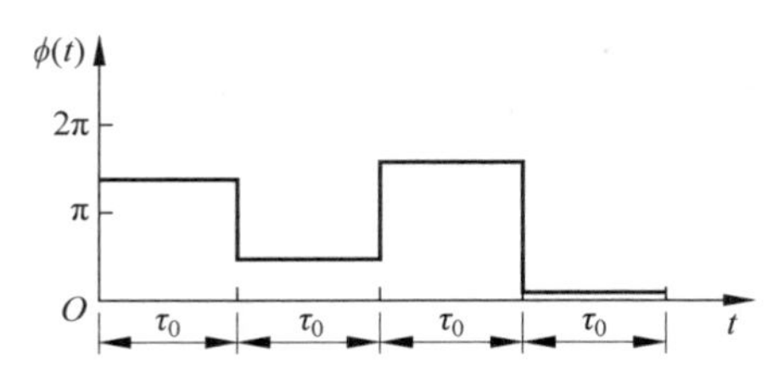

图 1-17 准单色光源的相位角 $\phi(t)$图解

式中,相位角 $\phi(t)$是无规的阶跃函数,如图 1-17 所示。上述这一类场可近似地看成一个正在发光的原子的场,而相位的突变则是原子间碰撞的结果。

设由式(1-62)表示的一束光被分成两束,再使两束光在一起产生干涉,并设

$$|u_1|=|u_2|=|u|$$

因为在此只涉及自相干性,所以可略去下标并写出归一化相干函数。

$$\gamma(\tau)=\frac{\langle u(t)u^*(t+\tau)\rangle}{\langle|U|^2\rangle} \tag{1-63}$$

从式(1-62),得

$$\gamma(\tau)=\langle \mathrm{e}^{\mathrm{i}\omega\tau}\mathrm{e}^{\mathrm{i}[\phi(t)-\phi(t+\tau)]}\rangle=\mathrm{e}^{\mathrm{i}\omega\tau}\lim_{T\to\infty}\frac{1}{T}\int_0^T \mathrm{e}^{\mathrm{i}[\phi(t)-\phi(t+\tau)]}\mathrm{d}t \tag{1-64}$$

现考察图 1-18 中的量 $\phi(t)-\phi(t+\tau)$。设对于第一个相干时间间隔 $0<t<\tau_0$,则有在 $0<t<\tau_0-\tau$ 时,$\phi(t)-\phi(t+\tau)=0$;而在 $\tau_0-\tau<t<\tau_0$ 时,假定 $\phi(t)-\phi(t+\tau)$取 0 与 2π 间的某一无规值。以上的假设对后续的每一相干时间间隔皆适用。

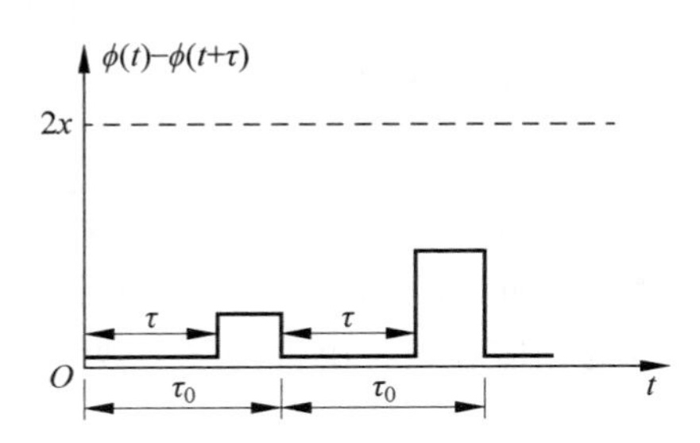

图 1-18 相位差 $\phi(t)-\phi(t+\tau)$图解

式(1-64)的积分在第一个相干时间间隔有

$$\frac{1}{\tau_0}\int_0^{\tau_0}\mathrm{e}^{\mathrm{i}[\phi(t)-\phi(t+\tau)]}\mathrm{d}t=\frac{1}{\tau_0}\int_0^{\tau_0-\tau}\mathrm{d}t+\frac{1}{\tau_0}\int_{\tau_0-\tau}^{\tau_0}\mathrm{e}^{\mathrm{i}\Delta}\mathrm{d}t$$

$$=\frac{\tau_0-\tau}{\tau_0}+\frac{\tau}{\tau_0}\mathrm{e}^{\mathrm{i}\Delta} \tag{1-65}$$

式中，Δ 为无规相位差。

对所有的随后时间间隔，除了各个间隔的 Δ 不同之外，均可得到同样的结果。因为 Δ 是无规值，故包含 $e^{i\Delta}$ 项的时间平均值为零。剩下的一项$(\tau_0-\tau)/\tau_0$ 对所有的时间间隔均相同，因此，这一项等于该积分的平均值。显然，若 $\tau>\tau_0$，则相位差 $\phi(t)-\phi(t+\tau)$ 总是无规的，结果整个积分的平均值为零。

从以上结果可得一个准单色光源的归一化自相干函数为

$$\gamma(\tau)=\begin{cases}\left(1-\dfrac{\tau}{\tau_0}\right)e^{i\omega\tau}, & \tau<\tau_0\\ 0, & \tau\geqslant\tau_0\end{cases}\tag{1-66}$$

在双光束干涉实验中，光场振幅相等时，量$|\gamma|$等于条纹的对比度 V。显然，如若 τ 大于相干时间 τ_0，则条纹对比度降为零。因此两束光之间的光程差应小于相干长度 L_C 时才能获得干涉条纹。

在实际的正在发光的原子中，两次碰撞间的时间并非恒定，而是从一次碰撞至下一次碰撞无规地变化着。因而，波列的长度也是以同样无规的方式在改变。在更为现实的情形下，可以把相干时间定义为各个相干时间平均值，对相干长度也是一样。于是，相干度和条纹对比度真正数学形式将取决于各波列长度的精细统计分布。在任何情况下，当光程差小于平均相干长度时，条纹对比度就大；反之，当光程差变得大于平均相干长度时，条纹对比度将变小，并接近于零。

2. 典型光源的时间相干性

如前所述，时间相干性由自相干函数 $\Gamma_{11}(\tau)$ 和复相干度 $\gamma_{11}(\tau)$ 描述。而式(1-51)中的 τ 为光通过干涉仪两臂的时间差，干涉特性完全由光源的复相干因子 $\gamma_{11}(\tau)$决定。对应的式(1-57)可表示为

$$\gamma_{11}(\tau)=\frac{\Gamma_{11}(\tau)}{\Gamma_{11}(0)}=\frac{\langle u_1^*(t)u_1(t+\tau)\rangle}{\langle u_1^*(t)u_1(t)\rangle}\tag{1-67}$$

若把光场 $u(t)$表示为频域内的函数，即对 $u(t)$作傅里叶变换得 $V(\nu)$，令 $I(\nu)=V(\nu)V^*(\nu)$，表示光源强度的光谱分布。由进一步的数学推导可知，这时光场的时间相干性可表示如下：

$$\gamma(\tau)=\gamma_{11}(\tau)=\frac{\int_{-\infty}^{\infty}I(\nu)e^{-i2\pi\nu\tau}d\nu}{\int_{-\infty}^{\infty}I(\nu)d\nu}\tag{1-68}$$

即光场的时间相干性是归一化的功率谱密度函数的傅里叶变换。

下面给出三种典型光源的时间相干特性，如图 1-19(光源的功率谱分布线型)和图 1-20 所示。

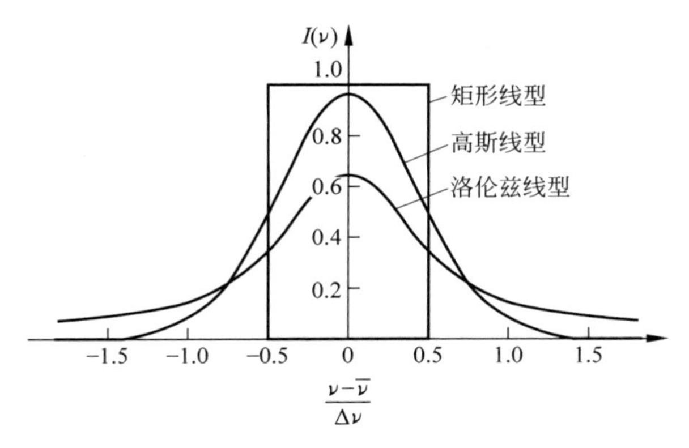

图 1-19　三种典型光源的 $I(\nu)$

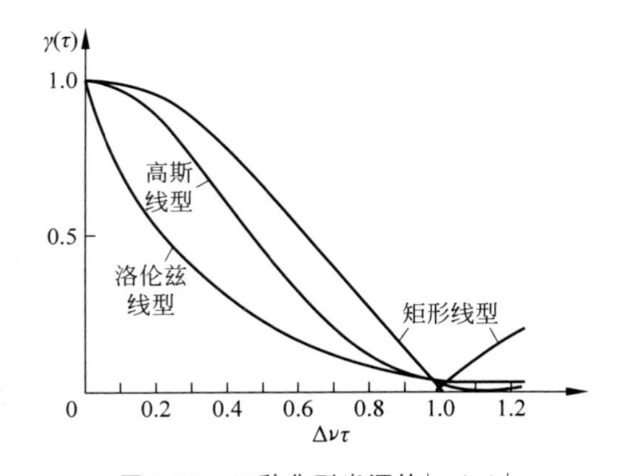

图 1-20　三种典型光源的 $|\gamma(\tau)|$

（1）高斯线型光源。

对于低压气体放电管，其功率谱分布为高斯型曲线，其谱线加宽的原因主要是由气体分子运动而产生的多普勒效应。$I(\nu)$可表示如下：

$$I(\nu)=\frac{2\sqrt{\ln 2}}{\sqrt{\pi}\,\Delta\nu}\exp\left[-4\ln 2\left(\frac{\nu-\nu_0}{\Delta\nu}\right)^2\right] \tag{1-69}$$

式中，$\Delta\nu$ 为光源发光谱线的半宽度。由式(1-68)可得

$$\gamma(\tau)=\exp\left[-\left(\frac{\pi\Delta\nu}{2\sqrt{\ln 2}}\right)^2\right]\mathrm{e}^{-\mathrm{i}2\pi\nu\tau} \tag{1-70}$$

（2）洛伦兹线型光源。

高压气体放电管的谱线加宽机制是由辐射的原子或分子的碰撞引起的碰撞加宽，其谱密度函数具有洛伦兹线型：

$$I(\nu)=\frac{\Delta\nu}{2\pi\left[(\nu-\nu_0)^2+\left(\frac{\Delta\nu}{2}\right)^2\right]} \tag{1-71}$$

其相应的复相干度为

$$\gamma(\tau)=\mathrm{e}^{-\pi\Delta\nu\tau}\mathrm{e}^{-\mathrm{i}2\pi\nu_0\tau} \tag{1-72}$$

(3) 矩形谱光源。

白光光源通过单色仪输出狭缝出来的单色光,可以看作具有矩形功率谱曲线。设中心频率为 ν_0,频谱宽度为 $\Delta\nu$,则矩形功率谱曲线可表示为

$$I(\nu)=\begin{cases}I_0, & \nu_0-\frac{\Delta\nu}{2}\leqslant\nu\leqslant\nu_0+\frac{\Delta\nu}{2}\\ 0, & \nu\ \text{为其他值}\end{cases} \tag{1-73}$$

对应的时间相干度为

$$\gamma(\tau)=\mathrm{sinc}(\Delta\nu\tau)\mathrm{e}^{-\mathrm{i}2\pi\nu_0\tau} \tag{1-74}$$

利用复相干度可以精确定义相干时间。一般可以定义 $|\gamma(\tau)|=\frac{1}{\sqrt{2}}$ 时对应的两束光的时间差为相干时间 τ_c,此三种典型光源的相干时间分别为:$0.312/\Delta\nu$,$0.110/\Delta\nu$,$0.444/\Delta\nu$。可以看出,光源的相干时间与谱线宽度 $\Delta\nu$ 密切相关,τ_c 与 $\frac{1}{\Delta\nu}$ 具有相同的量级。

下面讨论经常遇到的一种典型情况。即光源的谱宽 $\Delta\nu$ 和光源的平均频率 $\bar{\nu}$ 满足 $\Delta\nu/\bar{\nu}\ll 1$。这时干涉图样中 Q 点的强度为(图 1-16)

$$I_Q=I_1+I_2+2\sqrt{I_1I_2}\ |\gamma_{12}(\tau)|\ \cos[a_{12}(\tau)-\delta] \tag{1-75}$$

式中,$\tau=\frac{S_2-S_1}{c}$,$\delta=2\pi\bar{\nu}\tau$,$a_{12}(\tau)=\delta+\phi_{12}(\tau)$,$a_{12}(\tau)$ 表示 P_1、P_2 两点的光振动有时延 τ 时的相位差;δ 是 P_1、P_2 两点的光振动各自传播到 Q 点所引入的相位差。

在准单色条件下,$|\gamma_{12}(\tau)|$ 和 $a_{12}(\tau)$ 作为 τ 的函数,它们都比 $\cos 2\pi\bar{\nu}\tau$ 和 $\sin 2\pi\bar{\nu}\tau$ 变化缓慢,若光强 I_1、I_2 可以认为是均匀的。则在任一点 Q 附近都有均匀的背景 I_1+I_2,在此背景上叠加着正弦强度的分布,其振幅为 $2\sqrt{I_1I_2}|\gamma_{12}(\tau)|$。特别是当 $I_1=I_2$ 时,可以得到条纹的可见度函数 V 即等于光源的相干度 $|\gamma_{12}(\tau)|$。

由式(1-75)可得,Q 点附近的极大值位置为

$$2\pi\bar{\nu}\tau-a_{12}(\tau)=2m\pi\quad(m=0,\pm1,\pm2,\cdots)$$

这同具有频率为 $\bar{\nu}$ 的严格单色光照明,P_1 处相位相对 P_2 点延迟 $a_{12}(\tau)$ 的情况下形成的干涉条纹完全重合。相位延迟 2π 对应于条纹的平行于 P_1P_2 方向移动一

个条纹间距，即$\frac{D}{2l}\bar{\lambda}$，这里 D 为小孔到观察屏的距离，$2l$ 为 P_1、P_2 的间距。所以，准单色干涉的条纹分布相对于 P_1、P_2 点光振动为同相位的严格单色光照明的干涉条纹有一移动量

$$x = \frac{\alpha_{12}(\tau)}{2\pi} \cdot \frac{D\bar{\lambda}}{2l} \tag{1-76}$$

由此讨论可知，准单色光的复相干度可以通过测量干涉条纹的对比度及位置分别确定其大小和相位。

实际上，两干涉光束间的时间延迟 τ 常常很小，当它远小于相干时间 $\tau_c\left(即\frac{1}{\Delta\nu}\right)$时，$|\Gamma_{12}(\tau)|$、$|\gamma_{12}(\tau)|$和 $\alpha_{12}(\tau)$分别与$|\Gamma_{12}(0)|$、$|\gamma_{12}(0)|$和 $\alpha_{12}(0)$的差别很微小，我们令

$$\begin{cases} J_{12} = \Gamma_{12}(0) = \langle u_1(t)u_2^*(t)\rangle \\ \mu_{12} = \gamma_{12}(0) = \dfrac{\Gamma_{12}(0)}{\sqrt{\Gamma_{11}(0)\Gamma_{22}(0)}} = \dfrac{J_{12}}{\sqrt{J_{11}J_{22}}} = \dfrac{J_{12}}{\sqrt{I_1 I_2}} \\ \beta_{12} = \alpha_{12}(0) \end{cases} \tag{1-77}$$

式中，J_{12} 表示 P_1、P_2 两点相同时刻光振动的相关关系，它只与两点位置有关，而与延时 τ 无关，称为互强度；μ_{12} 表示 P_1、P_2 两点光振动无时间延迟 τ 时的复相干度，称为复相干因子；β_{12} 是 μ_{12} 的有效相位差。这样，干涉定律就可表示为

$$I_Q = I_1 + I_2 + 2\sqrt{I_1 I_2}\ |\mu_{12}|\cos(\beta_{12} - \delta) \tag{1-78}$$

即两干涉光束的程差远小于相干长度时，可以用互相干度 J_{12} 而不必用 $\Gamma_{12}(\tau)$来表征 P_1、P_2 两点光振动的相关关系，它是一个与时间差 τ 无关的量。

1.4.6　空间相干性

1. 空间相干性和相干面积

光源的空间相干性问题，是研究在垂直于光波传播方向上的两个点，在每一时刻其光波场的相位关系。如果在任一时刻，这两个点上的光波场都有固定的相位关系，从这两个点“取样”的光波将产生干涉，或者说，在空间上的这两点是相干的；否则，就不相干。由于光波场的这种相干性是属于同一时刻的两个不同空间点，因此称为空间相干性。双缝干涉是演示这种空间相干性的典型实验。

如前所述，在双缝实验中，若用普通光源，则一定要在双缝前加一个单缝(图 1-21 中的 S_0)以限制光源 S 的大小。而且这个缝的宽窄还直接影响到干涉条纹的清晰程度。缝窄时，干涉条纹清晰，缝逐渐变宽时，条纹也随之变模糊。当缝宽到一定程度时，条纹就会全部消失。在某些干涉装置中(例如一些分波面的干涉装置)也

有类似的情况。现以双缝干涉为例，来分析光源尺寸（即光源缝的尺寸）对干涉条纹可见度的影响。

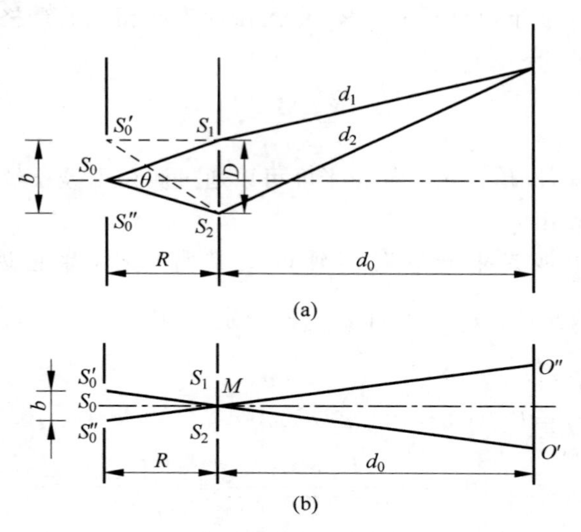

图 1-21　光源尺寸对干涉条纹的影响

由图 1-21 可见，从光源缝（限制光源大小的缝）上不同点发出的光到双缝 S_1 和 S_2 的距离不同。选取光源缝的中心点 S_0 和边缘点 S_0' 进行比较，看这两个点源经缝 S_1 和 S_2 产生的干涉条纹的差别。当由中心 S_0 来的光照明双缝 S_1 和 S_2 时，由于 $S_0S_1=S_0S_2$，因此光传到 S_1 和 S_2 这两点时，它们之间没有光程差。也就是说，这时若把 S_1 和 S_2 看成是两个相干光源，则它们之间的初相位差为零。但是，如果 S_1 和 S_2 是由 S_0' 点发出的光照明时，S_1 和 S_2 这两个光源之间就有一个附加的初相位差 δ_0'，其值由附加的光程差 $\Delta_0=S_0'S_2-S_0'S_1$ 决定。由图 1-21(b)有

$$\Delta_0=S'_0S_2-S'_0S_1\approx\frac{bD}{2R}\tag{1-79}$$

式中，b 是光源缝的宽度，亦即光源的有效尺寸；D 是双缝之间的距离；R 是双缝和光源缝之间的距离。显见，此光程差是一项附加的光程差，它与屏上观察点 P 的坐标无关，其效果是使干涉条纹发生平移（相对 S_0 点来的光产生的条纹而言），其移动量由附加程差 Δ_0 决定。且当

$$\delta_0=\frac{2\pi}{\lambda_0}\Delta_0=\frac{2\pi bD}{\lambda_0 2R}=\pi\tag{1-80}$$

即 $b=\dfrac{\lambda_0 R}{D}$ 时，由光源缝上不同点发出的光经 S_1 和 S_2 到达 P，其附加的相位差就

由$+\pi$变到$-\pi$，而P点总的光强则是这些对干涉光线所产生的干涉条纹的叠加，由双光束干涉光强的表达式，$I=I_1+I_2+2\sqrt{I_1I_2}\cos\delta$，即$\delta$的值在$+\pi$到$-\pi$之间，对其取平均时，干涉项$J_{12}=2\sqrt{I_1I_2}\cos\delta$的平均值为零，因而屏幕上各点强度相等。这结果说明，当光源缝受到均匀照明时，$S_0'S_0''$上每一点（包括中心点S_0）都通过双缝在屏幕上产生一套干涉条纹，这些条纹彼此错开，其零级连续分布在屏幕上O'点到O''点之间，O'和O''分别是$S_0'M$和$S_0''M$延长线同屏幕的交点，图1-21(b)中，$S_0'S_0''$越宽，参与叠加的条纹数就越多，错开的范围$O'O''$也就越大，叠加后各点强度也越均匀，亦即条纹的可见度下降。当$O'O''$大到等于条纹间距Δx时，O'和O''就正好落在O点两旁$m=-1/2,+1/2$级的暗纹上，屏幕上强度已是一片均匀，无任何条纹。这时，由图1-21(b)的几何关系有

$$O'O''=d_0\frac{b}{R}$$

又由式(1-76)有

$$O'O''=\Delta x=\lambda_0 d_0/D$$

两式合并即得光源最大宽度为

$$b=\frac{\lambda_0 R}{D} \tag{1-81}$$

与式(1-80)的结果一致。由此可见，若要双缝S_1、S_2能够产生干涉条纹，则狭缝S_0的宽度b应小于式(1-81)所给出的值。

另外，此结果又说明，在b、λ_0、R一定的情况下，D是在垂直光波传播方向上，能产生干涉的最大距离。当光波上空间两点的距离比D大时，这两点不相干。例如，对于一个相距0.5 mm的双缝，若用500 nm的绿光入射，且$R=20$ cm，则限制光源尺寸的缝宽为$b\leqslant\lambda_0\dfrac{R}{D}\approx0.2$ mm，即光源缝宽不应大于0.2 mm。反之，如已知光源宽度为0.2 mm（波长$\lambda_0=500$ nm），则由式(1-81)可求出在距光源$R=20$ cm的截面上，间距D等于（或小于）0.5 mm的任意两点，其光波场在任一时刻是相干的。所以间距D的大小，表明光源在该处空间相干性的范围。

在讨论相干性问题时，有时要用相干面积的概念。这时只要把式(1-81)从一维推广到二维即可。

因为$b\theta\leqslant\lambda$，而$\theta=D/R$，所以

$$b^2\left(\frac{D}{R}\right)^2\leqslant\lambda^2 \quad 或 \quad D^2\leqslant\lambda^2R^2/b^2 \tag{1-82}$$

令$\Delta A_c=D^2$，$\Delta A_s=b^2$，则有

$$\Delta A_c\leqslant\frac{\lambda^2R^2}{\Delta A_s} \tag{1-83}$$

式中，ΔA_c 称为相干面积，在这截面上各点的光都是相干的。ΔA_s 是光源的面积，它是光源能产生干涉效应的允许尺寸。显见，相干面积 ΔA_c 和光源的面积 ΔA_s 成反比，和距离 R 的平方成正比。与相干长度 L 类似，相干面积 ΔA_c 也是一个粗略的值。

至此，我们从两方面分析了光源相干性问题，一是时间相干性，二是空间相干性。如果是沿波的传播方向上选取两点，则可用相干长度来描述光源的时间相干性；如果是在同一点的不同时刻“取样”，则可用相干时间来描述光源的相干性。如果在空间所选两点，是在垂直于波传播方向的平面上，则用相干面积（其大小是 D^2）来描述光束正截面上的空间相干性。如前所述，双缝干涉是演示这种空间相干性的典型实验，而迈克耳孙实验则是演示光的时间相干性的典型实验。

2. 光源尺寸对干涉效应的影响

光源的相干性是干涉测量中要考虑的重要因素之一。如上所述，其空间相干性限制了光源的实际使用面积，而时间相干性则限制了干涉装置中能得到的最大光程差。

由于空间相干性的要求而提出的对光源尺寸的要求是：由光源有一定大小而引起的附加程差应小于 $\lambda/2$，即 $\Delta<\lambda/2$。这是一个极限的情况。实际上，为使干涉条纹清晰，对光源的要求应该更严格，光源引起的附加程差应小于 $\lambda/4$，即

$$\Delta \leqslant \lambda/4$$

但从使用的角度看，为便于观察，总希望光源尺寸大一些好，以使入射光强度增加。因此对于每一种具体的干涉装置，都应根据被测对象，预先估计所允许的光源大小。例如，对于双缝干涉，已给出它对光源的要求是：$b2\theta\leqslant\lambda$ 或 $D^2\leqslant\lambda^2\dfrac{R^2}{b^2}$。它限制了光源的有效使用面积 D^2。

对于等厚干涉，可由条件 $\Delta\leqslant\lambda/4$ 估算出空间相干性对光源尺寸的限制。图 1-22 是产生等厚干涉条纹的原理图。设光束 1 垂直入射于薄膜表面，则两反射光束将于膜的上表面点 A 处附近相交，且其程差为

$$\Delta_1 = 2nh$$

式中，n 是薄板材料的折射率；h 是点 A 处膜的厚度。现由于光源有一定大小，从光源表面上另一点，S_1 发出的光束 2 以角度 θ_1 入射于薄膜表面，其两反射光也在膜表面 A 点附近相遇，但其程差为

$$\Delta_2 = 2h\sqrt{n^2 - n_0^2\sin^2\theta_1} \approx 2h\sqrt{n^2 - n_0^2\theta_1^2}$$

因为实际上 θ_1 很小，故有 $\theta_1\approx\sin\theta_1$。由于从光源上不同点 S_0 和 S_1 入射的光线在 A 点产生干涉的程差不同，从而引起条纹的移动。此时，对应的两对相干光的光程差的差值应满足

$$\Delta = \Delta_1 - \Delta_2 \leqslant \lambda/4$$

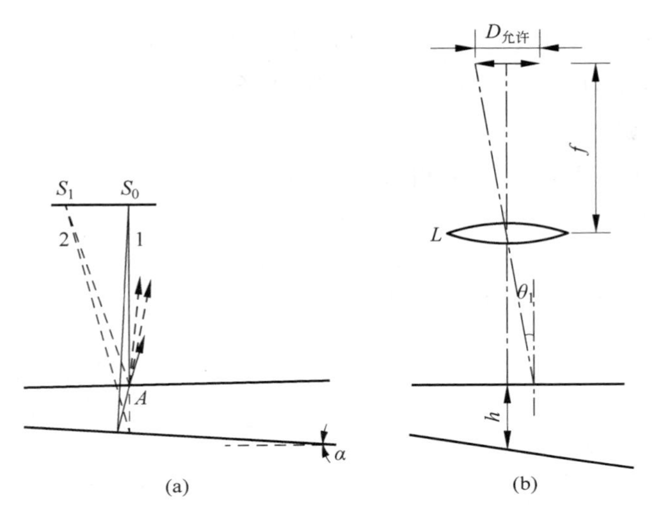

图 1-22　产生等厚干涉条纹的原理图

则它们所引起的条纹移动是允许的。而

$$\Delta_1 - \Delta_2 = \frac{\Delta_1^2 - \Delta_2^2}{\Delta_1 + \Delta_2} \approx \frac{\Delta_1^2 - \Delta_2^2}{2\Delta_1} = \frac{4h^2 n_0^2 \theta_1^2}{4nh} = \frac{h}{n} n_0^2 \theta_1^2$$

所以

$$\Delta = \Delta_1 - \Delta_2 \approx \frac{h}{n} n_0^2 \theta_1^2 \leqslant \frac{\lambda}{4} \quad 或 \quad \theta_1 \leqslant \frac{1}{2n_0}\sqrt{\frac{n\lambda}{h}} \tag{1-84}$$

这就是等厚干涉对光源尺寸的限制：光源对观察点的张角 θ_1 不应超过式(1-84)的计算值。式中，n 是薄膜材料的折射率；h 是观察点处膜的厚度；λ 是光波的波长；n_0 是薄膜所在处介质的折射率。当 $n_0 = 1.0, n = 1.5, \lambda = 0.55\ \mu m$ 时，不同 h 值时的 θ_1 值见表 1-2。

表 1-2　不同 h 值时的 θ_1 值

h/mm	100	10	1	0.1	0.01	0.001
θ_1	5′	16′	50′	2°40′	8°20′	26°

一般在等厚干涉的观测装置中，是平行光入射，这时光源置于聚光透镜 L 的焦平面上，见图 1-22(b)。因此由式(1-84)即可求出光源的允许直径 $D_{允许}$ 为

$$D_{允许} = 2f\theta_1 = \frac{f}{n_0}\sqrt{\frac{n\lambda}{h}} \tag{1-85}$$

由此即可估算出光源的允许尺寸。由此可见，光源的允许尺寸 $D_{允许}$ 与被测膜的厚度 h 有关，所以被测的膜越薄，越可用大尺寸的光源。因此，有干涉装置在光源前加一可变光栏，以便测量厚度 h 不同的零件。最后，注意此处对 $D_{允许}$ 的计算只是

一种估算，在实际仪器中还要根据具体情况加以修正。另外，若用单模激光器作光源，则无光源尺寸的限制问题，因其光束截面上各点都是相干的。

3. 扩展光源

此节用前述互强度 J_{12} 和复相干因子来说明扩展光源的空间相干性。如图 1-23 所示，扩展的准单色初级光源照明屏上的两点 P_1 和 P_2，设光源与屏之间的介质是均匀的，光源 σ 的线度比光源与屏之间的距离 R 小很多，P_1，P_2 两点的距离也比 R 小很多。现讨论 P_1，P_2 两点光振动的相关性。

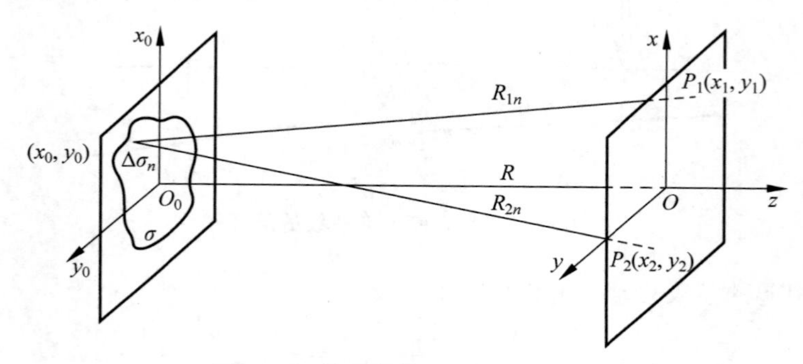

图 1-23　扩展准单色光源的互强度

设光源被分为许多个面元 $d\sigma_1$，$d\sigma_2$，…，其中心分别在 S_1，S_2，…，线度远小于平均波长 $\bar{\lambda}$，用 $u_{1n}(t)$ 和 $u_{2n}(t)$ 表示面元 $d\sigma_n$ 在 P_1 和 P_2 处引起的复扰动，则在 P_1，P_2 两点处的总光场可写为

$$u_1(t)=\sum_n u_{1n}(t),\quad u_2(t)=\sum_n u_{2n}(t)$$

式中，u_{1n} 和 u_{2n} 可以写成

$$\begin{cases} u_{1n}(t)=A_n\left(t-\dfrac{R_{1n}}{V}\right)\dfrac{e^{-i2\pi\bar{\nu}(t-R_{1n}/\nu)}}{R_{1n}} \\ u_{2n}(t)=A_n\left(t-\dfrac{R_{2n}}{V}\right)\dfrac{e^{-i2\pi\bar{\nu}(t-R_{2n}/\nu)}}{R_{1n}} \end{cases} \tag{1-86}$$

式中，A_n 为第 n 个面元辐射的强度；ν 为光源与屏之间介质中的光速，假设光源不同面元引起的光振动是统计独立的，则由式(1-86)可得 P_1、P_2 两点的互强度 $J_{(P_1,P_2)}$：

$$\begin{aligned} J_{(P_1,P_2)} &= \langle u_1(t)u_2^*(t)\rangle \\ &= \sum_n \langle A_n(t)A_n^*(t)\rangle \frac{\exp[i2\pi\bar{\nu}(R_{1n}-R_{2n})/\nu]}{R_{1n}R_{2n}} \end{aligned} \tag{1-87}$$

这里 $\langle A_n(t)A_n^*(t)\rangle$ 表示面元 $d\sigma_n$ 的辐射强度，因为光源本身是连续的，若用

$I_{(s)}$表示单位面积光源的强度，R_1、R_2 表示光源上代表点到 P_1、P_2 两点的距离，则式(1-87)表示为积分形式如下：

$$J_{(P_1,P_2)}=\int_\sigma I_{(s)}\frac{\exp[\mathrm{i}2\pi\bar{\nu}(R_{1n}-R_{2n})/\nu]}{R_{1n}R_{2n}}\mathrm{d}s \tag{1-88}$$

由式(1-77)和式(1-88)可得复相干因子为

$$\mu(R_1,R_2)=\frac{1}{\sqrt{I_{(P_1)}I_{(P_2)}}}\int_\sigma I_{(s)}\frac{\exp[\mathrm{i}2\pi\bar{\nu}(R_{1n}-R_{2n})/\nu]}{R_{1n}R_{2n}}\mathrm{d}s \tag{1-89}$$

式中，

$$I_{(P_1)}=J_{(P_1,P_2)}=\int_\sigma\frac{I(s)}{R_1^2}\mathrm{d}s,\quad I_{(P_2)}=J_{(P_1,P_2)}=\int_\sigma\frac{I(s)}{R_2^2}\mathrm{d}s$$

式(1-88)和式(1-89)给出了扩展的准单色光源照明的平面上两点 P_1 和 P_2 间振动的相关程度，它描述了空间复相干度与光源强度分布之间的关系，称为范西泰特-策尼克(van Cittert-Zernike)定理。从该定理可看出，即使是完全不相干的光源，经传播后其辐射场中两点 P_1 和 P_2 之间却可能有高度的相干性。下面利用该定理详细讨论几种典型扩展光源的空间相干性。

(1) 圆形光源光场的空间相干性。

设光源是半径为 r 的圆形光源，其光强均匀分布，光源上各点辐射出不相干的准单色光，由范西泰特-策尼克定理可得该辐射场照明下的两点 P_1，P_2 的复相干度为

$$\mu_{12}=\frac{2\mathrm{J}_1(\nu)}{\nu}\mathrm{e}^{\mathrm{i}\phi} \tag{1-90}$$

式中，

$$\nu=\frac{2\pi}{\bar{\lambda}}\frac{r}{R}\sqrt{(x_1-x_2)^2+(y_1-y_2)^2},$$

$$\phi=\frac{2\pi}{\bar{\lambda}}\frac{r}{R}\left[\frac{(x_2^2+y_1^2)+(x_2^2+y_2^2)}{2R}\right]$$

$\mathrm{J}_1(\nu)$表示一阶贝塞尔函数。

当 $\nu=0$ 时，$\left|\frac{2\mathrm{J}_1(\nu)}{\nu}\right|=1$，相干度最好，随 ν 的增加，即 P_1，P_2 两点的距离增大时，相干度下降。当 $P_1P_2=\sqrt{(x_1-x_2)^2+(y_1-y_2)^2}=\frac{0.61R\bar{\lambda}}{r}$时，这两点完全不相干，即 $\left|\frac{2\mathrm{J}_1(o)}{\nu}\right|=0$，此时，$\nu=3.83$。当 $\nu=1$ 时，相干度对极大值 1 偏离 12%，此时 $P_1P_2=\frac{0.16R\lambda}{r}$，因此可以认为以该距离为半径的圆面积内的光场是近

似完全相干的，将这一面积称为相干面积。

(2) 狭缝光源或线光源的空间相干性。

许多放电管就是缝光源，用普通光源经透镜成像到矩形狭缝上也可获得线光源。设线光源均匀发光，宽度为 a，则其复相干度为

$$\mu_{12}=\operatorname{sinc}\left(\frac{da}{\bar{\lambda}l}\right) \tag{1-91}$$

式中，l 为光源到 P_1，P_2 两点所在屏的距离；d 为 P_1 至 P_2 两点距离。

从式(1-91)可以看出，随着两点距离 d 的增大，它们之间的相干程度会逐渐降低。

以上两例说明，对于空间完全不相干的热光源，当它的辐射经相当长距离的传播后，在其辐射场中可获得一定的空间相干性，其原因在于虽然光源面上各点互不相关，但在观察点 P_1，P_2 处的光振动分别有来自光源上同一点振动的贡献，因而 P_1，P_2 点可获得一定程度的相干性。

1.4.7 部分相干光的干涉特性

前面讨论了描述光源相干性的概念和一些基本函数，可以看出，采用相干度可把光源划分为完全相干、部分相干和完全不相干三类。实际的光源由于不仅有一定的限度，而且具有一定的谱宽，因而总是部分相干的，处理部分相干光干涉问题的特征量就是互相干函数和复相干度。

式(1-75)给出了部分相干光干涉时光强的分布，可以看出，实验上可观测的光强分布的对比度与理论上的复相干度是相互联系的。复相干度是光源相干性的量度，它表示了相干光部分所占总强度的比例。

从前面对光源时间相干性和空间相干性的分析可知，观察部分相干光的干涉条纹时，其条纹的对比度与光源尺度和频谱宽度有关，只有在一定的条件下，才能满足相干条件，观察到干涉条纹。不同于完全相干光，其条纹对比度可等于1，干涉光场是复振幅的叠加；也不同于完全非相干光，其条纹对比度等于0，合成光场是光强的简单叠加，部分相干光其条纹对比度在0～1，合成光场中既有完全相干部分，又包含完全非相干部分。

1.4.8 激光的相干性

与普通光源相似，激光的相干性也包括了时间相干性和空间相干性两个方面。为了解激光的相干特性，应先了解产生激光的基本原理。

激光是“受激辐射光放大”的简称，其发光过程就是激光工作物质在外界激励下发生粒子数反转分布，处于高能级的粒子在辐射场的作用下产生受激辐射。

由于工作物质处于一个光学谐振腔内，使受激辐射光产生反馈，不断通过激光物质，得到受激放大增强，最后产生稳定的激光输出。受激辐射的特点是发光的粒子处于同步发光状态，发出的光子具有相同的状态，另外谐振腔还具有频率选择作用和限制光辐射方向的作用，所以激光的特点就是具有良好的相干性和方向性。

1. 激光的时间相干性

理想的激光是一个纯单色振荡，即只有一个频率的光能满足谐振条件，其产生的光场可表示为 $\mu_{(t)}=A\cos(2\pi\nu_0 t-\phi)$，由于各种线宽加宽效应，使得一般的单纵模激光仍然具有一定的谱宽 $\Delta\nu$，例如对单纵模 He-Ne 激光器，其谱宽约 10^6 Hz，相当于其相干时间为 1 μs，相干长度为 300 m。

很多激光器都输出多纵模，即有多个满足谐振频率的光输出，这时其光场可表示为 $\mu_{(t)}=\sum_{i=1}^{N}A_i\cos[2\pi\nu_i t-\phi_i(t)]$，常见的情况下各个频率(模式)的光独立振动，即使是多纵模的激光，其谱宽仍很窄。例如多纵模 He-Ne 激光器的谱宽约为 1.5×10^9 Hz，相应的相干长度为 20 cm，相干时间约 1 ns。

与普通光源相比，激光的谱宽 $\Delta\nu$ 很窄，相干时间 Δt 很大，因而激光具有很好的时间相干性。在使用激光作光源的干涉仪中，即使两束光具有很大的程差，仍然可以得到清晰的干涉条纹。

2. 激光的空间相干性

激光的空间相干性，主要取决于其横模的结构，即输出光束在空间的分布。由于谐振腔的作用，使得光束在空间的分布受到一定的限制，只有能在腔内来回往返的光束才能得到足够的放大而形成激光。如图 1-24 所示为谐振腔面为圆形镜时几种横模的强度花样。

对于多横模结构的激光器，相当于多个光源的组合，其频率、偏振及位置各不相同，因而彼此不相干，但每个横模各自都分别是优良的相干光源，在其整个横截面内都是空间相干的，即截面上各点的振动都是相关联的。

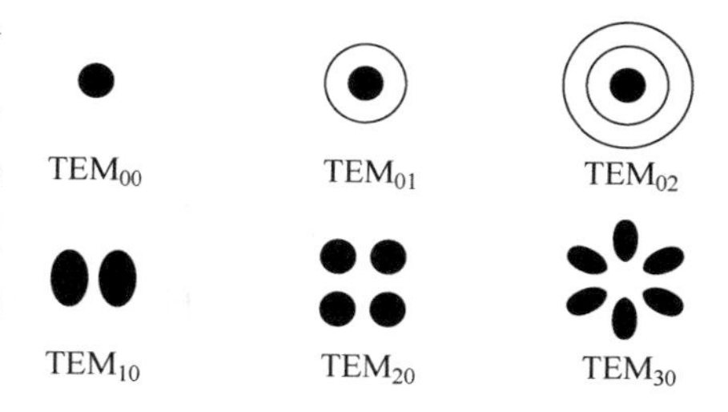

图 1-24 圆形镜腔模的强度花样

为了获得好的光束质量，人们经常使用各种方法进行模式选择，比如采用平行平面腔或腔内加小孔的方法可获得单横模输出，单横模激光具有极好的空间相干性，直接让激光束射到双孔上就可在屏幕上观察到清晰的干涉条纹。

1.5 典型多光束干涉仪——法布里-珀罗干涉仪

1.5.1 干涉仪的结构

如图 1-25 所示，干涉仪主要由两块平行玻璃板（或石英板）P_1，P_2 组成。平板相对的两个面的加工工艺要求很高，其平面度一般是 $\lambda/20$ 以上，且面上镀多层介质膜（或金属膜）以产生高反射率。为获得等倾干涉条纹，仪器上装有精密的调节装置以保证两平面调成严格平行。另外，为消除 P_1，P_2 两板的外表面（非工作面）反射光所造成的干扰，每块板的两个表面存在有一小夹角。自扩展光源 S 发出的光经透镜 L_1 后变成各方向入射的平行光束，透射光在透镜 L_2 的焦平面上形成等倾干涉条纹。

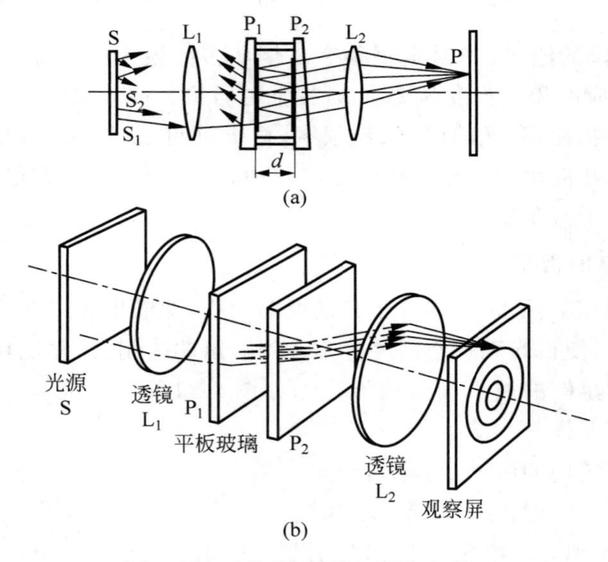

图 1-25　法布里-珀罗干涉仪光路图

如果 P_1、P_2 两板之间的光程可以调节，这种干涉装置称为法布里-珀罗(Fabry-Perot)干涉仪，简称法-珀(F-P)干涉仪。一般改变光程的方法是把两板之一固定在一精密导轨上移动，以调节两板间的距离 h。有时也用改变两板间介质折射率的办法来改变其光程（例如抽空或加进高压气体）。如果 P_1、P_2 两板间的距离用一间隔器使之固定，则这种干涉装置就称为法布里-珀罗标准具，简称法-珀标准具。间隔器一般由圆柱形殷钢或熔石英制成，其两端面应磨抛成严格相互平行。

间隔器亦可用压电陶瓷材料制成，当加上不同电压时，其间隔可有微小变化。目前亦有用单块玻璃板两面磨成严格相互平行，并镀上高反射膜而制成单块标准具者，其板厚 h 按使用要求预先设计好。

1.5.2　干涉仪的性能参数

法-珀干涉仪所产生的多光束等倾干涉条纹的光强分布由式(1-24)和式(1-25)描述。因为其平板表面的反射率很高，亮条纹的宽度极窄。因此，法-珀干涉仪在光学上是一种高分辨率的光谱仪器，主要用于研究光谱的精细结构。随着光电子技术的发展，法-珀干涉仪也获得了更多应用，例如用作激光器的谐振腔等。

1. 正入射情况下的透射波长和频率

由式(1-26)可知，在正入射时($\theta_1=0$)，法-珀干涉仪的透射极大条件是

$$2nh=m\lambda \tag{1-92}$$

所以入射光如果是包括很多波长的连续光谱，例如白光，则只有满足上述条件的那些波长(如下所述，这些透过的波长仍有一定波长范围)的光才能透过干涉仪，而其余波长的光都将被反射回去，这就是法-珀干涉仪的滤光作用。但是，能满足式(1-92)条件的不止一种波长的光。因此，对于一台实际的法-珀干涉仪，需要考虑它所适用的波段范围，亦即能透过仪器的相邻两个波长之差。此差值可从式(1-92)求出：设 λ 和 $\lambda'=\lambda+\Delta\lambda$ 两波长均满足式(1-92)，但干涉级次差 1，故有

$$m\lambda=(m-1)(\lambda+\Delta\lambda)$$

当 $m\gg1$ 时，

$$\Delta\lambda=\frac{\lambda}{m}=\frac{\lambda^2}{2nh} \tag{1-93}$$

这就是能透过干涉仪的相邻两波长的差值。这个差值 $\Delta\lambda$ 一般称为仪器的标准具常数，或称自由光谱范围，是仪器的一个重要常数。该数值实际上就是干涉级次不重叠的范围。

若光线是以各种角度入射，则在 λ 到 $\lambda+\Delta\lambda$ 的波段范围内每种波长的光均产生自己的一套等倾干涉环，不会发生级次重叠的现象，而在此波长范围以外的光产生的干涉环就会发生级次重叠的现象。

由于透过的波长 $\lambda\propto1/m$，因此，正入射时，透过干涉仪的诸波长不是等间隔的(不论 nh 为何值)。但对透过频率而言，则是等间隔的。由式(1-92)可得透过光的频率为

$$\nu=\frac{c}{\lambda}=\frac{m}{2nh}c \tag{1-94}$$

它与 m 成正比，因此

$$\Delta\nu = \nu_{m+1} - \nu_m = \frac{c}{2nh} \tag{1-95}$$

显见，$\Delta\nu$ 与级次 m 无关，$\Delta\nu \propto 1/nh$，nh 越大，透过频率间隔越窄。而相应的波长间隔 $\Delta\lambda$ 也就越小。

在光束正入射的情况下，画出法-珀干涉仪相对透射光强 $I^{(t)}/I_0$ 随频率 ν 的变化曲线(图 1-26)，并与 $I^{(t)}/I_0$ 随 δ 的变化曲线(图 1-7)进行对比，可见两者形状实际一样，只是横坐标不同而已。这是因为相位差与频率成正比：

$$\delta = \frac{4\pi}{\lambda_0} nh = \frac{4\pi}{c} nh\nu$$

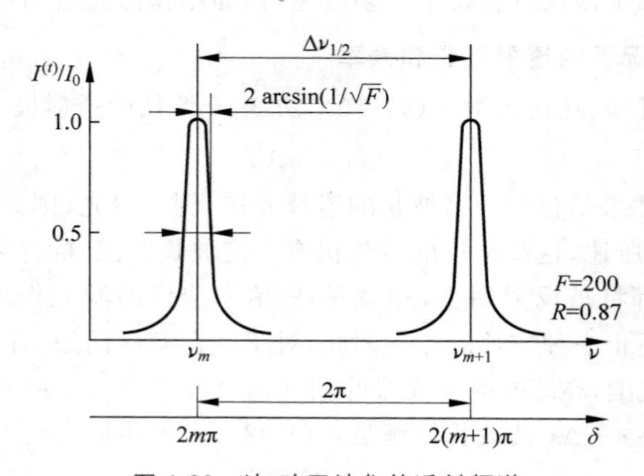

图 1-26　法-珀干涉仪的透射频谱

由图 1-26 曲线还可看出，每个透射谱本身仍有一定的半宽度 $\Delta\nu_{1/2}$。它是谱线中心两边相对强度($I^{(1)}/I_0$)下降到 1/2 那两点的频率间隔。因为这个半宽度相应的位相差是 ε(条纹半宽度，式(1-30))，所以

$$\Delta\nu_{1/2} = \frac{c}{2\pi nh} \frac{1-R}{\sqrt{R}} \tag{1-96}$$

这就是透射谱线的频率宽度。

其相应的波长宽度可由 $\lambda = c/\nu$ 求出：

$$|\Delta\lambda_{1/2}| = \frac{\lambda}{c}\Delta\nu_{1/2} = \frac{\lambda^2}{2\pi nh}\frac{1-R}{\sqrt{R}} \tag{1-97}$$

2. 仪器的分辨本领

如果射入仪器的光不是单色，而是有几种波长的光，则在干涉条纹中，两个波长的同一干涉级(例如第 m 级极大)其张角 θ_t 不同，因 $m = \dfrac{2nh\cos\theta_t}{\lambda} = \dfrac{2nh\cos\theta_t'}{\lambda'}$。则有：波长小的，$\theta_t$ 角大，即干涉环半径大；波长大的($\lambda' = \lambda + \delta\lambda$)，$\theta_t'$ 角小，即干涉

环半径小。因而这两个波长的干涉环就会稍稍分开，其分开程度视波长差 $\delta\lambda$ 而定，如图 1-27 所示。实际上如前所述，法-珀干涉仪由多光束干涉产生的条纹虽窄，但仍有一定宽度，因此，入射光束的波长差 $\delta\lambda$ 如果太小，则两套干涉环就会彼此重叠而无法区分。

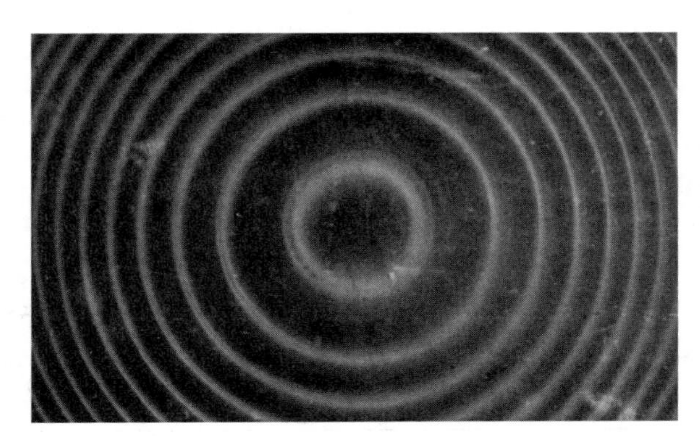

图 1-27　法-珀干涉仪产生的两套干涉环

现在要讨论的问题是：用法-珀干涉仪能分开的最小波长差是多少？为此，要先确定一个能分开的标准，再计算能分开的波长差。习惯上采用下述简单判断法则：如果一个波长的干涉极大和另一个波长的干涉极大靠近到距离等于条纹的半宽度 ε，就认为这两波长恰能分开，再靠近就分不开。因为这时叠加后的总强度分布，仍能分辨出有两个峰值，如图 1-27 所示。根据这个标准就可求出法-珀干涉仪能分开的最小波长差 $\delta\lambda$。

波长为 λ_0 的第 m 级干涉环其相应光束的相位差为

$$\delta = \frac{4\pi}{\lambda_0} nh\cos\theta_t = 2\pi m \tag{1-98}$$

而对波长为 $\lambda_0 + \delta\lambda$ 的光，沿同一方向 θ_t 的诸相干光之间，其相位差为

$$\delta' = \frac{4\pi}{\lambda_0 + \delta\lambda_0} nh\cos\theta_t \tag{1-99}$$

按上述判断标准，当

$$\Delta\delta = \delta - \delta' = \varepsilon \tag{1-100}$$

时，两波长形成的干涉环恰能分辨(图 1-28)。

把式(1-98)、式(1-99)代入式(1-100)，可得

$$\Delta\delta = 4\pi nh\cos\theta_t\left(\frac{1}{\lambda_0} - \frac{1}{\lambda_0 + \delta\lambda_0}\right) = 4\pi nh\cos\theta_t\ \frac{\delta\lambda_0}{\lambda_0^2} = 2\pi m\ \frac{\delta\lambda_0}{\lambda_0}$$

其中利用了 $\delta\lambda_0 \ll \lambda_0$ 和式(1-98)，再由式(1-100)有

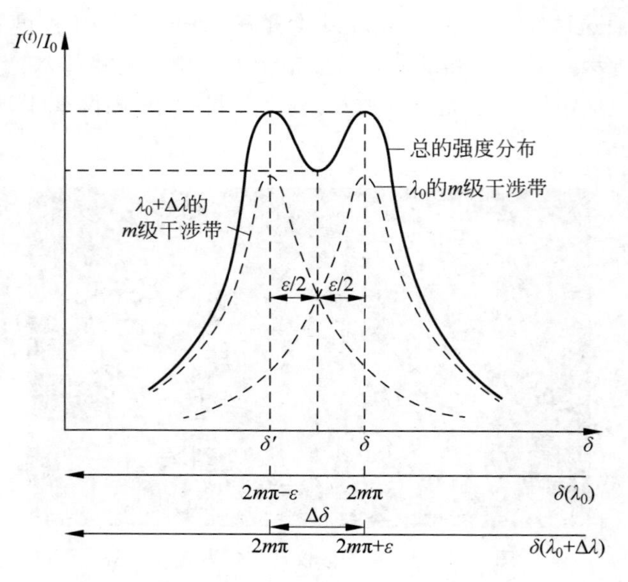

图 1-28　两干涉环的分辨标准

$$\frac{\lambda_0}{\delta\lambda_0}=\pi m\frac{\sqrt{R}}{1-R}=\frac{2\pi nh\cos\theta_t}{\lambda_0}\frac{\sqrt{R}}{1-R} \tag{1-101}$$

式中，$\delta\lambda_0$ 就是干涉仪恰能分开的两干涉圆环所对应的波长差。$\delta\lambda_0$ 越小，仪器的分辨能力就越大，所以光学上用 $A=\dfrac{\lambda_0}{\delta\lambda_0}$ 来定义仪器的分辨本领。式(1-101)就是法-珀干涉仪分辨本领的表达式。它表明，干涉级次 m 越高，A 越大；R 越高，A 也越大。

由式(1-31)，还可把式(1-101)改写成

$$A=\frac{\lambda}{\delta\lambda}=mN \tag{1-102}$$

式中，N 是干涉仪的精细度。在正入射附近，$\theta_t\approx0°$，$\cos\theta_t\approx1$，相应的干涉级 $m=2nh/\lambda$，这时分辨本领 A 为

$$A=\frac{\lambda}{\delta\lambda}=\frac{2\pi nh}{\lambda}\frac{\sqrt{R}}{1-R} \tag{1-103}$$

最小可分辨波长差为

$$\delta\lambda=\frac{\lambda^2}{2\pi nh}\frac{1-R}{\sqrt{R}}$$

若用频率表示，则由 $\nu=c/\lambda$ 有

$$\delta\nu=\frac{c}{2\pi nh}\frac{1-R}{\sqrt{R}}$$

这就是正入射附近，法-珀干涉仪能分辨的最小频率差。由此可见，h 越大，分辨本领也越大。显见，$\Delta\lambda_{\frac{1}{2}}$ 和 $\delta\lambda$ 以及 $\Delta\nu_{\frac{1}{2}}$ 和 $\delta\nu$ 其数值相等。

例如，当 $R=0.9$，$nh=10$ mm 时，对 $\lambda=0.6934$ μm 的红光有：$A=8.6\times10^{5}$；$\delta\lambda=0.0008$ nm；$\delta\nu=5\times10^{8}$ Hz(500 MHz)。

3. 仪器的角色散

分光仪器的主要用途是把复色光分解成单色光。因此，把不同波长光分开的程度就是其重要性能指标之一，一般用角色散来衡量。仪器的角色散是指单位波长间隔经分光仪器后所分开的角度，其定义为 $\mathrm{d}\theta/\mathrm{d}\lambda$。角色散 $\mathrm{d}\theta/\mathrm{d}\lambda$ 越大，不同波长的光经仪器后就分得越开。对于法-珀干涉仪有

$$2nh\cos\theta=m\lambda$$

两边取微分得(不考虑平板材料的色散)

$$\frac{\mathrm{d}\theta}{\mathrm{d}\lambda}=-\frac{\cos\theta}{\lambda}$$

上式说明，θ 角越小，仪器的角色散越大。所以干涉环中心光谱最纯，在用法-珀干涉仪作光谱分析时常利用这一特点，且 $\mathrm{d}\theta/\mathrm{d}\lambda$ 值与仪器的其他参数 h、R 等无关。

第 2 章

光纤中偏振光的传输与控制

2.1 引言

光纤是工作在光波段的一种介质波导,通常是圆柱形。它利用全反射的原理,将以光的形式出现的电磁波能量约束在其界面内,并沿着光纤轴线的方向前进。光纤的传输特性由其结构和材料决定。

光纤的基本结构是两层圆柱状介质,内层为纤芯,外层为包层;纤芯的折射率 n_1 比包层折射率 n_2 稍大。当满足全反射传输的入射条件时,光波就能沿着纤芯向前传播。图 2-1 是光纤的结构示意图。实际光纤的包层外还有一或多层保护层,保护光纤免受环境污染、防水和机械损伤,以及更多满足使用中不同要求的复杂光纤结构。

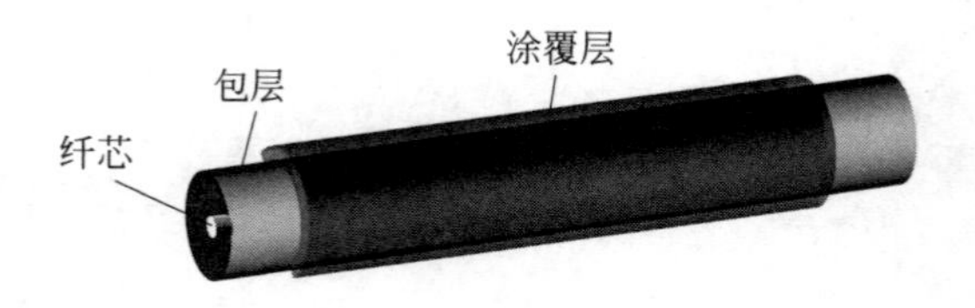

图 2-1 光纤结构简图

光波在光纤中传输时,由于芯-包边界的限制,其电磁场解不连续。这种不连续的场解称为**模式**。光纤分类的方法有多种。按传输的模式数量可分为单模光纤(SMF)和多模光纤(MMF)。只能传输一种模式的光纤称为单模光纤,能同时传输多种模式的光纤称为多模光纤。单模光纤和多模光纤的主要差别在于纤芯尺寸和纤芯-包层的折射率差值。多模光纤的纤芯直径 $2a$ 大($2a=50\sim500\ \mu m$),纤芯-包层折射率差大($\Delta=(n_1-n_2)/n_1=0.01\sim0.02$)；单模光纤的纤芯直径 $2a$ 小($2a=2\sim12\ \mu\text{m}$)，纤芯-包层折射率差也小($\Delta=0.005\sim0.01$)。

按纤芯的折射率分布可分为阶跃折射率光纤和梯度折射率光纤。前者纤芯折射率均匀，在纤芯和包层的分界面处，折射率发生突变(即阶跃)；后者的纤芯折射率是径向距离的函数。图 2-2 给出了这两类光纤的示意图和典型尺寸，图 2-2(a)是单模阶跃折射率光纤，图 2-2(b)和(c)分别是多模阶跃折射率光纤和多模梯度折射率光纤。

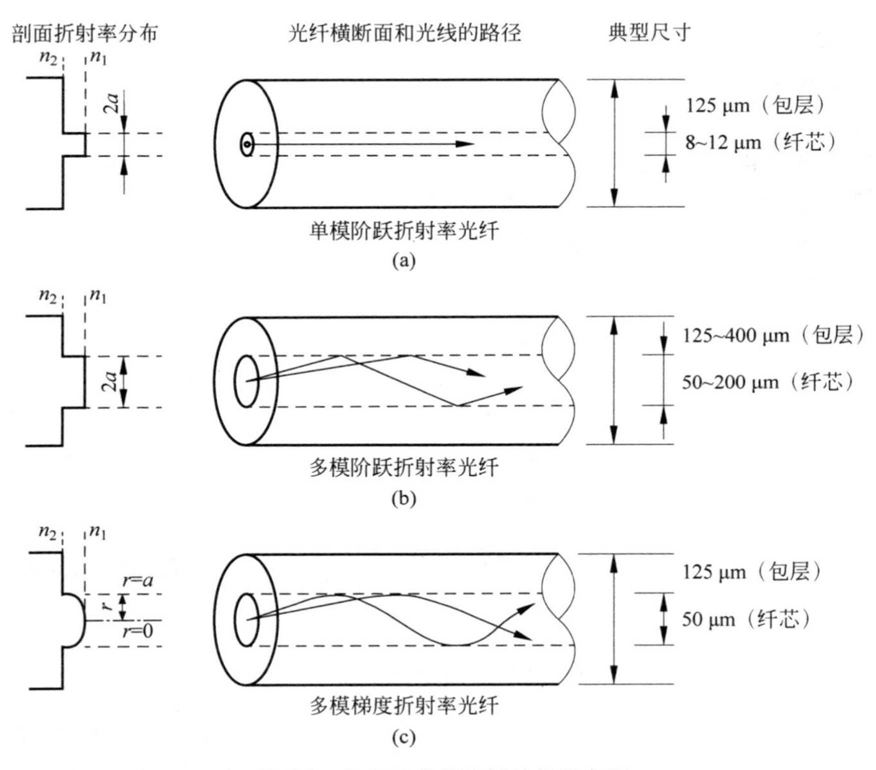

图 2-2　单模和多模光纤结构示意图

按传输的偏振态，单模光纤又可进一步分为非偏振保持光纤(简称非保偏光纤)和偏振保持光纤(简称保偏光纤)。其差别是前者不能保持偏振光传输，而后者可以。保偏光纤又进一步分为单偏振光纤、高双折射光纤、低双折射光纤和保圆双折射光纤 4 种。只能传输一种偏振模式的光纤称为单偏振光纤；能传输两正交偏振模式，且传播速度相差很大者称为高双折射光纤，若传播速度近于相等则称为低双折射光纤；能传输圆偏振光的称为保圆双折射光纤。

光纤还可以按照制造材料、结构或应用进行分类。分析光波在光纤中的传输方法有三大类：光线光学法、波动光学法和数值分析法。本章将以波动理论为基础，围绕单模光纤中偏振光的传输和特性进行讨论。

2.2 均匀折射率光纤的波动理论

2.2.1 麦克斯韦方程组与波动方程

1. 麦克斯韦方程组

光是电磁波，因此光波在光纤中传输的基本性质都可以从电磁场的基本方程推导出来，这些方程构成麦克斯韦方程组。

真空中的电磁场由电场强度 $\boldsymbol{E}$ 和磁感强度 $\boldsymbol{B}$ 两矢量描述。而为描述场对物质的作用，例如光波在透明介质中的传播情况，需再引入电感强度 $\boldsymbol{D}$ 和磁场强度 $\boldsymbol{H}$ 以及电流密度 $\boldsymbol{j}$ 这三个矢量。在场中每一点，这五个矢量随时间和空间的变化关系由下述麦克斯韦方程组给出：

$$\nabla\times \boldsymbol{H}=\boldsymbol{j}+\frac{\partial \boldsymbol{D}}{\partial t} \tag{2-1}$$

$$\nabla\times \boldsymbol{E}=-\frac{\partial \boldsymbol{B}}{\partial t} \tag{2-2}$$

$$\nabla\cdot \boldsymbol{B}=0 \tag{2-3}$$

$$\nabla\cdot \boldsymbol{D}=\rho \tag{2-4}$$

式中，ρ 为场中电荷密度；∇为哈密顿算符，$\nabla=\boldsymbol{l}_x\frac{\partial}{\partial x}+\boldsymbol{l}_y\frac{\partial}{\partial y}+\boldsymbol{l}_z\frac{\partial}{\partial z}$，这里 $\boldsymbol{l}_x$，$\boldsymbol{l}_y$，$\boldsymbol{l}_z$ 分别为沿 x，y，z 方向的单位矢量。

由于利用式(2-1)和式(2-2)，以及电荷不灭定律$\left(\nabla\cdot \boldsymbol{j}=-\frac{\partial\rho}{\partial t}\right)$可推导出式(2-3)和式(2-4)，所以式(2-1)和式(2-2)是最基本的方程。但是，为了求解 $\boldsymbol{E}$、$\boldsymbol{D}$、$\boldsymbol{B}$、$\boldsymbol{H}$，除了这两个最基本方程之外，尚需联系其物质方程，物质方程因电磁场所在的介质而异。如果介质为各向异性，且不均匀，则有

$$\boldsymbol{D}(\boldsymbol{r})=\boldsymbol{\varepsilon}(\boldsymbol{r})\cdot \boldsymbol{E}(\boldsymbol{r}) \tag{2-5}$$

$$\boldsymbol{B}(\boldsymbol{r})=\boldsymbol{\mu}(\boldsymbol{r})\cdot \boldsymbol{H}(\boldsymbol{r}) \tag{2-6}$$

式中，$\boldsymbol{\varepsilon}(\boldsymbol{r})$、$\boldsymbol{\mu}(\boldsymbol{r})$分别为介质的张量介电系数和张量磁导率，代表物质的各向异性。例如，对于铁氧体有

$$\boldsymbol{\mu}=\begin{bmatrix}\mu_0\mu_{\mathrm{r}} & -\mathrm{i}k\mu_0 & 0\\ \mathrm{i}k\mu_0 & \mu_0\mu_{\mathrm{r}} & 0\\ 0 & 0 & 1\end{bmatrix}$$

对于双轴晶体有

$$\boldsymbol{\varepsilon}=\begin{bmatrix}\varepsilon_{11} & 0 & 0\\ 0 & \varepsilon_{22} & 0\\ 0 & 0 & \varepsilon_{33}\end{bmatrix}$$

式中，μ_0 是真空中的磁导率；

$$\mu_{\mathrm{r}}=1+\frac{\omega_0\omega_{\mathrm{M}}}{\omega_0^2-\omega^2},\quad k=\frac{\omega_0-\omega_{\mathrm{M}}}{\omega_0^2-\omega^2}$$

式中，ω 为工作频率；ω_0 为铁氧体进动频率；ω_{M} 为铁氧体本征频率。对于各向异性物质，$\boldsymbol{E}$ 和 $\boldsymbol{D}$ 方向不同，$\boldsymbol{H}$ 和 $\boldsymbol{B}$ 方向不同。对于各向同性介质则有

$$\boldsymbol{D}=\boldsymbol{\varepsilon E}\tag{2-7}$$

$$\boldsymbol{B}=\boldsymbol{\mu H}\tag{2-8}$$

式中，$\boldsymbol{\varepsilon}=\boldsymbol{\varepsilon}(\boldsymbol{r})$，$\boldsymbol{\mu}=\boldsymbol{\mu}(\boldsymbol{r})$。这时 $\boldsymbol{D}$、$\boldsymbol{E}$ 同向，$\boldsymbol{H}$、$\boldsymbol{B}$ 同向。

2. 波动方程

麦克斯韦方程只给出场和场源之间的关系，即 $\boldsymbol{E}$、$\boldsymbol{D}$、$\boldsymbol{B}$、$\boldsymbol{H}$ 之间的相互关系。为了求出光波在光纤中的传播规律，应进一步求解每一个量随时间和空间的变化规律，即从麦克斯韦方程组中求解 $\boldsymbol{E}$、$\boldsymbol{H}$ 随时、空的变化关系。

下面对各向同性介质进行推导。为此，利用式(2-1)和式(2-2)可得

$$\nabla\times(\nabla\times\boldsymbol{E})=-\nabla\times\frac{\partial\boldsymbol{B}}{\partial t}=-\frac{\partial(\nabla\times\mu\boldsymbol{H})}{\partial t}\tag{2-9}$$

$$\nabla\times(\nabla\times\boldsymbol{H})=\frac{\partial(\nabla\times\varepsilon\boldsymbol{E})}{\partial t}+\nabla\times\boldsymbol{j}\tag{2-10}$$

而$\nabla\times\nabla\times\boldsymbol{E}=\nabla(\nabla\cdot E)-\nabla^2\boldsymbol{E}$，因此，式(2-9)变换为

$$\nabla(\nabla\cdot\boldsymbol{E})-\nabla^2\boldsymbol{E}=-\frac{\partial(\mu\nabla\times\boldsymbol{H}+\nabla\mu\times\boldsymbol{H})}{\partial t}\tag{2-11}$$

由式(2-4)、式(2-7)和矢量恒等式$\nabla\cdot(\varepsilon\boldsymbol{E})=\varepsilon\nabla\cdot\boldsymbol{E}+\boldsymbol{E}\cdot\nabla\varepsilon$，可得

$$\nabla\cdot\boldsymbol{E}=\frac{\rho}{\varepsilon}-\frac{\boldsymbol{E}\cdot\nabla\varepsilon}{\varepsilon}\tag{2-12}$$

再由式(2-1)和式(2-2)，可得

$$\frac{\partial(\mu\nabla\times\boldsymbol{H})}{\partial t}=\mu\frac{\partial(\nabla\times\boldsymbol{H})}{\partial t}=\mu\varepsilon\frac{\partial^2\boldsymbol{E}}{\partial t^2}+\mu\frac{\partial\boldsymbol{j}}{\partial t}\tag{2-13}$$

$$\frac{\partial(\nabla\mu\times\boldsymbol{H})}{\partial t}=\nabla\mu\times\frac{\partial\boldsymbol{H}}{\partial t}=-\nabla\mu\times\frac{\nabla\times\boldsymbol{E}}{\mu}\tag{2-14}$$

此处已设 μ 与时间无关。把式(2-12)～式(2-14)代入式(2-11)，可得

$$\nabla^2\boldsymbol{E}+\nabla\left(\boldsymbol{E}\cdot\frac{\nabla\varepsilon}{\varepsilon}\right)-\nabla\left(\frac{\rho}{\varepsilon}\right)+\frac{\nabla\mu}{\mu}\times\nabla\times\boldsymbol{E}=\mu\varepsilon\frac{\partial^2\boldsymbol{E}}{\partial t^2}+\mu\frac{\partial\boldsymbol{E}}{\partial t}\tag{2-15}$$

同理，对矢量 $\boldsymbol{H}$ 有

$$\nabla^2 \boldsymbol{H} + \nabla\left(\frac{\nabla\varepsilon}{\varepsilon} \cdot \boldsymbol{H}\right) + \frac{\nabla\varepsilon}{\varepsilon} \times \nabla \times \boldsymbol{H} = \mu\varepsilon \frac{\partial^2 \boldsymbol{H}}{\partial t^2} + \frac{\nabla\varepsilon}{\varepsilon} \times \boldsymbol{j} - \nabla \times \boldsymbol{H} \tag{2-16}$$

式(2-15)和式(2-16)就是各向同性、非均匀介质中的波动方程，这是一个相当复杂的方程。

由于目前我们关心的是光波在透明介质(光纤)中的传输问题，因此有 $\mu=\mu_0$、$\rho=0$，因而$\nabla \cdot \boldsymbol{E}=0$，$\boldsymbol{j}=0$。于是上面的波动方程简化为

$$\nabla^2 \boldsymbol{E} + \nabla\left(\boldsymbol{E} \cdot \frac{\nabla\varepsilon}{\varepsilon}\right) = \mu_0 \varepsilon \frac{\partial^2 \boldsymbol{E}}{\partial t^2} \tag{2-17}$$

$$\nabla^2 \boldsymbol{H} + \frac{\nabla\varepsilon}{\varepsilon} \times \nabla \times \boldsymbol{H} = \mu_0 \varepsilon \frac{\partial^2 \boldsymbol{H}}{\partial t^2} \tag{2-18}$$

显见，式(2-17)和式(2-18)仍很复杂，求解困难。考虑均匀光纤(ε 为常数和$\nabla\varepsilon=0$)或 ε 变化缓慢的光纤(ε 不为常数，但$\nabla\varepsilon \approx 0$)两种情况下，式(2-17)和式(2-18)可进一步简化为

$$\nabla^2 \boldsymbol{E} = \mu_0 \varepsilon \frac{\partial^2 \boldsymbol{E}}{\partial t^2} \tag{2-19}$$

$$\nabla^2 \boldsymbol{H} = \mu_0 \varepsilon \frac{\partial^2 \boldsymbol{H}}{\partial t^2} \tag{2-20}$$

这就是最简单的波动方程。

对于单色光波有

$$E(r) = E_0(r)\exp[-\mathrm{i}k_0 \phi(r)]\exp(\mathrm{i}\omega t)$$

$$H(r) = H_0(r)\exp[-\mathrm{i}k_0 \phi(r)]\exp(\mathrm{i}\omega t)$$

且$\partial/\partial t=\mathrm{i}\omega$，$\partial^2/\partial t^2=-\omega^2$，则式(2-17)和式(2-18)变为

$$\nabla^2 \boldsymbol{E} + \nabla\left(\boldsymbol{E} \cdot \frac{\nabla\varepsilon}{\varepsilon}\right) = -k^2 \boldsymbol{E} \tag{2-21}$$

$$\nabla^2 \boldsymbol{H} + \frac{\nabla\varepsilon}{\varepsilon} \times \nabla \times \boldsymbol{H} = -k^2 \boldsymbol{H} \tag{2-22}$$

相应地，式(2-19)和式(2-20)变为

$$\nabla^2 \boldsymbol{E} + k^2 \boldsymbol{E} = 0 \tag{2-23}$$

$$\nabla^2 \boldsymbol{H} + k^2 \boldsymbol{H} = 0 \tag{2-24}$$

式中，利用了 $\omega^2 \mu_0 \varepsilon = \omega^2 \mu_0 \varepsilon_0 \varepsilon_r = \varepsilon_r k_0^2 = n^2 k_0^2 = k^2$。其中，$\varepsilon_r$ 和 n 为光纤材料的相对介电系数和折射率；$k_0 = 2\pi/\lambda$ 是真空中的波数，这里 λ 为真空中光波波长。式(2-23)和式(2-24)是矢量的亥姆霍兹(Helmholtz)方程。在直角坐标系中，$\boldsymbol{E}$、$\boldsymbol{H}$ 的 x、y、z 分量均满足标量亥姆霍兹方程：

$$\nabla^2\psi + k^2\psi = 0 \tag{2-25}$$

式中，ψ 代表 $\boldsymbol{E}$ 或 $\boldsymbol{H}$ 的各分量。

2.2.2　矢量模式

由上面波动方程的推导可见，影响光波导传输特性的主要是折射率的空间分布。在上述讨论中我们已假定这种分布是线性(光纤中的非线性可参看《非线性光纤光学》[1])、时不变、各向同性的，即 $n=n(x,y,z)$。为此，可根据折射率的空间分布将光波导分类如下：

- 线性光波导
  - 纵向均匀(正规光波导)
    - 横向分层均匀的光波导(均匀光波导)
    - 横向非均匀的光波导(非均匀光波导)
  - 纵向非均匀(非正规光波导)
    - 缓变光波导
    - 迅变光波导
    - 突变光波导

这种分类方法便于理论分析——即不同类型的光波导对应于求解不同类型的微分方程。至于实际的光纤，可根据需要划分为其中的某一类。

1. 模式

为求解波动方程，应注意光纤结构的特征——纵向(光纤的轴向，即光传输的方向)和横向的差别，这是光纤的基本特征。这个基本特征决定了光纤中纵向和横向场解的不同。对于正规光波导，它表现出明显的导光性质，而由正规光波导引出的模式的概念，则是光波导理论中最基本的概念。

如上所述，正规光波导是指其折射率分布沿纵向(z 向)不变的光波导，其数学描述为 $n(x,y,z)=n(x,y)$。可以证明，在正规光波导中光场可用横向和纵向分量分离的形式表示为

$$\begin{bmatrix}\boldsymbol{E}\\ \boldsymbol{H}\end{bmatrix}(x,y,z,t) = \begin{bmatrix}\boldsymbol{e}\\ \boldsymbol{h}\end{bmatrix}(x,y)\mathrm{e}^{\mathrm{i}(\omega t-\beta z)} \tag{2-26}$$

若不涉及光纤中的非线性问题，则光波在光纤中传输时 ω 保持不变。这种情况下，$\mathrm{e}^{\mathrm{i}\omega t}$ 项可略去，则式(2-26)可简化成

$$\begin{bmatrix}\boldsymbol{E}\\ \boldsymbol{H}\end{bmatrix}(x,y,z) = \begin{bmatrix}\boldsymbol{e}\\ \boldsymbol{h}\end{bmatrix}(x,y)\mathrm{e}^{-\mathrm{i}\beta z} \tag{2-27}$$

式中，β 为相移常数或称传播常数；$\boldsymbol{e}(x,y)$ 和 $\boldsymbol{h}(x,y)$ 都是复矢量，即有幅度、相位和方向，它表示了 $\boldsymbol{E}$、$\boldsymbol{H}$ 沿光纤横截面的分布，称为**模式场**。

把式(2-27)代入亥姆霍兹方程式(2-21)和式(2-22)，经过计算可得只有(x,y)两个变量的偏微分方程：

$$\begin{cases}[\nabla_t^2+(k^2-\beta^2)]e+\nabla_t\left(e\cdot\dfrac{\nabla_t\varepsilon}{\varepsilon}\right)+\mathrm{i}\beta e_z\left(e\cdot\dfrac{\nabla_t\varepsilon}{\varepsilon}\right)=0\\[2ex][\nabla_t^2+(k^2-\beta^2)]h+\dfrac{\nabla_t\varepsilon}{\varepsilon}\times(\nabla_t\times h)+\mathrm{i}\beta h_z\left(h\cdot\dfrac{\nabla_t\varepsilon}{\varepsilon}\right)=0\end{cases}\tag{2-28}$$

式中，下标 t 表示为垂直于 z 方向的横向。根据偏微分方程理论，对于给定的边界条件，式(2-28)有无穷个离散的特征解，并可进行排序。每一个特征解可写为 $\begin{bmatrix}\boldsymbol{e}_i\\\boldsymbol{h}_i\end{bmatrix}(x,y)\mathrm{e}^{-\mathrm{i}\beta_i z}$，于是称式(2-28)的一个特征解为一个**模式**，光纤中总的光场分布则是这些模式的线性组合：

$$\begin{bmatrix}\boldsymbol{E}\\\boldsymbol{H}\end{bmatrix}=\sum_i\begin{bmatrix}a_i & \boldsymbol{e}_i\\b_i & \boldsymbol{h}_i\end{bmatrix}(x,y)\mathrm{e}^{-\mathrm{i}\beta z}$$

式中，a_i、b_i 是分解系数，表示该模式的相对大小。一系列模式可以看成是一个光波导的场分布的空间谱。

模式是光波导中的一个基本概念，它具有以下特性。

(1) **稳定性**。一个模式沿纵向传输时，其场分布形式不变，即沿 z 方向有稳定的分布。

(2) **有序性**。模式是波动方程的一系列特征解，是离散的、可以排序的。排序方法有两种，一种是以传播常数 β 的大小排序，β 越大序号越小；另一种是以 (x,y) 两个自变量排序，所以有两列序号。

(3) **叠加性**。光波导中总的场分布是这些模式的线性叠加。

(4) **正交性**。一个正规光波导的不同模式之间满足正交关系。对于一个光波导，设 $(\boldsymbol{E},\boldsymbol{H})$ 是一个模式，$(\boldsymbol{E}',\boldsymbol{H}')$ 是另一个模式，它们分别满足

$$\begin{cases}\nabla\times\boldsymbol{E}=-\mathrm{i}\omega\mu_0\boldsymbol{H}\\\nabla\times\boldsymbol{H}=\mathrm{i}\omega\varepsilon\boldsymbol{E}\end{cases},\quad\begin{cases}\nabla\times\boldsymbol{E}'=-\mathrm{i}\omega\mu_0\boldsymbol{H}'\\\nabla\times\boldsymbol{H}'=\mathrm{i}\omega\varepsilon\boldsymbol{E}'\end{cases}$$

设 $(\boldsymbol{E},\boldsymbol{H})$ 为第 i 次模，$(\boldsymbol{E}',\boldsymbol{H}')$ 为第 k 次模，即

$$\begin{bmatrix}\boldsymbol{E}\\\boldsymbol{H}\end{bmatrix}=\begin{bmatrix}\boldsymbol{e}_i\\\boldsymbol{h}_i\end{bmatrix}(x,y)\mathrm{e}^{-\mathrm{i}\beta_i z},\qquad\begin{bmatrix}\boldsymbol{E}'\\\boldsymbol{H}'\end{bmatrix}=\begin{bmatrix}\boldsymbol{e}_k\\\boldsymbol{h}_k\end{bmatrix}(x,y)\mathrm{e}^{-\mathrm{i}\beta_i z}$$

则可以证明下式成立：

$$\int_{A\to\infty}(\boldsymbol{e}_i\times\boldsymbol{h}_k^*)\cdot\mathrm{d}A=\int_{A\to\infty}(\boldsymbol{e}_k^*\times\boldsymbol{h}_i)\cdot\mathrm{d}A=0\quad(i\neq k)$$

式中，A 为积分范围；上标 * 表示取共轭。这就是模式正交性的数学表达式。

2. 模式场的纵、横向分量

由于光纤结构的纵向(z 方向)和横向差别极大，因此在求解光纤中的光场时可分解为纵向分量和横向分量之和：

$$\begin{cases}\boldsymbol{E}=\boldsymbol{E}_t+\boldsymbol{E}_z\\ \boldsymbol{H}=\boldsymbol{H}_t+\boldsymbol{H}_z\end{cases}$$

式中，下标 z 和 t 分别对应纵向和横向。微分算符∇也可表示为纵向和横向的叠加，即$\nabla=\nabla_t+\boldsymbol{l}_z\dfrac{\partial}{\partial z}$，其中，$\boldsymbol{l}_z$ 为 z 方向的单位矢量。代入各向同性的麦克斯韦方程组，并使等式两边纵向和横向分量各自相等，则可得

$$\nabla_t\times\boldsymbol{E}_t=-\mathrm{i}\omega\mu_0\boldsymbol{H}_z \tag{2-29}$$

$$\nabla_t\times\boldsymbol{H}_t=\mathrm{i}\omega\varepsilon\boldsymbol{E}_z \tag{2-30}$$

$$\nabla_t\times\boldsymbol{E}_z+\boldsymbol{l}_z\times\frac{\partial\boldsymbol{E}_t}{\partial z}=-\mathrm{i}\omega\mu_0\boldsymbol{H}_t \tag{2-31}$$

$$\nabla_t\times\boldsymbol{H}_z+\boldsymbol{l}_z\times\frac{\partial\boldsymbol{H}_t}{\partial z}=\mathrm{i}\omega\varepsilon\boldsymbol{E}_t \tag{2-32}$$

式(2-29)和式(2-30)表明，横向分量随横截面的分布永远是有旋的，并取决于对应的纵向分量；而式(2-31)和式(2-32)则表明，纵向分量由横截面的分布确定，其旋度不仅取决于相对应的横向分量，还与各自的横向分量相关。

显然，对于三维的模式场同样有

$$\begin{cases}\boldsymbol{e}=\boldsymbol{e}_t+\boldsymbol{e}_z\\ \boldsymbol{h}=\boldsymbol{h}_t+\boldsymbol{h}_z\end{cases} \tag{2-33}$$

于是，

$$\begin{bmatrix}\boldsymbol{E}_t\\ \boldsymbol{E}_z\\ \boldsymbol{H}_t\\ \boldsymbol{H}_z\end{bmatrix}=\begin{bmatrix}\boldsymbol{e}_t\\ \boldsymbol{e}_z\\ \boldsymbol{h}_t\\ \boldsymbol{h}_z\end{bmatrix}\mathrm{e}^{-\mathrm{i}\beta z} \tag{2-34}$$

式(2-34)代入任意光波导光场的纵向分量与横向分量的关系式(2-29)～式(2-32)，可得

$$\nabla_t\times\boldsymbol{e}_t=-\mathrm{i}\omega\mu_0\boldsymbol{h}_z \tag{2-35}$$

$$\nabla_t\times\boldsymbol{h}_t=\mathrm{i}\omega\varepsilon\boldsymbol{e}_z \tag{2-36}$$

$$\nabla_t\times\boldsymbol{e}_z+\mathrm{i}\beta\boldsymbol{e}_z\times\boldsymbol{e}_t=-\mathrm{i}\omega\mu_0\boldsymbol{h}_t \tag{2-37}$$

$$\nabla_t\times\boldsymbol{h}_z+\mathrm{i}\beta\boldsymbol{h}_z\times\boldsymbol{h}_t=\mathrm{i}\omega\varepsilon\boldsymbol{e}_t \tag{2-38}$$

由式(2-37)和式(2-38)，利用$\nabla_t\times e_z=-\boldsymbol{l}_z\times\nabla_t e_z$ 和$\nabla_t\times h_z=-\boldsymbol{l}_z\times\nabla_t h_z$，可得

$$\mathrm{i}\beta\boldsymbol{l}_z\times\boldsymbol{e}_t+\mathrm{i}\omega\mu_0\boldsymbol{h}_t=\boldsymbol{l}_z\times\nabla_t\boldsymbol{e}_z$$

$$\mathrm{i}\beta\boldsymbol{l}_z\times\boldsymbol{h}_t-\mathrm{i}\omega\varepsilon\boldsymbol{e}_t=\boldsymbol{l}_z\times\nabla_t\boldsymbol{h}_z$$

再利用 $\boldsymbol{l}_z\times[\boldsymbol{l}_z\times\boldsymbol{l}_t]=-\boldsymbol{l}_t$，可得

$$\begin{cases} \boldsymbol{e}_t = \dfrac{\mathrm{i}}{\omega^2 \mu_0 \varepsilon - \beta^2}(\omega\mu_0 \boldsymbol{l}_z \times \nabla_t \boldsymbol{h}_z + \beta\, \nabla_t \boldsymbol{e}_z) \\ \boldsymbol{h}_t = \dfrac{\mathrm{i}}{\omega^2 \mu_0 \varepsilon - \beta^2}(-\omega\varepsilon \boldsymbol{l}_z \times \nabla_t \boldsymbol{e}_z + \beta\, \nabla_t \boldsymbol{h}_z) \end{cases} \tag{2-39}$$

由式(2-39)可见，模式场的横向分量可由纵向分量随横截面的分布唯一地确定。可以证明 $\boldsymbol{e}_z$ 和 $\boldsymbol{h}_z$ 在时间上是同相位。由式(2-39)还可得出，若 $\boldsymbol{e}_z$、$\boldsymbol{h}_z$ 为实数，则 $\boldsymbol{e}_t$、$\boldsymbol{h}_t$ 必为纯虚数，即纵向和横向分量之间有 90°的相位差。这种相位关系说明正规光波导有明显的导光性质。因为，$p=\boldsymbol{E}\times\boldsymbol{H}^*=(\boldsymbol{e}_t+\boldsymbol{e}_z)\times(\boldsymbol{h}_t^*+\boldsymbol{h}_z^*)=\boldsymbol{e}_t\times\boldsymbol{h}_t^*+\boldsymbol{e}_z\times\boldsymbol{h}_t^*+\boldsymbol{e}_t\times\boldsymbol{h}_z^*+0$ 中，第一项为实数，代表沿 z 方向的传输功率；后两项为纯虚数，方向为横向，说明横向有功率振荡，但不传输。

根据模式场在空间的方向特征，或包含纵向分量的情况，通常把模式分为 3 类。

(1) TEM 模：只有横向分量，而无纵向分量，即 $\boldsymbol{e}_z=\boldsymbol{h}_z=0$。

(2) TE 模或 TM 模：只有一个纵向分量，即 TE 模，$\boldsymbol{e}_z=0$，但 $\boldsymbol{h}_z\neq0$；TM 模，$\boldsymbol{h}_z=0$，但 $\boldsymbol{e}_z\neq0$。

对于 TE 模，由于 $\boldsymbol{e}_z=0$，由式(2-39)可得

$$\boldsymbol{e}_t=\frac{\omega\mu_0}{\beta}\boldsymbol{l}_z\times\boldsymbol{h}_t \tag{2-40}$$

式(2-40)说明，电场和磁场的横向分量 $\boldsymbol{e}_t$ 和 $\boldsymbol{h}_t$ 相互垂直，相位相反(在 $\boldsymbol{e}_t$、$\boldsymbol{h}_t$ 和 $\boldsymbol{l}_z$ 三者组成的右手螺旋法则的规定下)，幅度大小成比例，比例系数 $\omega\mu_0/\beta$ 具有阻抗的量纲，定义为 TE 模的波阻抗。

对于 TM 模，由于 $\boldsymbol{h}_z=0$，由式(2-39)可得

$$\boldsymbol{e}_t=\frac{\beta}{\omega\varepsilon}\boldsymbol{l}_z\times\boldsymbol{h}_t \tag{2-41}$$

式(2-41)说明，电场和磁场的横向分量 $\boldsymbol{e}_t$ 和 $\boldsymbol{h}_t$ 相互垂直、相位相同、幅度大小成比例，比例系数 $\beta/\omega\varepsilon$ 是波阻抗。但由于 $\varepsilon=\varepsilon(x,y)$，所以波导中各点 TM 模的波阻抗不同，这是与 TE 模的不同之处。

(3) HE 模或 EH 模：两个纵向分量都不为零，即 $\boldsymbol{h}_z\neq0$，$\boldsymbol{e}_z\neq0$。这时，由式(2-39)可得

$$\boldsymbol{e}_z\cdot\boldsymbol{h}_t=\frac{1}{\omega^2\mu_0\varepsilon-\beta^2}(\nabla_t\boldsymbol{e}_z)\cdot(\nabla_t\boldsymbol{h}_z)$$

由于 $\boldsymbol{e}_z$，$\boldsymbol{h}_z$ 都不为零，又不为常数，所以 $\boldsymbol{e}_t\cdot\boldsymbol{h}_t\neq0$，即 $\boldsymbol{e}_t$ 和 $\boldsymbol{h}_t$ 互不垂直，亦无波阻抗概念。

由此可见，光纤中的光场分布和自由空间中的光场分布有明显的差别：一是

光纤中的光波无横波；二是光纤中的场解是离散的。对于前者，可以证明在光波导中不可能存在 TEM 模。虽然如此，有时为了分析方便，在 $|e_z| \ll |e_t|$，$|h_z| \ll |h_t|$ 的情况下(很多情况下是满足的)，仍可将这些模式当作 TEM 模处理。下面分别讨论几种典型光纤结构——折射率均匀/非均匀分布，结构为单层/双层的场解的具体形式。

均匀折射率光纤中模场的求解一般有两种方法：矢量法和标量法。矢量法是求解 $\boldsymbol{E}$、$\boldsymbol{H}$ 两个特征参量的三个分量，是一种精确的求解方法。标量法则认为光纤中模场的横向分量无取向性，即各方向机会均等。矢量法和标量法的求解过程不同，所得结果和模场的表示方法也有差别。查阅资料时应注意。

矢量法是先求纵向分量，再由已求得的纵向分量(z 分量)求横向分量(x、y 分量)。标量法则是先求横向分量，再由横向分量求纵向分量。下面对此分别说明。

3. 矢量模式

均匀折射率光纤是圆柱均匀波导，它具有上述均匀波导的一般特征。

1) 存在传输模

均匀折射率光纤中必定存在传输模，即光纤中的场分布可分离成随横截面二维分布的模式场和纵向的波动项 $\mathrm{e}^{-\mathrm{i}\beta z}$，其数学表达式为

$$\begin{bmatrix}\boldsymbol{E}\\ \boldsymbol{H}\end{bmatrix} = \begin{bmatrix}\boldsymbol{e}\\ \boldsymbol{h}\end{bmatrix}(x,y)\mathrm{e}^{-\mathrm{i}\beta z},\quad \text{其中,}\begin{cases}\boldsymbol{e} = \boldsymbol{e}_t + \boldsymbol{e}_z\\ \boldsymbol{h} = \boldsymbol{h}_t + \boldsymbol{h}_z\end{cases}$$

对于光纤，$(\boldsymbol{e}_t, \boldsymbol{h}_t)$ 可选用两种坐标系，而不同的坐标系则对应不同的方程，从而得到不同的模式序列。

如选用圆柱坐标系，即

$$\begin{cases}\boldsymbol{e}_t = \boldsymbol{e}_r + \boldsymbol{e}_\phi\\ \boldsymbol{h}_t = \boldsymbol{h}_r + \boldsymbol{h}_\phi\end{cases} \tag{2-42}$$

柱坐标系下得到的模式可与光纤边界形状(圆)一致，一般称为矢量模。

如选用直角坐标系，即有

$$\begin{cases}\boldsymbol{e}_t = \boldsymbol{e}_x + \boldsymbol{e}_y\\ \boldsymbol{h}_t = \boldsymbol{h}_x + \boldsymbol{h}_y\end{cases} \tag{2-43}$$

直角坐标系下得到的模式各分量具有固定的偏振(极化)方向，称为线偏振模(极化模)，简称 LP 模(linear polarization mode)。显然，由于光纤的空间对称性，无论是矢量模($\boldsymbol{e}_r, \boldsymbol{e}_\phi, \boldsymbol{e}_z, \boldsymbol{h}_r, \boldsymbol{h}_\phi, \boldsymbol{h}_z$)或是标量模($\boldsymbol{e}_x, \boldsymbol{e}_y, \boldsymbol{e}_z, \boldsymbol{h}_x, \boldsymbol{h}_y, \boldsymbol{h}_z$)均应取圆对称的分布形式，即

$$\begin{bmatrix}\boldsymbol{e}\\ \boldsymbol{h}\end{bmatrix}(r,\phi) = \begin{bmatrix}\boldsymbol{e}\\ \boldsymbol{h}\end{bmatrix}(r)\mathrm{e}^{-\mathrm{i}m\phi}\quad (m = 0, \pm 1, \pm 2, \cdots)$$

2）模式场满足齐次波动方程

均匀折射率光纤中的模式场满足以下波动方程：

$$[\nabla_t^2+(k_0^2n^2-\beta^2)]\begin{bmatrix}\boldsymbol{e}\\ \boldsymbol{h}\end{bmatrix}=0$$

上式可按纵、横分量分解为

$$[\nabla_t^2+(k_0^2n^2-\beta^2)]\boldsymbol{e}_z=0 \tag{2-44}$$

$$[\nabla_t^2+(k_0^2n^2-\beta^2)]\boldsymbol{h}_z=0 \tag{2-45}$$

$$[\nabla_t^2+(k_0^2n^2-\beta^2)]\boldsymbol{e}_t=0 \tag{2-46}$$

$$[\nabla_t^2+(k_0^2n^2-\beta^2)]\boldsymbol{h}_t=0 \tag{2-47}$$

式(2-44)和式(2-45)为标量方程，而式(2-46)和式(2-47)为矢量方程。由于两矢量方程无法分解成柱坐标系下单一分量($\boldsymbol{e}_r,\boldsymbol{e}_\phi,\boldsymbol{h}_r,\boldsymbol{h}_\phi$)的标量方程，因此这 4 个分量的求解过程只能是：先从前两个标量方程中求出 $\boldsymbol{e}_z,\boldsymbol{h}_z$(纵向分量)，再从下面纵、横向分量的关系求出这 4 个分量(横向分量)，故称“矢量法”。

3）模式场的纵向分量与横向分量的关系

在圆柱坐标系下，对于矢量模有

$$\nabla_t\psi=\frac{\partial\psi}{\partial r}r+\frac{1}{r}\frac{\partial\psi}{\partial\phi}\phi \tag{2-48}$$

所以，

$$\begin{cases}\boldsymbol{e}_r=\dfrac{-\mathrm{i}}{\omega^2\mu_0\varepsilon-\beta^2}\left(\beta\dfrac{\partial e_z}{\partial r}+\dfrac{\omega\mu_0}{r}\dfrac{\partial h_z}{\partial\phi}\right)\\[2ex] \boldsymbol{e}_\phi=\dfrac{-\mathrm{i}}{\omega^2\mu_0\varepsilon-\beta^2}\left(\dfrac{\beta}{r}\dfrac{\partial e_z}{\partial r}-\omega\mu_0\dfrac{\partial h_z}{\partial\phi}\right)\\[2ex] \boldsymbol{h}_r=\dfrac{-\mathrm{i}}{\omega^2\mu_0\varepsilon-\beta^2}\left(\beta\dfrac{\partial h_z}{\partial\phi}-\dfrac{\omega\varepsilon}{r}\dfrac{\partial e_z}{\partial r}\right)\\[2ex] \boldsymbol{h}_\phi=\dfrac{-\mathrm{i}}{\omega^2\mu_0\varepsilon-\beta^2}\left(\dfrac{\beta}{r}\dfrac{\partial h_z}{\partial\phi}+\omega\varepsilon\dfrac{\partial e_z}{\partial r}\right)\end{cases} \tag{2-49}$$

再考虑到模式场的圆对称性：

$$\begin{cases}\boldsymbol{e}_r(r,\phi)=\boldsymbol{e}_r(r)\mathrm{e}^{-\mathrm{i}m\phi}\\ \boldsymbol{e}_\phi(r,\phi)=\boldsymbol{e}_\phi(r)\mathrm{e}^{-\mathrm{i}m\phi}\\ \boldsymbol{h}_r(r,\phi)=\boldsymbol{h}_r(r)\mathrm{e}^{-\mathrm{i}m\phi}\\ \boldsymbol{h}_\phi(r,\phi)=\boldsymbol{h}_\phi(r)\mathrm{e}^{-\mathrm{i}m\phi}\end{cases}\quad(m=0,\pm1,\pm2,\cdots) \tag{2-50}$$

可得

$$\begin{cases} \boldsymbol{e}_r(r)=\dfrac{-\mathrm{i}}{\omega^2\mu_0\varepsilon-\beta^2}\left[\beta\dfrac{\mathrm{d}e_z(r)}{\mathrm{d}r}-\dfrac{\mathrm{i}m\omega\mu_0}{r}h_z(r)\right] \\ \boldsymbol{e}_\phi(r)=\dfrac{\mathrm{i}}{\omega^2\mu_0\varepsilon-\beta^2}\left[\dfrac{\mathrm{i}m\beta}{r}e_z(r)+\omega\mu_0\dfrac{\mathrm{d}h_z(r)}{\mathrm{d}r}\right] \\ \boldsymbol{h}_r(r)=\dfrac{-\mathrm{i}}{\omega^2\mu_0\varepsilon-\beta^2}\left[\beta\dfrac{\mathrm{d}h_z(r)}{\mathrm{d}r}+\dfrac{\mathrm{i}m\omega\varepsilon}{r}e_z(r)\right] \\ \boldsymbol{h}_\phi(r)=\dfrac{\mathrm{i}}{\omega^2\mu_0\varepsilon-\beta^2}\left[\dfrac{\mathrm{i}m\beta}{r}h_z(r)-\omega\varepsilon\dfrac{\mathrm{d}e_z(r)}{\mathrm{d}r}\right] \end{cases} \tag{2-51}$$

这是模式场的矢量模纵向分量和横向分量间的一般关系，也是求解场分布的基本公式。下面具体讨论可能存在的矢量模。

4）可能存在的矢量模

（1）横模。

$m=0$ 时为光纤中的 TE 模和 TM 模。这时由式(2-51)可得：

TE 模($e_z=0$)：

$$\begin{cases} \boldsymbol{e}_\phi=\dfrac{\mathrm{i}}{\omega^2\mu_0\varepsilon-\beta^2}\omega\mu_0 h'_z(r) \\ \boldsymbol{h}_r=\dfrac{\mathrm{i}}{\omega^2\mu_0\varepsilon-\beta^2}\beta h'_z(r) \end{cases} \tag{2-52}$$

而 $\boldsymbol{e}_r=\boldsymbol{h}_\phi=0$；这时 $\boldsymbol{e}_t=\boldsymbol{e}_\phi$，$\boldsymbol{h}_t=\boldsymbol{h}_r$，二者相互垂直，且有 $\boldsymbol{e}_\phi=(\omega\mu_0/\beta)\boldsymbol{h}_r$。

TM 模($h_z=0$)：

$$\begin{cases} \boldsymbol{h}_\phi=-\dfrac{\mathrm{i}\omega\varepsilon}{\omega^2\mu_0\varepsilon-\beta^2}\boldsymbol{e}'_z(r) \\ \boldsymbol{e}_r=-\dfrac{\beta}{\omega\varepsilon}\boldsymbol{h}_\phi \end{cases} \tag{2-53}$$

而 $\boldsymbol{e}_\phi=\boldsymbol{h}_r=0$；这时 $\boldsymbol{e}_t=\boldsymbol{e}_r$，$\boldsymbol{h}_t=\boldsymbol{h}_\phi$，两者相互垂直。

（2）混合模式。

这时 $\boldsymbol{e}_z$，$\boldsymbol{h}_z$ 都不为零，其值由下式求出：

$$\begin{cases} \boldsymbol{e}''_z+\dfrac{1}{r}\boldsymbol{e}'_z+\left(k_0^2n^2-\beta^2-\dfrac{m^2}{r^2}\right)\boldsymbol{e}_z=0 \\ \boldsymbol{h}''_z+\dfrac{1}{r}\boldsymbol{h}'_z+\left(k_0^2n^2-\beta^2-\dfrac{m^2}{r^2}\right)\boldsymbol{h}_z=0 \end{cases} \quad (m=0,\pm1,\pm2,\cdots) \tag{2-54}$$

式(2-54)的解为 4 个贝塞尔(Bessel)函数的不同组合：

$$\begin{bmatrix} \boldsymbol{e}_z \\ \boldsymbol{h}_z \end{bmatrix}(r) = \begin{bmatrix} A & B \\ C & D \end{bmatrix} \begin{bmatrix} \mathrm{J}_m(\sqrt{k_0^2 n^2 - \beta^2}\, r) \\ \mathrm{N}_m(\sqrt{k_0^2 n^2 - \beta^2}\, r) \end{bmatrix} \quad (nk > \beta) \tag{2-55}$$

或

$$\begin{bmatrix} \boldsymbol{e}_z \\ \boldsymbol{h}_z \end{bmatrix}(r) = \begin{bmatrix} A & B \\ C & D \end{bmatrix} \begin{bmatrix} \mathrm{I}_m(\sqrt{\beta^2 - k_0^2 n^2}\, r) \\ \mathrm{K}_m(\sqrt{\beta^2 - k_0^2 n^2}\, r) \end{bmatrix} \quad (nk < \beta) \tag{2-56}$$

2.2.3 线偏振模与标量法

由上述讨论可见，光纤中的模式场分布极其复杂。为了简化运算，通常采用标量近似法，此法的基础是线偏振模。如 2.2.1 节所述，在直角坐标系下分解模式场，各分量就有固定的线偏振方向，这些模式就是线偏振模，可分为$[0,e_y,e_z,h_x,h_y,h_z]$和$[e_x,0,e_z,h_x,h_y,h_z]$两组。由于在直角坐标系下有

$$\begin{cases} \dfrac{\partial e_y}{\partial x} - \dfrac{\partial e_x}{\partial y} = -\mathrm{i}\omega\mu_0 h_z \\ \dfrac{\partial h_y}{\partial x} - \dfrac{\partial h_x}{\partial y} = \mathrm{i}\omega\varepsilon e_z \\ \dfrac{\partial h_z}{\partial y} + \mathrm{i}\beta h_y = \mathrm{i}\omega\varepsilon e_x \\ \mathrm{i}\beta h_x + \dfrac{\partial h_z}{\partial y} = -\mathrm{i}\omega\varepsilon e_y \\ \dfrac{\partial e_x}{\partial y} + \mathrm{i}\beta e_y = -\mathrm{i}\omega\mu_0 h_x \\ \mathrm{i}\beta e_x + \dfrac{\partial e_z}{\partial x} = \mathrm{i}\omega\mu_0 h_y \end{cases} \tag{2-57}$$

此时，若取第一组模式，即 $e_x=0$，再设 e_y 为已知，则其余 4 个变量可由上述 6 个方程中的 4 个求出。例如从前 4 个方程解出：

$$\begin{cases} h_z = \dfrac{1}{\mathrm{i}\omega\mu_0} \dfrac{\partial e_y}{\partial x} \\ h_y = -\dfrac{1}{\omega\beta\mu_0} \dfrac{\partial^2 e_y}{\partial x \partial y} \\ h_x = -\dfrac{1}{\omega\mu_0\beta} \dfrac{\partial^2 e_y}{\partial x^2} - \dfrac{\omega\varepsilon}{\beta} e_y \\ e_z = \dfrac{\mathrm{i}}{\beta} \dfrac{\partial e_y}{\partial y} \end{cases} \tag{2-58}$$

标量近似法是考虑到光纤中每层折射率变化不大，因而假设：在模式场的表达式中，折射率二阶以上的变化率均可忽略。这种 ε 变化很小的光纤称为**弱导光纤**，所以标量近似又可称为**弱导近似**。这时式(2-58)简化成

$$\begin{cases} h_z = \dfrac{1}{\mathrm{i}\omega\mu_0}\dfrac{\partial e_y}{\partial x} \\ h_y \approx 0 \\ h_x \approx \dfrac{-\omega\varepsilon}{\beta} e_y \\ e_z = \dfrac{\mathrm{i}}{\beta}\dfrac{\partial e_y}{\partial y} \end{cases} \tag{2-59}$$

所以，在标量近似下两组线偏振模的各分量为 $[0, e_y, e_z; h_x, 0, h_z]$ 和 $[e_x 0, e_z; 0, h_y, h_z]$。这种线偏振模的特征有横向分量互相垂直，幅度成比例，比例系数为波阻抗。因此很类似于矢量法中的TE模和TM模，但这时 e_z、h_z 均不为零。

在标量近似下的线偏振模仍具有圆对称性，即 $e_y(r,\phi) = e_y(r)\mathrm{e}^{-\mathrm{i}m\phi}$ $(m=0, \pm 1, \cdots)$，但这时的 m 和矢量法中 m 的含义不同，这时的 $m=0$ 不再表示TE模和TM模。

综上所述，光纤中的模式场 $(\boldsymbol{e}, \boldsymbol{h})$ 在不同的坐标系下有不同的分解方式，分别对应矢量模和线偏振模的不同分类，即

$$\begin{bmatrix}\boldsymbol{e}\\ \boldsymbol{h}\end{bmatrix}(r) = \begin{bmatrix}\boldsymbol{e}_t + \boldsymbol{e}_z \\ \boldsymbol{h}_t + \boldsymbol{h}_z\end{bmatrix} = \begin{cases} \left.\begin{cases} \begin{bmatrix}\boldsymbol{e}_y + \boldsymbol{e}_z \\ \boldsymbol{h}_x + \boldsymbol{h}_z\end{bmatrix} \\ \begin{bmatrix}\boldsymbol{e}_x + \boldsymbol{e}_z \\ \boldsymbol{h}_y + \boldsymbol{h}_z\end{bmatrix} \end{cases}\right\} \rightarrow \text{标量线偏振模} \\ \begin{bmatrix}\boldsymbol{e}_r + \boldsymbol{e}_\phi + \boldsymbol{e}_z \\ \boldsymbol{h}_r + \boldsymbol{h}_\phi + \boldsymbol{h}_z\end{bmatrix} = \left.\begin{cases} \begin{bmatrix}\boldsymbol{e}_\phi \\ \boldsymbol{h}_r + \boldsymbol{h}_z\end{bmatrix} \rightarrow \text{TE 模} \\ \begin{bmatrix}\boldsymbol{e}_r + \boldsymbol{e}_z \\ \boldsymbol{h}_\phi\end{bmatrix} \rightarrow \text{TM 模} \\ \begin{bmatrix}\boldsymbol{e}_r + \boldsymbol{e}_\phi + \boldsymbol{e}_z \\ \boldsymbol{h}_r + \boldsymbol{h}_\phi + \boldsymbol{h}_z\end{bmatrix} \rightarrow \text{HE,EH 模} \end{cases}\right\} \text{矢量模} \end{cases}$$

矢量法要解两个方程：

$$[\nabla_1^2 + (k_0^2 n^2 - \beta^2)]\begin{bmatrix}\boldsymbol{e}_z \\ \boldsymbol{h}_z\end{bmatrix} = 0$$

其他分量由反映纵横关系的式(2-51)求出。标量法只需解一个方程：

$$[\nabla_1^2 + (k_0^2 n^2 - \beta^2)]e_y = 0$$

其他分量由反映纵横关系的式(2-58)求出。无论是矢量法还是标量法，最后都归结于求解贝塞尔方程。

$$\frac{\mathrm{d}^2\psi}{\mathrm{d}r^2}+\frac{1}{r}\frac{\mathrm{d}\psi}{\mathrm{d}r}+\left(k_0^2n^2-\beta^2-\frac{m^2}{r^2}\right)\psi=0 \tag{2-60}$$

2.2.4 二层均匀光纤

二层均匀光纤(阶跃光纤)只有纤芯和一个包层，结构最简单，是光纤的最基本结构。其折射率分布为 $n(r)=n_1(r<a)$ 或 $n_2(r>a)$，且有 $n_1>n_2$，a 为纤芯半径。

1. 矢量法

利用2.2.2节的讨论，由式(2-55)和式(2-56)可直接写出以下结果：

$$\boldsymbol{e}_z(r)=\begin{cases}A\mathrm{J}_m\left(\dfrac{U}{a}r\right)\\ B\mathrm{K}_m\left(\dfrac{W}{a}r\right)\end{cases},\quad r<a \tag{2-61}$$

$$\boldsymbol{h}_z(r)=\begin{cases}C\mathrm{J}_m\left(\dfrac{U}{a}r\right)\\ D\mathrm{K}_m\left(\dfrac{W}{a}r\right)\end{cases},\quad r>a \tag{2-62}$$

式中，$U^2=(k_0^2n_1^2-\beta^2)a^2$，$W^2=(\beta^2-k_0^2n_2^2)a^2$，且 $V^2=U^2+W^2$。

式(2-61)和式(2-62)是针对光纤的使用要求，从波动方程(2-60)的普通解中所选的特解。因为我们设计光纤的目的是希望光波的能量局限在纤芯中，并沿光纤轴(即 z 轴)向前传输；在包层中则无光波传输(当然这是理想情况)。所以，按此要求对场解的选择原则是：纤芯中是振荡解 J_m，包层中是衰减解 K_m。

再利用纵横关系式(2-51)可求出其余各分量。在纤芯($r<a$)有

$$\begin{bmatrix}\boldsymbol{e}_r\\ \boldsymbol{e}_\phi\\ \boldsymbol{h}_r\\ \boldsymbol{h}_\phi\end{bmatrix}\left(\frac{r}{a}\right)=\frac{\mathrm{i}a}{U^2}\begin{bmatrix}-\beta U\mathrm{J}'_m\left(U\dfrac{r}{a}\right) & \mathrm{i}\dfrac{m\omega\mu_0}{r}a\mathrm{J}_m\left(U\dfrac{r}{a}\right)\\ \mathrm{i}\dfrac{m\beta a}{r}\mathrm{J}_m\left(U\dfrac{r}{a}\right) & \omega\mu_0U\mathrm{J}'_m\left(U\dfrac{r}{a}\right)\\ -\dfrac{\mathrm{i}m\omega\varepsilon_1a}{r}\mathrm{J}_m\left(U\dfrac{r}{a}\right) & -\beta U\mathrm{J}'_m\left(U\dfrac{r}{a}\right)\\ -\omega\varepsilon_1U\mathrm{J}'_m\left(U\dfrac{r}{a}\right) & \mathrm{i}\dfrac{m\beta a}{r}\mathrm{J}_m\left(U\dfrac{r}{a}\right)\end{bmatrix}\begin{bmatrix}A\\ C\end{bmatrix} \tag{2-63}$$

在包层($r>a$)有

$$\begin{bmatrix} e_r \\ e_\phi \\ h_r \\ h_\phi \end{bmatrix}\left(\frac{r}{a}\right)=\frac{\mathrm{i}a}{W^2}\begin{bmatrix} -\beta W \mathrm{K}_m'\left(W\frac{r}{a}\right) & \mathrm{i}\frac{m\omega\mu_0 a}{r}\mathrm{K}_m\left(W\frac{r}{a}\right) \\ \mathrm{i}\frac{m\beta a}{r}\mathrm{K}_m\left(W\frac{r}{a}\right) & \omega\mu_0 W\mathrm{K}_m'\left(W\frac{r}{a}\right) \\ -\frac{\mathrm{i}m\omega\varepsilon_2 a}{r}\mathrm{K}_m\left(W\frac{r}{a}\right) & -\beta W\mathrm{K}_m'\left(W\frac{r}{a}\right) \\ -\omega\varepsilon_2 W\mathrm{K}_m'\left(W\frac{r}{a}\right) & \frac{\mathrm{i}m\beta a}{r}\mathrm{K}_m\left(W\frac{r}{a}\right) \end{bmatrix}\begin{bmatrix} B \\ D \end{bmatrix} \tag{2-64}$$

这就是二层均匀光纤模式场的解析式。由此解析式可给出模式场的场图。所谓场图就是用电力线和磁力线绘出的光纤横截面上电磁场的分布图。

1）特征方程

特征方程是利用场在边界上连续的条件，得出的求解 β 的方程。由于模式场的解析式中只有 4 个未知量(A,B,C,D)，所以只需取 4 个连续的条件，即

$$\begin{bmatrix} e_\phi \\ h_\phi \\ e_r \\ h_r \end{bmatrix}_{\substack{\text{纤芯} \\ r=a}}=\begin{bmatrix} e_\phi \\ h_\phi \\ e_r \\ h_r \end{bmatrix}_{\substack{\text{包层} \\ r=a}} \tag{2-65}$$

在纤芯，

$$\begin{bmatrix} e_\phi \\ h_\phi \\ e_z \\ h_z \end{bmatrix}_{r=a}=\begin{bmatrix} -\frac{m\beta a}{U^2}\mathrm{J}_m & \mathrm{i}\frac{\omega\mu_0 a}{U}\mathrm{J}_m' \\ -\mathrm{i}\frac{\omega\varepsilon_1 a}{U}\mathrm{J}_m' & -\frac{m\beta a}{U^2}\mathrm{J}_m \\ \mathrm{J}_m & 0 \\ 0 & \mathrm{J}_m \end{bmatrix}\begin{bmatrix} A \\ C \end{bmatrix}\equiv G(U)\begin{bmatrix} A \\ C \end{bmatrix}$$

在包层，

$$\begin{bmatrix} e_\phi \\ h_\phi \\ e_z \\ h_z \end{bmatrix}_{r=a}=\begin{bmatrix} -\frac{m\beta a}{W^2}\mathrm{K}_m & \mathrm{i}\frac{\omega\mu_0 a}{W}\mathrm{K}_m' \\ -\mathrm{i}\frac{\omega\varepsilon_2 a}{W}\mathrm{K}_m' & \frac{m\beta a}{W^2}\mathrm{K}_m \\ \mathrm{K}_m & 0 \\ 0 & \mathrm{K}_m \end{bmatrix}\begin{bmatrix} B \\ D \end{bmatrix}\equiv H(W)\begin{bmatrix} B \\ D \end{bmatrix}$$

两者相等：

$$G(U)\begin{bmatrix} A \\ C \end{bmatrix}-H(W)\begin{bmatrix} B \\ D \end{bmatrix}=0$$

要使此齐次方程有非零解，其行列式必须为零：

$$\begin{vmatrix} -\frac{m\beta a}{U^2}\mathrm{J}_m(U) & \mathrm{i}\frac{\omega\mu_0 a}{U}\mathrm{J}'_m(U) & -\frac{am\beta}{W^2}\mathrm{K}_m(W) & \mathrm{i}\frac{\omega\mu_0 a}{W}\mathrm{K}'_m(W) \\ -\mathrm{i}\frac{\omega\varepsilon_1 a}{U}\mathrm{J}'_m(U) & -\frac{m\beta a}{U^2}\mathrm{J}_m(U) & -\mathrm{i}\frac{\omega\varepsilon_2 a}{W}\mathrm{K}'_m(W) & \frac{am\beta}{W^2}\mathrm{K}_m(W) \\ \mathrm{J}_m(U) & 0 & \mathrm{K}_m(W) & 0 \\ 0 & \mathrm{J}_m(U) & 0 & \mathrm{K}_m(W) \end{vmatrix}=0$$

化简后得

$$m^2\left[\frac{1}{U^2}+\frac{1}{W^2}\right]\left[\frac{n_1^2}{U^2}+\frac{n_2^2}{W^2}\right]=\left[\frac{1}{U}\frac{\mathrm{J}'_m(U)}{\mathrm{J}_m(U)}+\frac{1}{W}\frac{\mathrm{K}'_m(W)}{\mathrm{K}_m(W)}\right]\left[\frac{n_1^2\mathrm{J}'_m(U)}{U\mathrm{J}_m(U)}+\frac{n_2^2\mathrm{K}'_m(W)}{W\mathrm{K}_m(W)}\right] \tag{2-66}$$

或

$$\beta^2 m^2\left[\frac{1}{U^2}+\frac{1}{W^2}\right]^2=\left[\frac{1}{U}\frac{\mathrm{J}'_m(U)}{\mathrm{J}_m(U)}+\frac{1}{W}\frac{\mathrm{K}'_m(W)}{\mathrm{K}_m(W)}\right]\left[\frac{k_0^2 n_1^2\mathrm{J}'_m(U)}{U\mathrm{J}_m(U)}+\frac{k_0^2 n_2^2\mathrm{K}'_m(W)}{W\mathrm{K}_m(W)}\right] \tag{2-67}$$

这是矢量法得出的特征方程。令

$$\mathfrak{J}=\frac{\mathrm{J}'_m(U)}{U\mathrm{J}_m(U)},\quad \mathfrak{R}=\frac{\mathrm{K}'_\mathrm{m}(\mathrm{W})}{\mathrm{WK}_\mathrm{m}(\mathrm{W})}$$

代入式(2-66)，并求解

$$\mathfrak{J}=-\frac{1}{2}\left[1+\frac{n_2^2}{n_1^2}\right]\mathfrak{R}\pm$$

$$\frac{1}{2}\sqrt{\left[1+\frac{n_2^2}{n_1^2}\right]^2\mathfrak{R}^2-4\left[\frac{n_2^2}{n_1^2}\mathfrak{R}^2-m^2\left(\frac{1}{U^2}+\frac{n_2^2}{n_1^2}\frac{1}{W^2}\right)\left(\frac{1}{U^2}+\frac{1}{W^2}\right)\right]} \tag{2-68}$$

式(2-68)右侧第二项取正号时，定义为 EH_{mn} 模；取负号时，则定义为 EH_{mn} 模。对于弱导光纤，有 $n_1\approx n_2$，则式(2-68)简化为

$$\mathfrak{J}=-\mathfrak{R}\pm m\left[\frac{1}{U^2}+\frac{1}{W^2}\right] \tag{2-69}$$

式(2-67)和式(2-68)是光纤中场解的一般结果。要由它求出光纤的具体解(即求 U 和 β 值)仍很困难。为此，下面针对两种重要的特殊情况——**截止**和**远离截止**，分别讨论场解的具体求解方法。所谓截止是指光纤中传输的光波处于纤芯和包层分界面全反射的临界点，不满足全反射的光波就不可能在光纤中沿光纤轴继续传播，而是泄漏到包层中去，所以截止的条件是：$W\to 0$，$U\to V$。而远离截止则是指纤芯中光波沿近于光纤轴的方向传播，可始终满足全反射条件，所以远离截止的条件是：$V\to\infty$，$W\to\infty$，$U\to$有限值。下面对这两种情况分别讨论。这是处理光

纤中场解的基本方法。

2）截止条件

截止条件是 $W\to 0, U\to V$ 时特征方程的特殊形式。

（1）$m=0$，对 TE 模，式(2-69)化简为

$$\frac{1}{U}\frac{J_0'}{J_0}+\frac{1}{W}\frac{K_0'}{K_0}=0$$

式(2-69)两边同时取极限，由于 $W\to 0$ 时

$$K_0(W)\to -\ln\left(\frac{W}{2}\right),\quad K_1(W)\to \frac{1}{W}$$

所以

$$\frac{WK_0(W)}{K_1(W)}\approx -W^2\ln\left(\frac{W}{2}\right)\to 0$$

因此有 $\dfrac{UJ_0(U)}{J_1(U)}\to 0$，这是 TE 模的截止条件。由于 $U=0$ 时，$\dfrac{UJ_0(U)}{J_1(U)}\to 1$，所以 $U=0$ 不是它的根，故截止条件应为

$$J_0(U)=0 \tag{2-70}$$

同理可证明，这也是 TM 模的截止条件。相应的根依次是

$U_1=2.4048$	$U_2=5.5201$	$U_3=8.0537$	…
↓	↓	↓	
TE_{01}, TM_{01}	TE_{02}, TM_{02}	TE_{03}, TM_{03}	…

所以，TE_{0n}，TM_{0n} 截止时的 U_{0n} 值和相应的 V 值是相等的，即在截止时，两种波形简并。但高于截止时，两者特征方程不同，所以其 U_{0n} 和 β_{0n} 也不同，彼此将分开。

（2）$m>1$，HE_{mn} 波形。

在式(2-68)的根号前取负号时定义为 HE_{mn} 模，为简单起见，采用弱导近似。为此从式(2-69)出发，分别利用变态贝塞尔函数和贝塞尔函数的关系式，可得

$$K_m'(W)=-K_{m-1}(W)-\frac{m}{W}K_m(W)=-K_{m+1}(W)+\frac{m}{W}K_m(W)$$

$$J_m'(U)=-\frac{m}{U}J_m(U)+J_{m-1}(U)=-\frac{m}{U}J_m(U)-J_{m+1}(U)$$

所以有

$$\frac{-K_m'(W)}{WK_m(W)}=\frac{K_{m-1}(W)+\frac{m}{W}K_m(W)}{WK_m(W)}=\frac{K_{m-1}(W)}{WK_m(W)}+\frac{m}{W^2}$$

$$\frac{J'_m(U)}{UJ_m(U)}=-\frac{m}{U^2}+\frac{J_{m-1}(U)}{UJ_m(U)}$$

把上两式代入式(2-69)，得

$$\frac{J_{m-1}(U)}{UJ_m(U)}=\frac{K_{m-1}(W)}{WK_m(W)}$$

再利用 $W\to 0$ 时 $K_{m-1}(W)$ 和 $K_m(W)$ 的近似式：

$$K_m(x)\sim\frac{1}{2}\Gamma(m)\left(\frac{2}{x}\right)^m,\quad m>0$$

化简，最后得截止条件

$$\frac{J_{m-1}(U)}{J_m(U)}=\frac{U}{2(m-1)},\quad m>0 \tag{2-71}$$

如果从式(2-68)严格开始推导，则得

$$\frac{J_{m-1}(U)}{J_m(U)}=\frac{U}{m-1}\frac{n_2^2}{n_1^2+n_2^2},\quad m>0 \tag{2-72}$$

利用式(2-71)和式(2-72)就可计算 HE_{mn} 截止时的 U 值，即 U_{mn}。但它只适用于 $m>1$ 的情况，即只适用于波形 HE_{2n}，HE_{3n}，…。

(3) $m=1$，主模 HE_{11} 和 HE_{1n} 波形。

仍从弱导时的式(2-69)出发，这时 $m=1$，再利用

$$J'_1(U)=-\frac{1}{U}J_1(U)+J_0(U)$$

$$K'_1(W)=-K_0(W)-\frac{1}{W}K_1(W)$$

和 $W\to 0$ 时，

$$K_0(W)\approx -I_0(W)\ln\left(\frac{W}{2}\right)$$

$$K_1(W)\approx\frac{1}{2}\Gamma(1)\left(\frac{2}{W}\right)$$

而 $I_0(W)=1$。于是式(2-69)成为

$$\frac{J_0(U)}{UJ_1(U)}=\frac{K_0(W)}{WK_1(W)}\approx\ln_{W\to 0}\left(\frac{W}{2}\right)=\infty$$

所以，$J_1(U)=0$ 就是包括主模 HE_{11} 在内 HE_{1n} 截止时的方程。相应的根依次是

$U_{11}=0$	$U_{12}=3.8317$	$U_{13}=7.0155$	…
↓	↓	↓	
HE_{11}	HE_{12}	HE_{13}	…

注意，这里包括零根。因为$U_{11}=0$，所以$V=0$，$\lambda\to\infty$，即截止波长为无穷，这说明它没有低频截止。由于TE_{01}，TM_{01}的截止值是$U_{01}=2.4048$，$V=U$，所以它们是第二个不容易截止的波形，只要$V<2.4048$，就能在光纤中得到单模HE_{11}的传输，所以对应于“0”根的HE_{11}波形称为主模。

(4) $m>0$，EH_{mn}波形。

为简单起见，仍用弱导近似式(2-69)，由于

$$\mathrm{J}'_m(U)=\frac{m}{U}\mathrm{J}_m(U)-\mathrm{J}_{m+1}(U)$$

$$\mathrm{K}'_m(W)=-\mathrm{K}_{m+1}(W)+\frac{m}{W}\mathrm{K}_m(W)$$

所以式(2-69)成为

$$-\frac{\mathrm{J}_{m+1}(U)}{U\mathrm{J}_m(U)}=\frac{\mathrm{K}_{m+1}(W)}{W\mathrm{K}_m(W)}$$

对于$m\geqslant 1$，$W\to 0$，上式成为

$$\frac{-\mathrm{J}_{m+1}(U)}{U\mathrm{J}_m(U)}=\frac{2m}{W^2}\to\infty$$

所以，$\mathrm{J}_m(U)=0$就是EH_{mn}波形截止时的方程。其每一个根对应于一个EH_{mn}波形，但无零根。

3) 远离截止

光波的传输方向近于光轴时，$V\to\infty$，$W\to\infty$，$U\to$有限值，这是远离截止时的情况。如前所述，在弱导近似时，HE_{mn}，EH_{mn}波形的近似特征方程为

HE_{mn}：

$$\frac{\mathrm{J}_{m-1}(U)}{U\mathrm{J}_m(U)}=\frac{\mathrm{K}_{m-1}(W)}{W\mathrm{K}_m(W)}$$

EH_{mn}：

$$\frac{-\mathrm{J}_{m+1}(U)}{U\mathrm{J}_m(U)}=\frac{\mathrm{K}_{m+1}(W)}{W\mathrm{K}_m(W)}$$

再利用$W\to\infty$时，

$$\mathrm{K}_m(x)\approx\sqrt{\frac{\pi}{2x}}\mathrm{e}^{-x}$$

所以，

$$\frac{\mathrm{K}_{m-1}(W)}{W\mathrm{K}_m(W)}=0$$

而对于HE_{mn}，EH_{mn}各有$\mathrm{J}_{m-1}(U)=0$和$\mathrm{J}_{m+1}(U)=0$。这就是两种波形远离截

止时的方程。由此可得各模 U 值的范围。例如，对于 HE_{11} 有 $\mathrm{J}_0(U)=0$，它的第一个根为 2.4048，所以 HE_{11} 的 U 值在 0～2.4048 变化；对于 TE_{01}，TM_{01} 则有 $\mathrm{J}_1(U)=0$，它们的第一个根已知为 3.8317，所以它们的 U 值范围为 2.4083～3.8317。

2. 标量法

利用 2.4.2 节的结果及式(2-60)，可解出 $e_y(r)$满足贝塞尔方程：

$$\frac{\mathrm{d}^2 e_y}{\mathrm{d}r^2}+\frac{1}{r}\frac{\mathrm{d}e_y}{\mathrm{d}r}+\left(k_0^2 n_i^2-\beta^2-\frac{m^2}{r^2}\right)e_y=0$$

即得

$$e_y(r,\phi)=\begin{cases}A\mathrm{J}_m\left(\dfrac{U}{a}r\right)\mathrm{e}^{-\mathrm{i}m\phi}, & r<a\\ B\mathrm{K}_m\left(\dfrac{W}{a}r\right)\mathrm{e}^{-\mathrm{i}m\phi}, & r>a\end{cases}$$

两个积分常数中只有一个是独立的，再由

$$e_z=\frac{\mathrm{i}}{\beta}\frac{\partial e_y}{\partial y}=\frac{\mathrm{i}}{\beta}\left[\frac{\partial e_y}{\partial r}\frac{\partial r}{\partial y}+\frac{\partial e_y}{\partial \phi}\frac{\partial \phi}{\partial y}\right]=\frac{\mathrm{i}}{\beta}\left[\sin\phi\frac{\partial e_y}{\partial r}+\frac{\cos\phi}{r}\frac{\partial e_y}{\partial \phi}\right]$$

可得

$$e_z(r,\phi)=\begin{cases}A\dfrac{\mathrm{i}}{\beta}\mathrm{e}^{\mathrm{i}m\phi}\left[\dfrac{U\sin\phi}{a}\mathrm{J}'_m\left(\dfrac{U}{a}r\right)+\mathrm{i}\dfrac{m\cos\phi}{r}\mathrm{J}_m\left(\dfrac{U}{a}r\right)\right], & r<a\\ B\dfrac{\mathrm{i}}{\beta}\mathrm{e}^{\mathrm{i}m\phi}\left[\dfrac{W\sin\phi}{a}\mathrm{K}'_m\left(\dfrac{W}{a}r\right)+\mathrm{i}\dfrac{m\cos\phi}{r}\mathrm{K}_m\left(\dfrac{W}{a}r\right)\right], & r>a\end{cases}\tag{2-73}$$

同理，由 $h_z=\dfrac{1}{\mathrm{i}\omega\mu_0}\dfrac{\partial e_y}{\partial x}=-\dfrac{\mathrm{i}}{\omega\mu_0}\left[\cos\phi\dfrac{\partial e_y}{\partial r}+\dfrac{\sin\phi}{r}\dfrac{\partial e_y}{\partial \phi}\right]$ 得

$$h_z(r,\phi)=\begin{cases}A\dfrac{-\mathrm{i}}{\omega\mu_0}\mathrm{e}^{\mathrm{i}m\phi}\left[\dfrac{U\cos\phi}{a}\mathrm{J}'_m\left(\dfrac{U}{a}r\right)-\mathrm{i}\dfrac{m\sin\phi}{r}\mathrm{J}_m\left(\dfrac{U}{r}a\right)\right], & r<a\\ B\dfrac{-\mathrm{i}}{\omega\mu_0}\mathrm{e}^{\mathrm{i}m\phi}\left[\dfrac{W\cos\phi}{a}\mathrm{K}'_m\left(\dfrac{W}{a}r\right)-\mathrm{i}\dfrac{m\sin\phi}{r}\mathrm{K}_m\left(\dfrac{W}{r}a\right)\right], & r>a\end{cases}\tag{2-74}$$

1）特征方程

利用 e_y 连续和 e_z 连续的边界条件，令 $r=a$，由上列诸式可得

$$\begin{cases}A\mathrm{J}_m(U)-B\mathrm{K}_m(W)=0\\ A[U\sin\phi_m\mathrm{J}'_m(U)+\mathrm{i}m\cos\phi\mathrm{J}_m(U)]-B[W\sin\phi\mathrm{K}'_m(W)+\mathrm{i}m\cos\phi\mathrm{K}_m(W)]=0\end{cases}$$

由其系数行列式等于零，化简后可得特征方程：

$$\frac{U\mathrm{J}'_m(U)}{\mathrm{J}_m(U)}=\frac{W\mathrm{K}'_m(W)}{\mathrm{K}_m(W)}$$

利用

$$\begin{cases} \mathrm{K}'_m(W)=\dfrac{m}{W}\mathrm{K}_m(W)-\mathrm{K}_{m+1}(W) \\ \mathrm{J}'_m(U)=\dfrac{m}{U}\mathrm{K}_m(U)-\mathrm{J}_{m+1}(U) \end{cases},\quad \begin{cases} \mathrm{K}'_m(W)=-\dfrac{m}{W}\mathrm{K}_m(W)-\mathrm{K}_{m-1}(W) \\ \mathrm{J}'_m(U)=-\dfrac{m}{U}\mathrm{J}_m(U)-\mathrm{J}_{m-1}(U) \end{cases}$$

可得

$$\frac{U\mathrm{J}_{m+1}(U)}{\mathrm{J}_m(U)}=\frac{W\mathrm{K}_{m+1}(W)}{\mathrm{K}_m(W)} \quad 或 \quad \frac{U\mathrm{J}_{m-1}(U)}{\mathrm{J}_m(U)}=-\frac{W\mathrm{K}_{m-1}(W)}{\mathrm{K}_m(W)} \tag{2-75}$$

这就是常见的 LP 模式的特征方程，显见，它比矢量法的特征方程式(2-67)要简洁得多。

2）截止条件

利用截止条件 $W\to 0, U\to V$ 和式(2-75)可得

(1) $m\neq 0$ 时，截止条件为(不包括 $U=0$)

$$\mathrm{J}_{m-1}(U)=0 \tag{2-76}$$

(2) $m=0$ 时，截止条件为(包括 $U=0$)

$$\mathrm{J}_1(U)=0 \tag{2-77}$$

相应的根依次是

$m=0$	$\mathrm{J}_1(U)=0$	0	3.83	7.01	…
		LP_{01}	LP_{02}	LP_{03}	…
$m=1$	$\mathrm{J}_0(U)=0$	2.40	5.52	8.65	…
		LP_{11}	LP_{12}	LP_{13}	…
$m=2$	$\mathrm{J}_1(U)=0$	3.83	7.01	10.17	…
		LP_{21}	LP_{22}	LP_{23}	…

从而 LP_{mn} 的序为：LP_{01}，LP_{11}，LP_{02}，LP_{21}，LP_{12}，…。

3）远离截止

由远离截止的条件 $W\to\infty, V\to\infty$（$U\to$有限值），可得远离截止时确定 U 值方程为

$$\mathrm{J}_m(U)=0 \tag{2-78}$$

3. 线偏振模和矢量模之间的关系

标量近似就是弱导近似，因此比较标量近似的特征方程和 $n_1\sim n_2$ 时矢量模的特征方程，就可得两者之间的关系。当 $n_1\sim n_2$ 时，矢量模的特征方程为

$$\frac{1}{U}\frac{\mathrm{J}'_m(U)}{\mathrm{J}_m(U)}+\frac{1}{W}\frac{\mathrm{K}'_m(W)}{\mathrm{K}_m(W)}=\pm m\left(\frac{1}{U^2}+\frac{1}{W^2}\right)$$

当 $m=0$ 时，上式成为

$$\frac{1}{U}\frac{J_1(U)}{J_0(U)}+\frac{1}{W}\frac{K_1(W)}{K_0(W)}=0$$

与标量($m=1$)时的方程一致，所以矢量 TE_{0n}，TM_{0n} 模和标量 LP_{11} 模有近似相同的 β。

当 $m\neq 0$ 时，对矢量 HE_{mn} 模，公式取“$-$”号，有

$$\frac{1}{U}\frac{J_{m-1}(U)}{J_m(U)}-\frac{1}{W}\frac{K_{m-1}(W)}{K_m(W)}=0$$

它与 $LP_{m+1,n}$ 模式的特征方程相同。

对矢量 EH_{mn} 模，公式取“$+$”号，有

$$\frac{1}{U}\frac{J_{m+1}}{J_m}+\frac{1}{W}\frac{K_{m+1}}{K_m}=0$$

它与 $LP_{m-1,n}$ 模式的特征方程相同。由此可见，LP 模是由一组传播常数 β 十分接近的矢量模简并而成。表 2-1 给出了较低阶的 LP 模和所对应的矢量模的名称、简并度，以及截止和远离截止时的 U 值——U_0 和 U_∞。图 2-3 给出了均匀光纤的 β/k_0 和 V 的关系曲线。它说明，V 确定后(V 由光纤结构确定)，对每个具体的模式(场解)，可由图中曲线查出 β/k_0。此外，由它可见，同一 V(即同一光纤)，不同模式对应不同 β，即不同模式传输特性有差别。同一 V，不同模式的 U 不同。从曲线可知，当 $V<2.4048$ 时，只有一个基模 LP_{01}(HE_{11} 模)能在光纤中传导，其他模全部截止；当 $2.405<V<3.832$ 时，才能激发 LP_{11} 模(TE_{01}，TM_{01} 和 HE_{21} 模)。图 2-4 为低阶模的 U 值的变化范围和贝塞尔函数的关系。

表 2-1　较低阶的 LP 模和所对应的矢量模的名称、简并度和 U

LP 模	矢量模的名称×个数	简并度	U_0	U_∞
LP_{01}	$HE_{11}\times 2$	2	0	2.4048
LP_{11}	$HE_{21}\times 2$，TE_{01}，TM_{01}	4	2.4048	3.8317
LP_{21}	$EH_{11}\times 2$，$HE_{31}\times 2$	4	3.8317	5.1356
LP_{02}	$HE_{12}\times 2$	2	3.8317	5.5200
LP_{31}	$EH_{21}\times 2$，$HE_{41}\times 2$	4	5.1356	6.3801
LP_{12}	$HE_{22}\times 2$，TE_{02}，TM_{02}	4	5.5200	7.0155
LP_{41}	$EH_{31}\times 2$，$HE_{51}\times 2$	4	6.3801	7.5883
LP_{22}	$EH_{12}\times 2$，$HE_{32}\times 2$	4	7.0155	8.4172
LP_{03}	$HE_{13}\times 2$	2	7.0155	8.6537
LP_{51}	$EH_{41}\times 2$，$HE_{61}\times 2$	4	7.5883	8.7714

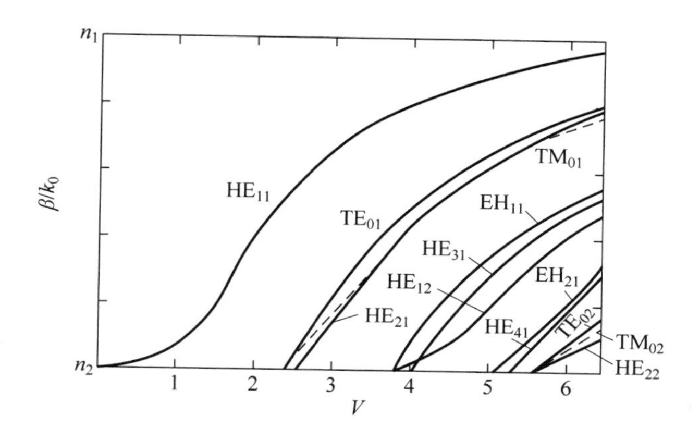

图 2-3　均匀阶跃折射率光纤的 β/k_0 和 V 的关系曲线

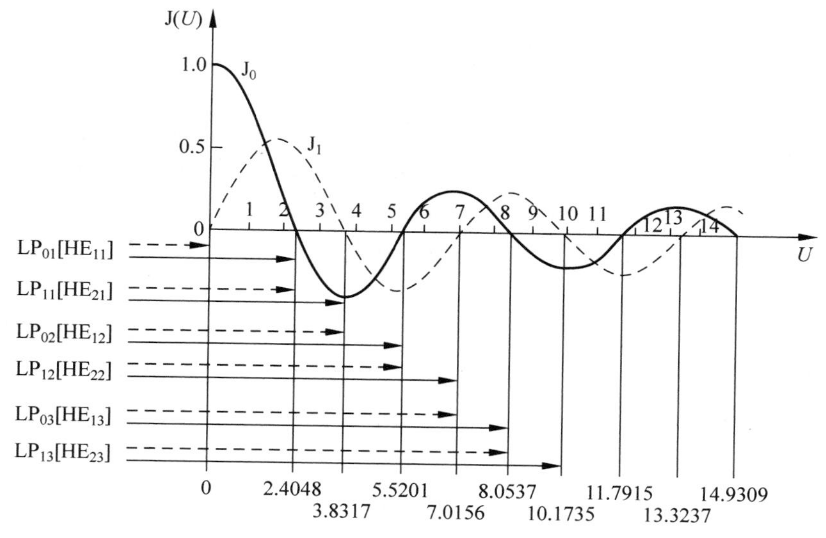

图 2-4　低阶模 U 值的变化范围和贝塞尔函数的关系曲线

2.3　光纤中的偏振光传输与控制

2.3.1　单模光纤的偏振特性

1. 单模光纤偏振特性的描述

一般采用以下几个物理量描述单模光纤中光矢量的偏振状态或单模光纤的双

折射。

1）模式双折射或偏振双折射 $\delta\beta$

定义为单模光纤中两互相正交的偏振基模 HE_{11x} 和 HE_{11y} 沿光纤轴向传输时的传播常数之差，

$$\delta\beta=\beta_x-\beta_y=\frac{2\pi(n_x-n_y)}{\lambda} \tag{2-79}$$

式中，λ 是光在自由空间的波长；n_x 和 n_y 是两个正交的偏振基模 HE_{11x} 和 HE_{11y} 的有效折射率。

2）归一化双折射 B

定义为两个正交偏振模有效折射率差的大小，直接反映了单模光纤双折射的大小。

$$B=\frac{n_x-n_y}{n_1} \tag{2-80}$$

式中，$n_1=(n_x+n_y)/2$，是平均值。

3）拍长 L_B

单模光纤中传输的模式简并后，随着光纤长度的不同，这两个正交偏振模之间的相位差也不同。因此，当入射光为一线偏振光时，在光纤的输出端面上，由两个正交偏振模合成的出射光是偏振方向随光纤长度而变化的偏振光，偏振态在线偏振、椭圆偏振和圆偏振之间周期性地演化。偏振演化周期是相位差为 2π 的横截面间距 L_B，即拍长 L_B。

拍长 L_B 又称耦合长度。在纵向均匀的单模光纤中，光的偏振会发生周期性变化。因此，拍长 L_B 的定义是：在纵向均匀的单模光纤中，当两个相互正交的偏振模 HE_{im} 和 HE''间的相位差为 2π 时，光在光纤中所传输的距离就是一个拍长的长度。即

$$L_B=\frac{2\pi}{\delta\beta} \tag{2-81}$$

在上述三个物理量中，模式双折射或偏振双折射反映了单模光纤双折射的起因；归一化双折射 B 反映了双折射与折射率分布的关系；拍长 L_B 则反映了单模光纤双折射的大小。由于前两个物理量不容易直接测量，所以通常都是通过测量单模光纤的拍长 L_B 的办法，了解单模光纤双折射的大小或光矢量的偏振状态。

拍长 L_B 与归一化双折射 B 具有以下关系：

$$L_B=\frac{\lambda}{n_1 B} \tag{2-82}$$

4）模耦合参量 η

表征了光纤的保偏能力，其值由单模光纤的消光比 η 确定。

$$\eta = 10\lg\left(\frac{P_x}{P_y}\right) = 10\lg[\tanh(hL)] \tag{2-83}$$

式中，P_x、P_y 分别为相应的偏振模功率；L 为光纤的长度。

2. 偏振光纤的分类

$B<10^{-6}$ 的光纤，称为低双折射光纤(LB)；$B>10^{-5}$ 的光纤称为高双折射光纤(HB)。通信用单模光纤的 B 值介于 $10^{-6}\sim10^{-5}$，LB 与 HB 光纤统称为保偏光纤。

对于 HB 光纤，又可分为单偏振光纤(SP)(只传输两个正交偏振模中的一个)与双偏振光纤(TP)。按光纤中固有双折射产生的方式，偏振光纤可分为几何形状效应光纤(GE)和应力感应光纤(SE)。目前保偏光纤的几种主要结构如下所示：

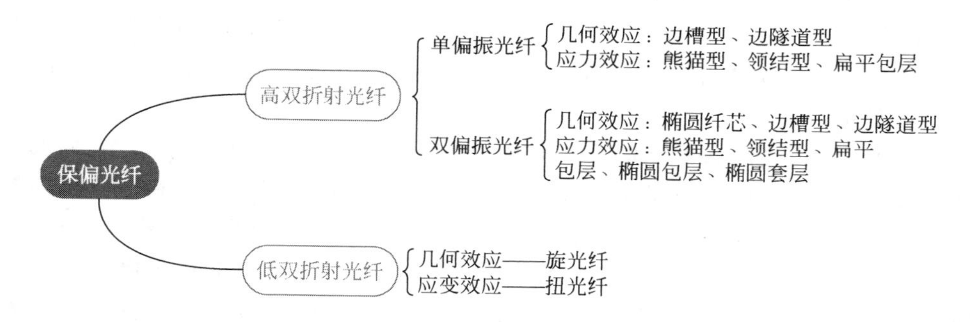

3. 单模光纤中偏振态的不稳定性

单模光纤中光的偏振态不稳定，既有光纤本身的内部因素，也有外部因素。

1）内部因素

单模光纤中光的偏振态不稳定的内部因素，用内部双折射 $\delta\beta_n$ 表示。包括两方面：①光纤截面几何形状畸变引起的波导形状双折射 $\delta\beta_{GE}$；②光纤内部应力引起的应力双折射 $\delta\beta_{SE}$。因此，内部双折射 $\delta\beta_n$ 为

$$\delta\beta_n = \delta\beta_{GE} + \delta\beta_{SE} \tag{2-84}$$

$\delta\beta_{GE}$ 和 $\delta\beta_{SE}$ 的符号可能同号，也可能异号。

(1) 波导形状双折射 $\delta\beta_{GE}$。

在拉制光纤过程中，由于各种原因，纤芯由圆形变成了椭圆，这时产生波导形状双折射。设椭圆芯的长短轴长度分别为 a、b。光纤中的两个正交线偏振本征态分别沿长短轴方向振动。这两个正交线偏振光的相位差可表示为

$$\delta\beta_{GE} = \frac{e^2}{8a}\sqrt{(2\Delta)^3}\,f(V) \tag{2-85}$$

式中，$e=\sqrt{1-(b/a)^2}$ 为纤芯的椭圆度；Δ 为光纤的相对折射率差；V 为归一化频

率。若光纤工作在近截止状态($V \approx 2.4$)，且当$(a/b-1) \ll 1$时有

$$\delta\beta_{GE} \leqslant \frac{e^2}{8a}\sqrt{(2\Delta)^3} \tag{2-86}$$

一单模光纤，若$\Delta=0.003$，$a=2.5\ \mu m$，$b/a=0.975$，则可得到$\delta\beta_{GE} \leqslant 66°/m$。

(2) 应力双折射$\delta\beta_{SE}$。

光纤是由芯、包层等数层结构组成，其掺杂材料不同，所以热膨胀系数不同。因此，在横截面上即使有很小的热应力不对称，也会产生很大的应力不平衡，导致纤芯材料各向异性，从而引起应力双折射。两正交方向之间的应力差表示为

$$\delta\beta_{SE} \leqslant \frac{\pi n^3}{\lambda E}(1+\rho)(p_{12}-p_{11})\sigma \tag{2-87}$$

式中，E是材料的杨氏模量；ρ为泊松比；p_{11}、p_{12}为弹光系数。对于熔融石英光纤有：$E=7.0\times 10^{10}\ N/m^2$，$\rho=0.17$，$p_{11}=0.121$，$p_{12}=0.270$，如果光纤工作波长为$0.6328\ \mu m$，则对于一个中等应力差$\sigma=5\times 10^4\ N/m^2$，可得$\delta\beta_{SE}=109°/m$。

2) 外部因素

外部因素也会影响单模光纤中偏振态的稳定性。由于外部因素较多，外部双折射表达式各不相同。外部因素引起光纤双折射特性变化的原因，在于外部因素造成光纤新的各向异性。例如，光纤在成缆、施工过程中，会受到一些随机外力，如弯曲、扭绞、振动、挤压等机械力的作用。另外，光纤还有可能在强电场和强磁场以及温度经常变化的环境中工作。光纤在外部机械力的作用下，会产生弹光效应；在外磁场的作用下，会产生法拉第效应；在外电场的作用下，会产生克尔效应。所有这些效应的综合结果会使光纤产生新的各向异性，导致外部双折射产生。

对于外径为A的光纤，若其弯曲半径$R \gg A$，则弯曲产生的应力差为$\sigma=A^2E/(2R^2)$，由式(2-87)可得因此产生的双折射为

$$\delta\beta \leqslant \frac{\pi n^3}{2\lambda}(1+\rho)(p_{12}-p_{11})\left(\frac{A}{R}\right)^2 \tag{2-88}$$

光纤弯曲时还会引起光纤截面的变形。按一级近似，弯曲导致光纤截面变成椭圆，其椭圆度为

$$e=\frac{\rho a}{R} \tag{2-89}$$

由式(2-86)可得每圈光纤引起的双折射为

$$\delta\beta=\frac{\pi\sqrt{(2\Delta)^3}\rho^2 a}{4} \tag{2-90}$$

对于熔融石英，该值为2.6×10^{-11} rad·m/圈。

光纤受到扭曲时，由于剪应力的作用，会在光纤中产生圆双折射(左右旋圆

偏振光在光纤中传播速度不同而引起的双折射现象）。该圆双折射的大小可表示为

$$\delta\beta_{t}=\frac{(2\pi)^{2}N}{2\lambda}n^{2}(p_{12}-p_{11})=\frac{(2\pi)^{2}}{2\lambda}Ng \tag{2-91}$$

式中，N 为每米长光纤的扭曲数；g 为常数。对于熔融石英光纤，g 的理论值为 0.18，实验值为 0.14。

光在光纤中的偏振态特性，对利用光纤进行信息获取与传递有着重要意义。它涉及许多光纤仪器，如光纤陀螺仪、光纤干涉仪等的稳定性。人们利用光纤中偏振态随外界场（如磁场、压力、温度等）变化而变化的特点，研制开发出了光纤电流传感器、分布式光纤压力传感器、分布式光纤温度传感器等。光纤中偏振模色散是限制长距离光通信速率（≥10 Gbit/s）提高的一个主要因素，对光纤中传输的高速光信号进行偏振模色散补偿是光通信领域的一个重要课题。

2.3.2　弱导光纤的微扰耦合模理论

1. 微扰耦合模方程

在外界微扰条件下，一根实际光纤的介电系数可以写成

$$\varepsilon(x,y,z)=\varepsilon(x,y)+\Delta\varepsilon(x,y,z) \tag{2-92}$$

式中，$\varepsilon(x,y)$ 表示理想圆单模光纤的介电性质；$\Delta\varepsilon(x,y,z)$ 则反映光纤截面椭圆畸变、弯曲、扭曲、内部残余应力，以及外界电场、磁场、力场、温度场等各种微扰因素的影响，既可以是标量（如纤芯截面畸变），也可以是张量（如外界场感应产生的各向异性）。一般情况下满足 $\Delta\varepsilon(x,y,z)$（各分量）$\ll\varepsilon(x,y)$，因此可以采用微扰理论分析光纤中的偏振现象。

根据光纤理论，理想圆单模光纤中的两个本征线偏振模可以表示为

$$\begin{cases}E_{1}=\left[\mathrm{J}_{0}\left(\dfrac{u}{a}r\right)\quad 0\quad \dfrac{\mathrm{i}}{\beta}\mathrm{J}_{1}\left(\dfrac{u}{a}r\right)\dfrac{u}{a}\cos\phi\right]\\ E_{2}=\left[0\quad \mathrm{J}_{0}\left(\dfrac{u}{a}r\right)\quad \dfrac{\mathrm{i}}{\beta}\mathrm{J}_{1}\left(\dfrac{u}{a}r\right)\dfrac{u}{a}\cos\phi\right]\end{cases} \tag{2-93}$$

式中，a 为纤芯半径；β 为传播常数；$u=(k_{0}{}^{2}n_{1}{}^{2}-b^{2})a$，这里，$k_{0}$ 为光在真空中的传播常数，n_{1} 为纤芯折射率。

微扰光纤中的光场可以写成理想圆单模光纤中两个本征线偏振模的叠加：

$$E=\sum_{i}A_{i}(z)E_{i}(x,y)\mathrm{e}^{-\mathrm{i}\beta z}\quad (i=1,2) \tag{2-94}$$

式中，$A_{i}(z)$ 为相应的模场振幅系数，在理想圆单模光纤中为常数。在有微扰的情况下，$A_{i}(z)$ 为 z 的函数。对于两个同向模式的耦合，根据耦合模理论可以写出 $A_{i}(z)$ 满足如下的耦合方程：

$$\frac{\mathrm{d}A_1}{\mathrm{d}z} = -\mathrm{i}k_{11}A_1 - \mathrm{i}k_{12}A_2 \tag{2-95}$$

$$\frac{\mathrm{d}A_2}{\mathrm{d}z} = -\mathrm{i}k_{21}A_1 - \mathrm{i}k_{22}A_2 \tag{2-96}$$

$$k_{\mathrm{vu}} = \frac{\omega}{4}\int_{-\infty}^{\infty}\int_{-\infty}^{\infty} E_{\mathrm{u}}^{*} \cdot (\Delta\varepsilon E_{\mathrm{v}})\mathrm{d}x\mathrm{d}y \quad (u,v=1,2) \tag{2-97}$$

式中，k_{vu} 为耦合系数。由式(2-95)和式(2-96)可以看出，对角元素 k_{11}、k_{22} 使两简并模式的传播常数 β 产生一个增量 $\Delta\beta$，并且有

$$\Delta\beta = k_{11} - k_{22} \tag{2-98}$$

式中，$k_{11}-k_{22}\neq 0$，则两模式不再同步，产生空间频率为 $\Delta\beta=k_{11}-k_{22}$ 的拍频；非对角元素 k_{12}，k_{21} 导致了两模式之间的功率耦合。对于无损光纤，$k_{12}=k_{21}{}^{*}$。

2. 微扰光纤中的本征模

在分析单模光纤中光的传输问题时，原则上只要已知介电系数的微扰项 $\Delta\varepsilon(x,y,z)$，从式(2-97)中求出四个耦合系数，并以输入光波作为初始条件解方程(2-96)，便可得知经一段光纤传输后输出光的偏振态。但是在一般条件下，方程的求解非常复杂，很难得到解析解。为简化起见进一步假设：理想圆单模光纤受轴向(z)均匀的微扰，并引起 HE_{11}^{x} 和 HE_{11}^{y} 模的耦合。在这一假设条件下，可以求出微扰光纤中的本征模场解为

$$E_1 = \begin{bmatrix} \dfrac{k}{\Delta\beta/2 - s} \\ 1 \end{bmatrix} \mathrm{e}^{-\mathrm{i}(\bar{\beta}-s)z}, \quad E_2 = \begin{bmatrix} \dfrac{k}{\Delta\beta/2 + s} \\ 1 \end{bmatrix} \mathrm{e}^{-\mathrm{i}(\bar{\beta}+s)z} \tag{2-99}$$

$$k_{12} = k_{21}^{*} = k \tag{2-100}$$

$$s = \sqrt{(\Delta\beta/2)^2 + k^2} \tag{2-101}$$

$$\bar{\beta} = \beta + \frac{k_{11}+k_{22}}{2} \tag{2-102}$$

由式(2-99)可对微扰光纤中的偏振态作出如下结论：在一般情况下，两个本征模为椭圆偏振光；如果 k 为纯虚数，则本征模为圆偏振光；如果 k 为纯实数，则本征模为线偏振光。本征模在微扰光纤中传输时互不耦合，各自独立传输，这样简化了输出光波偏振特性的求解。

2.3.3 光纤中双折射的微扰耦合模理论分析

在没有外部微扰时，理想圆单模光纤中两个正交线偏振模的传播常数相等，$\beta_x=\beta_y$，即两个模式简并。但在实际单模光纤中，由于种种原因，这两个正交偏振的模式不再简并，$\beta_x\neq\beta_y$，产生所谓的偏振模的双折射。单模光纤中的偏振模双折

射十分复杂，大致可以归纳为三种：①微扰仅使光纤的两个正交线偏振模不再简并，称为线双折射；②微扰使左、右旋圆偏振模不再简并，称为圆双折射；③微扰使两个线双折射和左、右旋圆偏振模都不再简并，称为椭圆双折射。

1. 理想圆单模光纤中的克尔效应

常用的熔融石英光纤为各向同性介质，其二次电光系数张量矩阵为

$$[S_{vu}]=\begin{bmatrix} S_{11} & S_{12} & S_{12} & 0 & 0 & 0 \\ S_{12} & S_{11} & S_{12} & 0 & 0 & 0 \\ S_{12} & S_{12} & S_{11} & 0 & 0 & 0 \\ 0 & 0 & 0 & \dfrac{S_{11}-S_{12}}{2} & 0 & 0 \\ 0 & 0 & 0 & 0 & \dfrac{S_{11}-S_{12}}{2} & 0 \\ 0 & 0 & 0 & 0 & 0 & \dfrac{S_{11}-S_{12}}{2} \end{bmatrix} \tag{2-103}$$

设外加电场方向为 x 方向，可以求出电场作用下相对介电抗渗张量各分量的变化为

$$\begin{cases} \Delta b_1 = S_{11}E^2 \\ \Delta b_2 = S_{12}E^2 \\ \Delta b_3 = S_{12}E^2 \\ \Delta b_4 = \Delta b_5 = \Delta b_6 = 0 \end{cases} \tag{2-104}$$

由此，可以求出相应的介电系数张量元各分量的变化为

$$\begin{cases} \Delta\varepsilon_1 = -\varepsilon_0 n^2(n^2 S_{11}E^2) \\ \Delta\varepsilon_2 = \Delta\varepsilon_3 = -\varepsilon_0 n^2(n^2 S_{12}E^2) \\ \Delta\varepsilon_4 = \Delta\varepsilon_5 = \Delta\varepsilon_6 = 0 \end{cases} \tag{2-105}$$

代入式(2-100)可求得耦合系数

$$\begin{cases} k_{12} = k_{21} = 0 \\ k_{11} = -k_0 n^3 \left(\dfrac{S_{11}+S_{12}}{2}\right) E^2 \\ k_{22} = -k_0 n^3 S_{12} E^2 \end{cases} \tag{2-106}$$

将上述结果代入式(2-21)，得到克尔效应扰动光纤中的本征模表达式为

$$\begin{cases} E_1 = \begin{bmatrix} 1 \\ 0 \end{bmatrix} \mathrm{e}^{-\mathrm{i}(\beta+k_{22})z} \\ E_2 = \begin{bmatrix} 0 \\ 1 \end{bmatrix} \mathrm{e}^{-\mathrm{i}(\beta+k_{11})z} \end{cases} \tag{2-107}$$

这是两个线偏振模，也就是理想光纤中的本征模，其传播常数差 $\Delta\beta$ 以及相应的线双折射 δ 分别为

$$\Delta\beta = k_{11} - k_{12} = -\beta\left(n^2\ \frac{S_{11}-S_{12}}{2}\right)E^2 = -\beta(n^2 S_{44})E^2$$

$$\delta = \frac{\Delta\beta}{k_0} = -n^3 S_{44} E^2 \tag{2-108}$$

通常将式(2-108)写成

$$\delta = B\lambda_0 E^2 \tag{2-109}$$

式中，B 为克尔系数；λ_0 为真空中的波长。由式(2-109)可以看出，光纤克尔效应引起的双折射随波长的增加而增加。实验测得的克尔系数为 $B=5.4\times10^{-6}\ \mathrm{m/V^2}$。克尔系数与二次电光系数之间的关系为

$$S_{44} = -\frac{B\lambda_0}{n^3} \tag{2-110}$$

以上分析表明，外加电场导致光纤两线偏振模传播常数差 $\Delta\beta\neq0$，产生线双折射。这里需要说明的是，由微扰耦合理论得到的电场扰动光纤中的本征模是两个线偏振模，与无微扰光纤中的本征模相比，只是在传播常数中加了一个与外加电场成正比的微扰项。这与理想立方晶体或者各向同性介质(不考虑边界条件)中的电光效应是完全相同的。

2. 理想圆单模光纤中的法拉第效应

假设沿一理想圆光纤轴向加磁场 H，磁场感应介电张量有两个非零的非对角元素：

$$\Delta\varepsilon_{xy} = -\Delta\varepsilon_{yx} = -\mathrm{i}\,\frac{\varepsilon_0\lambda_0 nV}{\pi}H \tag{2-111}$$

式中，V 是材料的韦尔代(Verdet)常数，实验测得光纤中的韦尔代常数为 $V=1.56\times10^{-2}\ \mathrm{min/A}$ (@$\lambda=633\ \mathrm{nm}$)；n 为光纤芯层的折射率；H 为在光纤横截面上均匀分布的轴向磁场。对于特定的介质，V 值随波长的增加而迅速减小。将式(2-111)代入式(2-96)，可得耦合系数为

$$\begin{cases} k_{11} = k_{22} = 0 \\ k_{12} = -k_{21} = \dfrac{\omega}{4}\left(-\mathrm{i}\,\dfrac{\varepsilon_0\lambda_0 nV}{\pi}H\right)\displaystyle\int_0^a\int_0^{2\pi} \mathrm{J}_0\left(\frac{u}{a}r\right) r\,\mathrm{d}r\,\mathrm{d}\phi = -\mathrm{i}VH \end{cases} \tag{2-112}$$

两个交叉耦合系数均为虚数，且符号相反，因此法拉第效应将引起圆双折射，产生法拉第旋转。将式(2-112)代入式(2-99)、式(2-100)，微扰光纤本征模表达式得到磁场扰动光纤中旋向相反的两个圆偏振模：

$$\begin{cases} E_1(z) = \begin{bmatrix} \mathrm{i} \\ 1 \end{bmatrix} \mathrm{e}^{-\mathrm{i}(\beta+VH)z} \\ E_2(z) = \begin{bmatrix} -\mathrm{i} \\ 1 \end{bmatrix} \mathrm{e}^{-\mathrm{i}(\beta-VH)z} \end{cases} \tag{2-113}$$

于是，入射线偏振光经传输距离 L 后，偏振面将旋转一个角度

$$\Phi(L) = VHL \tag{2-114}$$

因此，通过测量线偏振光的偏振旋转角度，可以得到外加磁场的大小，或材料的韦尔代常数。这里需要说明的是，由微扰耦合模理论得到的磁场扰动光纤中的本征模是两个圆偏振模，与无微扰光纤中的本征模相比，只是在传播常数中加上一个与外加磁场成正比的微扰项。这与立方晶体或者各向同性介质（不考虑边界条件）中的旋光效应完全相同。

3．理想圆单模光纤中的椭圆双折射

当光纤处在电场和磁场同时作用的情况下，电磁场的微扰使得两个线偏振模和左右两个圆偏振模都不再简并，产生椭圆双折射。此时克尔效应以及法拉第效应将使光纤的介电系数张量产生如下的变化：

$$\begin{cases} \Delta\varepsilon_{xx} = -\varepsilon_0 n^2 (n^2 S_{11} E^2) \\ \Delta\varepsilon_{yy} = \Delta\varepsilon_{zz} = -\varepsilon_0 n^2 (n^2 S_{12} E^2) \\ \Delta\varepsilon_{xz} = \Delta\varepsilon_{zx} = \Delta\varepsilon_{yz} = \Delta\varepsilon_{zy} = 0 \\ \Delta\varepsilon_{xy} = -\Delta\varepsilon_{yx} = -\mathrm{i}\dfrac{\varepsilon_0 \lambda_0 n V}{\pi} H \end{cases} \tag{2-115}$$

将式(2-115)代入式(2-97)，可得耦合系数为

$$\begin{cases} k_{11} = -k_0 n^3 \left(\dfrac{S_{11} + S_{12}}{2}\right) E^2 \\ k_{22} = -k_0 n^3 S_{12} E^2 \\ k_{12} = -k_{21} = \dfrac{\omega}{4}\left(-\mathrm{i}\dfrac{\varepsilon_0 \lambda_0 n V}{\pi} H\right) \displaystyle\int_0^a \int_0^{2\pi} \mathrm{J}_0\left(\dfrac{u}{a} r\right) r \mathrm{d}r \mathrm{d}\phi = -\mathrm{i}VH \end{cases} \tag{2-116}$$

四个耦合系数均不为0，将其代入式(2-99)和式(2-100)，并且利用前面对于光纤中克尔效应以及法拉第效应讨论得到的结论，可以得出如下结果：

$$\begin{cases} k = -\mathrm{i}VH \\ \Delta\beta = k_{11} - k_{22} = 2\pi B E^2 \\ s = \sqrt{(\Delta\beta/2)^2 + k^2} = \sqrt{(\pi B E^2)^2 + (VH)^2} \end{cases} \tag{2-117}$$

$$E_1 = \begin{bmatrix} \dfrac{k}{\Delta\beta/2 - s} \\ 1 \end{bmatrix} \mathrm{e}^{-\mathrm{i}(\bar{\beta}-s)z}, \quad E_2 = \begin{bmatrix} \dfrac{k}{\Delta\beta/2 + s} \\ 1 \end{bmatrix} \mathrm{e}^{-\mathrm{i}(\bar{\beta}+s)z} \tag{2-118}$$

此时，微扰光纤中的本征模为两个旋向相反的椭圆偏振光，两个模式之间的相位延迟为

$$\Phi = 2s = \sqrt{(2\pi BE^2)^2 + 4(VH)^2} \tag{2-119}$$

如果以 F 表示由法拉第效应引起的总的旋光效应，以 K 表示由克尔效应引起的相位延迟，则总的相位延迟可以表示为

$$\Phi = \sqrt{K^2 + 4F^2} \tag{2-120}$$

式(2-120)与从麦克斯韦方程组出发，通过波动方程求得的同时存在法拉第效应以及线双折射中的总相位延迟表达式完全相同。可见，总的相位延迟为克尔效应引起的相位延迟与法拉第效应引起的旋光效应的矢量叠加。此时，两种效应耦合在一起，共同决定光纤中的本征模式以及偏振传输特性。

2.3.4 单模光纤偏振特性的庞加莱球描述

1. 光纤偏振特性的庞加莱球描述

1977 年，R. Ulrich 首次提出将庞加莱球用于分析光在光纤中传输时状态的变化。考虑到光纤中偏振光的两正交模式在传输过程中有相互耦合作用，对用于光纤的庞加莱球(参照图 2-5)的两个坐标参量为

$$\begin{aligned} 2\chi &= \arctan\left(\frac{|A_1/A_2| - 1}{|A_1/A_2| + 1}\right) \\ 2\zeta &= \arg(A_1/A_2) \end{aligned} \tag{2-121}$$

式中，A_1、A_2 为式(2-94)表示的光纤中的模场振幅系数。

式(2-121)中，A_1、A_2 两个参量由入射光的偏振态决定。

$$E_{\text{in}} = A_1(z)E_1 e^{-ik_1 z} + A_2(z)E_2 e^{-ik_2 z} \tag{2-122}$$

式中，E_1、E_2 分别为偏振态相互正交的本征态的振幅。入射光的偏振态发生变化，A_1、A_2 两个参量变化，庞加莱球上对应的 C 点在庞加莱球上运动。这时 C 点运动的轨迹表征了光在光纤中传输时的偏振态的演变情况。那么为什么会选取式(2-121)所示的方位角呢？这可通过光纤中两正交模之间的耦合方程唯象地获得。耦合波方程如下：

$$\begin{cases} \dfrac{dA_1}{dz} = -ik_{11}A_1(z) - ik_{12}A_2(z)e^{-i(k_2-k_1)z} \\ \dfrac{dA_2}{dz} = -ik_{21}A_1(z)e^{-i(k_2-k_1)z} - ik_{22}A_2(z) \end{cases} \tag{2-123}$$

在庞加莱球上定义矢量 $C(z)=OC$ 来表示 z 点的模场系数比值 $A_1(z)/A_2(z)$，$C(z)$ 在球面上的坐标为$(2\chi, 2\zeta)$。光波在光纤中传输时，其偏振态的变化由 $C(z)$

在庞加莱球上的轨迹来表示：

$$\boldsymbol{C}'(z)=\frac{\mathrm{d}\boldsymbol{C}(z)}{\mathrm{d}z} \tag{2-124}$$

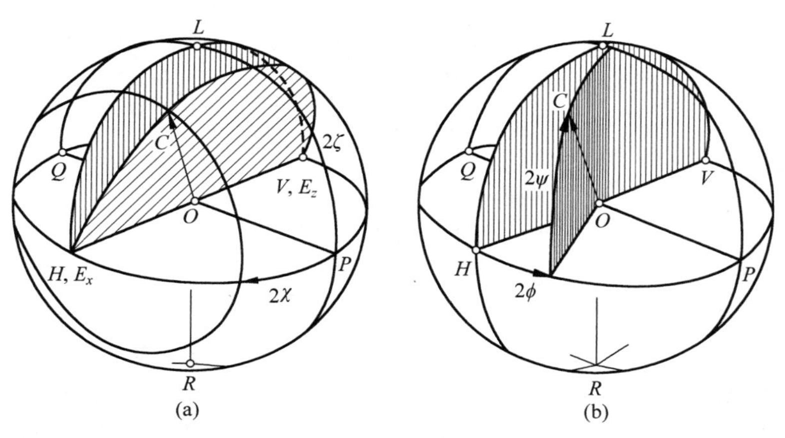

图 2-5　光纤中的庞加莱球描述

(a) 坐标定义以 X、Y 方向偏振光为本征态；(b) 坐标定义以左右旋圆偏振光为本征态

当光纤中的光沿 z 方向传输 δz 距离时，其偏振态的演变为 C 点绕垂直于 OC 所在平面的 $O\Omega$ 轴转动一个角度 $\delta\theta$。在一级近似条件下，这个角度可以表示为

$$\delta\theta=\sqrt{(k_{11}-k_{12})^2+4k_{12}k_{21}}\,\delta z=|\,O\Omega\,|\,\delta z \tag{2-125}$$

$\boldsymbol{O\Omega}=\sqrt{(k_{11}-k_{12})^2+4k_{12}k_{21}}$，用 $\omega(z)$ 表示。$\boldsymbol{\omega}$ 为矢量，其大小为单位长度光纤双折射所引起的相位差。其方向用庞加莱球方位角表示：

$$\begin{cases}2\zeta=\arg(k_{12})\\ 2\chi=\arctan\left(\dfrac{k_{11}-k_{22}}{2\sqrt{k_{12}k_{21}}}\right)\end{cases} \tag{2-126}$$

式中的耦合系数由式(2-97)决定。C 点转动的方向显然同时垂直于矢量 $\boldsymbol{OC}$ 与矢量 $\boldsymbol{O\Omega}$，即垂直于它们组成的平面。不难证明

$$\Delta\boldsymbol{OC}=|\,\boldsymbol{OC}\,|\,\delta\theta\left[\frac{\boldsymbol{O\Omega}\times\boldsymbol{OC}}{|\,\boldsymbol{OC}\,|\,|\,\boldsymbol{O\Omega}\,|}\right]=\boldsymbol{O\Omega}\times\boldsymbol{OC}\delta z \tag{2-127}$$

为表示简单起见，用 $\boldsymbol{C}$ 表示矢量 $\boldsymbol{OC}$，$\boldsymbol{\omega}(z)$ 表示矢量 $\boldsymbol{O\Omega}$，则有

$$\frac{\mathrm{d}\boldsymbol{C}}{\mathrm{d}z}=\boldsymbol{\omega}(z)\times\boldsymbol{C} \tag{2-128}$$

因此沿无限短光纤 $\mathrm{d}z$ 的偏振态的变化，为庞加莱球以 $\boldsymbol{\omega}(z)$ 为轴转 $\boldsymbol{\omega}\mathrm{d}z$ 的结果。由于耦合系数在具体问题中是已知的，所以原则上沿光纤每一点的 $\boldsymbol{\omega}(z)$ 是已知的，因此对任意一个输入偏振态，均可以求出 $\boldsymbol{C}(z)$ 在庞加莱球上的轨迹。下面

我们就采用这种方法来研究光纤中的双折射。

2. 纯线双折射(如克尔效应)

当光纤处于 x 轴方向电场作用下，克尔效应将在光纤中产生纯的线双折射。由式(2-106)可知此时的耦合系数，将此耦合系数代入式(2-126)可知旋转轴$\boldsymbol{\omega}(z)$位于庞加莱球的赤道平面上，这种旋转为线双折射。对于这种情况，一般采用符号$\boldsymbol{\beta}(z)$代替$\boldsymbol{\omega}(z)$。对于此处讨论的克尔效应，$\boldsymbol{\beta}(z)$在赤道平面上的位置为

$$2\chi_{\beta}=\frac{\pi}{2},\quad 2\zeta_{\omega}=0 \tag{2-129}$$

将耦合系数值代入式(2-98)可求得$\boldsymbol{\beta}$的值为

$$\boldsymbol{\beta}=|k_{11}-k_{22}|=2\pi BE^{2} \tag{2-130}$$

与式(2-109)完全相同。

对于长度为 L 的光纤，当输入光的偏振态在庞加莱球上表示为$\boldsymbol{C}(0)$时，其输出光的偏振态为$\boldsymbol{C}(z)$，$\boldsymbol{C}(z)$为$\boldsymbol{C}(0)$绕$\boldsymbol{\beta}(z)$旋转 βL 角度之后的坐标。可见，偏振光在沿光纤传输时，对应于不同的传输长度 L(也就是不同的位置 z)，偏振态发生周期性的变化，$\boldsymbol{C}(z)$的轨迹为与$\boldsymbol{\beta}(z)$垂直的同心圆，如图 2-6(a)所示。此时，光纤中的两个本征态分别为 H，V 两点对应的 X，Y 方向的线偏振光。可见克尔效应作用下的光纤在庞加莱球上的描述与一般双折射器件完全相同。

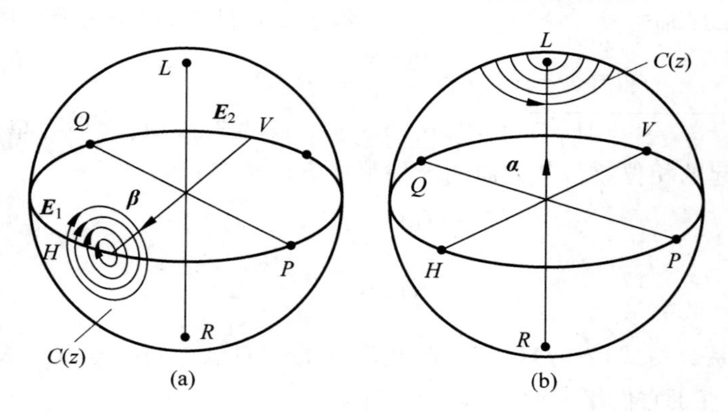

图 2-6

(a) 光纤中纯线双折射的庞加莱球描述；(b) 光纤中圆双折射的庞加莱球描述

3. 纯圆双折射(如法拉第效应)

当光纤处于 z 轴方向磁场作用下，由于法拉第效应将在光纤中产生纯圆双折射。由式(2-112)可知，此时耦合系数 $k_{12}=-\mathrm{i}VH$ 为纯虚数，将耦合系数值代入式(2-126)可知旋转轴$\boldsymbol{\omega}(z)$与庞加莱球的 RL 线(球上南北极的连线)重合，这种旋转为圆双折射，如图 2-6(b)所示。对于这种情况，一般采用符号$\boldsymbol{\alpha}(z)$代替$\boldsymbol{\omega}(z)$。

对于此处讨论的法拉第效应，将耦合系数代入式(2-127)可求得 α 的值为

$$\alpha = 2 \mid k_{11} k_{22} \mid = 2VH \tag{2-131}$$

对于长度为 L 的光纤，当输入光的偏振态在庞加莱球上表示为 $C(0)$ 时，其输出光的偏振态为 $C(z)$，$C(z)$ 为 $C(0)$ 绕 $\boldsymbol{\alpha}(z)$ 旋转 αL 角度之后的坐标。可见，偏振光在沿光纤传输时，对应于不同的传输长度 L（也就是不同的位置 z），偏振态发生周期性的变化，$C(z)$ 的轨迹为与赤道平行的同心圆，如图 2-6(b)所示。当入射光为线偏振时，$C(z)$ 的轨迹为赤道大圆，任意点的偏振态仍然为线偏振光，其偏振面以 $\alpha/2$（每单位长度光纤）的速率旋转。此时，光纤中的两个本征态分别为 L、R 两点对应的左右圆偏振光。可见，法拉第效应作用下的光纤在庞加莱球上的描述与旋光器件完全相同。

4. 椭圆双折射

椭圆双折射可以看成是线双折射和圆双折射叠加的结果。对于无限小的旋转 $\beta \mathrm{d}z$ 及 $\alpha \mathrm{d}z$，总的合成效果可以简单地看成是两者的合成：

$$\omega \mathrm{d}z = \alpha \mathrm{d}z + \beta \mathrm{d}z \tag{2-132}$$

即

$$\omega = \alpha + \beta \tag{2-133}$$

当 $\omega(z)$ 与 z 无关时（如前面讨论的法拉第效应和克尔效应），$C(z)$ 的轨迹如图 2-7 所示。从图中可以看到，此时光纤中有两个本征模式，也就是轨迹不随 z 而改变的状态 C_1 与 C_2，一般情况下，这两个本征态为正交的两个椭圆偏振模式。

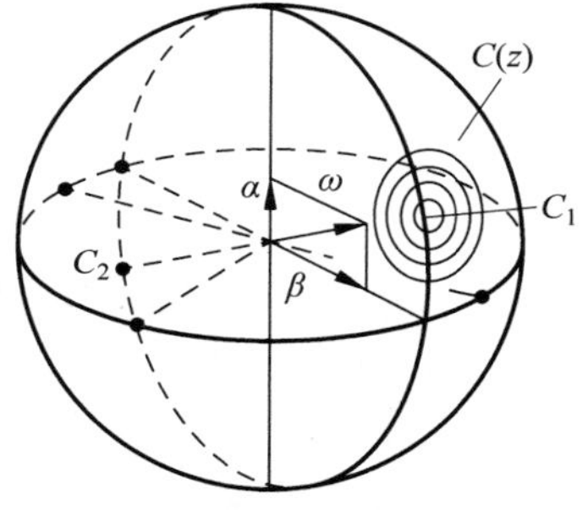

图 2-7　光纤中椭圆双折射的庞加莱球描述

2.3.5　扭光纤以及旋光纤的偏振特性

偏振是单模光纤最重要的特性之一。在理想圆单模光纤中传播的光波应该保持偏振态不变，但是实际应用中普通圆单模光纤，即使没有受到外加应力的影响，由于光纤本身的多种不完善，也会产生双折射现象，即输入的线偏振光传输一段距离后变为椭圆偏振光，并随传播距离周期性或非周期性的变化。这种偏振态的不稳定性对于需要保持偏振的系统来说非常有害。

解决上述问题的方法是研制保偏光纤，使得光纤中某一种偏振模式具有强双折射效应而抑制另一种模式的双折射效应，或者使得光纤的横截面接近理想圆截面而使光纤的偏振特性近似为理想圆单模光纤。下面讨论一种单模低双折射光纤(spun fiber)的偏振特性。这种光纤在拉制过程中高速旋转，从而将一种等效的圆对称结构引入光纤中，提高了光纤截面的圆对称性。这种光纤称为旋光纤。在讨

论旋光纤的偏振特性之前，首先分析扭光纤(twisted fiber)的偏振特性。

1. 扭光纤的偏振特性

考虑一根以速率 ξ 扭转的光纤，纤芯椭圆引起的固有线双折射为 $\Delta\beta$，采用平面波近似可以得到 Z 点的相位延迟 $R(z)$，旋光角 $\Theta(s)$(相对于入射点光纤椭圆短轴方向)分别表示为

$$\begin{cases} R(z)=2\arcsin\left(\dfrac{\rho}{\sqrt{1+\rho^2}}\sin\gamma z\right) \\ \Theta(z)=\xi z+\arctan\left(-\dfrac{1}{\sqrt{1+\rho^2}}\tan\gamma z\right) \\ \Phi(z)=\dfrac{\xi z-\Theta(z)}{2}\pm\dfrac{m\pi}{2} \quad (m=0,1,2,\cdots) \end{cases} \tag{2-134}$$

式中，

$$\rho=\frac{\Delta\beta}{2(\xi-a)}\gamma=\frac{\sqrt{(\Delta\beta)^2+4(\xi-a)^2}}{2} \tag{2-135}$$

对于扭光纤，式(2-135)中的 a 为由弹光效应引起的旋光系数，可以表示为

$$a=g\xi \tag{2-136}$$

式中，比例系数 g(对石英光纤)实验测得为 0.08，与理论值符合。对于旋光纤，旋转是在熔融状态下进行的，成纤后不存在扭转应力，因而弹光效应可以忽略不计，此时有 $a=0$。

在扭转速率相对于光纤固有的线双折射较小条件下($\xi\ll\Delta\beta$)，由式(2-134)可得 $\Phi\approx 0$，主轴方向基本保持不变；相位延迟 $R\approx\Delta\beta z$，由扭转而引起的相位延迟可以忽略；同时旋光角随 z 线性变化，$\Theta\approx\xi z$。在这种情况下，平行于主轴的线偏振光入射到光纤中，其线偏振状态保持不变，同时其偏振方向将随光纤的扭转而发生同步旋转。可见由弹光效应引起的旋光被强大的固有线双折射有效地抑制了。

在扭转速率相对于光纤的固有线双折射较大的条件下($\xi\gg\Delta\beta$)，相位延迟与旋光角分别为

$$\begin{cases} R(z)\approx\dfrac{\Delta\beta}{\xi-a}\sin[(\xi-a)z] \\ \Theta(z)=az \end{cases} \tag{2-137}$$

在这种条件下，相位延迟被显著减小并且在零附近振荡，以任何方向入射到光纤中的线偏振光，出射后都是一种近似的线偏振光，偏振方向相对于入射时旋转了 az。可见高扭曲引起的强烈的弹光效应有效地抑制了光纤固有线双折射。与高双折射线偏振保偏光纤相对应，此时可以将扭光纤看成圆双折射保偏光纤，可以有效地避免光纤固有线双折射以及微弯等外界因素引起的线双折射对系统的影响。

2. 扭光纤偏振特性的庞加莱球描述

在具有恒定线双折射和均匀扭曲的光纤中，旋转矢量$\boldsymbol{\omega}(z)$的运动可以表示为

$$\boldsymbol{\omega}'(z)=2\boldsymbol{\xi}\times\boldsymbol{\omega}(z) \tag{2-138}$$

扭曲矢量 $\boldsymbol{\xi}$ 的大小为$|\xi|$，方向与庞加莱球的 RL 轴重合。对于右旋扭曲，ξ 指向上。由于光纤有扭曲，因此对于光纤的每一个截面，我们可以引进一个辅助的本地坐标系 R^0，其轴 X^0 平行于光纤的快轴(对应于线双折射)，Y^0 平行于慢轴，Z^0 轴与光纤 Z 轴重合，所以坐标系 R^0 绕光纤 Z 轴以速度 ξ 旋转。而与 R^0 相对应的庞加莱球 S^0 则以速率 2ξ 绕 RL 旋转。对于和 R^0、S^0 系统有关的量均标以上角标 0，这时 $\Delta\beta^0$ 为常数，$\alpha^0=\alpha$ 为常数，$\Delta\boldsymbol{\beta}^0$ 指向 X^0。此时有

$$\boldsymbol{\omega}^0=\Delta\boldsymbol{\beta}^0+\boldsymbol{\alpha}^0 \tag{2-139}$$

但是，在 S^0 上光纤中光波偏振态的变化并非以$\boldsymbol{\omega}^0$ 为角速度，而是以如下矢量为旋转矢量：

$$\begin{cases}\boldsymbol{\Omega}^0=\boldsymbol{\alpha}+\Delta\boldsymbol{\beta}^0-2\boldsymbol{\xi}\\ \Omega^0=|\boldsymbol{\Omega}^0|=\sqrt{|\Delta\boldsymbol{\beta}^0|^2+(\alpha-2\xi)^2}\end{cases} \tag{2-140}$$

式(2-140)中矢量$\boldsymbol{\Omega}^0$ 是固定在 S^0 上，所有偏振态变化的轨迹 $C^0(z)$都是在 S^0 上绕$\boldsymbol{\Omega}^0$ 轴的圆。

为了求 $\boldsymbol{C}(z)$的轨迹，应从旋转球 S^0 回到固定球 S 上来，这时 $\boldsymbol{C}(z)$是沿一个恒定的半圆锥运动，而圆锥的轴在沿平行圆(parallel circle)运动，平行圆的纬度为

$$2\Psi_\Omega=\arctan\left|\frac{\alpha-\xi}{\Delta\beta}\right| \tag{2-141}$$

所以 $\boldsymbol{C}(z)$在 S 上的轨迹为旋轮类曲线(cycloidal curves)，如图 2-8 所示。

曲线相邻周期上的点在光纤上的空间距离为 $2\pi/\Omega$，它等于 S^0 上的一个旋转周期。相对于本地坐标系 R^0，这种相邻的关系是等价的，但是对于实验室坐标系，第二个状态相对于前一个状态旋转了角度 $2\pi\xi/\Omega$。当 ξ/Ω 是有理数时，$\boldsymbol{C}(z)$是封闭的曲线。

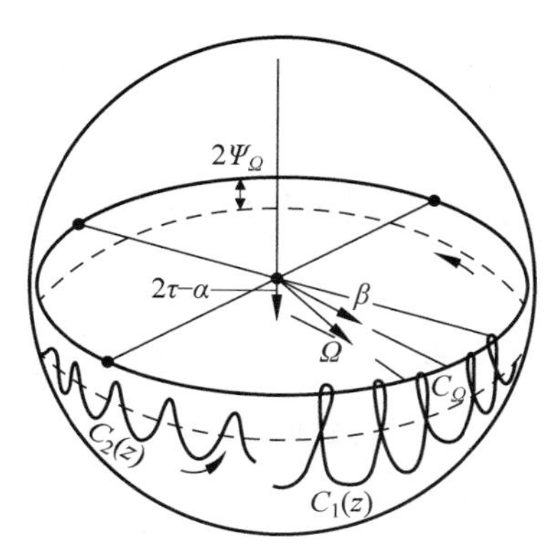

图 2-8　扭光纤偏振特性的庞加莱球描述

对于弱扭曲，即 $\xi\ll\Delta\beta$，此时有

$$\alpha\ll\Delta\beta,\quad \boldsymbol{\Omega}^0\approx\Delta\boldsymbol{\beta}^0 \tag{2-142}$$

这说明弱扭曲完全被光纤的固有线双折射所掩盖。

对于强扭曲，即 $\xi\gg\Delta\beta$，此时有

$$\alpha \gg \Delta\beta, \quad 2\Psi \to \frac{\pi}{2}, \quad \Omega^0 = \alpha - 2\xi = (g-2)\xi \tag{2-143}$$

在 S^0 上，此时相当于均匀的旋转，旋转轴为 RL 轴，旋转速率为 $\alpha - 2\xi$，相应地在实验室坐标系中，光纤中的光波偏振态以 $\alpha = g\xi$ 的速率旋转。在实际空间，偏振面的旋转速率为 $g\xi/2$，这时线双折射完全被圆双折射所淹没。一圆偏振光入射到光纤，出射光仍为圆偏振光，即使有线双折射也无妨，所以强扭曲光纤是圆偏振光的保偏光纤，亦称保圆光纤。

3. 旋光纤的偏振特性

对于某些应用场合，要求光纤高速（$\xi > 2\pi \times 10^3$ rad/m）扭转，方可达到有效抑制固有线双折射的目的，而此时光纤将被扭断，因此需要采用旋光纤。旋光纤同时满足 $\alpha = 0$ 以及 $\xi \gg \Delta\beta$ 两个条件，由式(2-134)可得

$$R(z) \approx \frac{\Delta\beta}{\xi}\sin(\xi z), \quad \Theta(z) \approx 0, \quad \Phi(z) = \frac{\xi z}{2} \tag{2-144}$$

可见，与扭光纤相比，旋光纤中的固有线双折射以及圆双折射都受到了有效的抑制，其偏振特性与理想的各向同性圆单模光纤基本一致。对于一般的光纤，其固有双折射可以做到优于 1 rad/m，同样的光纤在制作过程中按 1 圈/cm 的速率旋转制成旋光纤，其在一个旋转周期中的最大双折射为 1.6×10^{-3} rad/cm，其残留圆双折射为 2×10^{-4} rad/m，因此完全可以把旋光纤当作各向同性圆单模光纤来处理。

对于旋光纤，在 S^0 上相当于一均匀的旋转，旋转轴为 RL 轴，旋转速率为 -2ξ；相应在实验室坐标系中，光纤中的光波偏振态的旋转速率为零。在实际空间，偏振面的旋转速率也为零，出射偏振态与入射偏振态相同，所以旋光纤可以看作保偏光纤。

需要特别说明的是，旋光纤对固有线双折射的抑制是通过高速旋转破坏产生固有线双折射的结构实现的。对于某些外场引起的线双折射，由于其产生的机理与旋光纤中的旋转结构无关，因此旋光纤不能抑制外场引起的线双折射。

2.4 光纤的琼斯矩阵与光的偏振扰动

2.4.1 光纤中偏振光波的传输矩阵

1941 年，琼斯(R. C. Jones)用一个列矩阵来表示电场矢量 $\boldsymbol{E}$ 的 x、y 分量，通常称为琼斯矢量，用于表示一般的椭圆偏振光。

$$\begin{bmatrix} E_x \\ E_y \end{bmatrix} = \begin{bmatrix} E_{0x}\mathrm{e}^{\mathrm{i}\delta_1} \\ E_{0y}\mathrm{e}^{\mathrm{i}\delta_2} \end{bmatrix}$$

对于线偏振光，若 $\boldsymbol{E}$ 在第一、三象限，则有 $\delta_1=\delta_2=\delta_0$，相应的琼斯矢量为

$$\begin{bmatrix} E_x \\ E_y \end{bmatrix} = \begin{bmatrix} E_{0x} \\ E_{0y} \end{bmatrix} \mathrm{e}^{\mathrm{i}\delta_0} \tag{2-145}$$

与此类似，对于右旋圆偏振光，其琼斯矢量为 $\begin{bmatrix} E_x \\ E_y \end{bmatrix} = \begin{bmatrix} -\mathrm{i} \\ 1 \end{bmatrix} E_{0x}\mathrm{e}^{\mathrm{i}\delta_0}$。

由于光强 $I=E_x{}^2+E_y{}^2$（略去比例常数），为简化计算，一般取 $I=1$，这时的琼斯矢量则称为标准琼斯矢量。计算方法是把琼斯矢量的每一分量除以 $\sqrt{I}$ 即可（表2-2）。两偏振光 $\boldsymbol{E}_1,\boldsymbol{E}_2$ 是正交偏振态，则满足：$\boldsymbol{E}_1\cdot\boldsymbol{E}_2{}^*=[E_{1x}\quad E_{1y}]\cdot\begin{bmatrix} E_{2x}^* \\ E_{2y}^* \end{bmatrix}=0$。

表2-2 琼斯矢量归一化举例

例	未归一化	归一化
① x 方向振动线偏振光	$\begin{bmatrix} 3\mathrm{e}^{\mathrm{i}\delta_x} \\ 0 \end{bmatrix}$	$\begin{bmatrix} 1 \\ 0 \end{bmatrix}$
② 45°方向振动线偏振光	$\begin{bmatrix} 1 \\ 1 \end{bmatrix}$	$\frac{\sqrt{2}}{2}\begin{bmatrix} 1 \\ 1 \end{bmatrix}$
③ 左旋圆偏振光	$\frac{1}{2}\begin{bmatrix} 1+\mathrm{i} \\ 1-\mathrm{i} \end{bmatrix}$	$\frac{\sqrt{2}}{2}\begin{bmatrix} \mathrm{i} \\ 1 \end{bmatrix}$

线偏振光的琼斯矢量为 $\begin{bmatrix} E_{1x} \\ 0 \end{bmatrix}$ 与 $\begin{bmatrix} 0 \\ E_{2y} \end{bmatrix}$；左旋圆偏振光和右旋圆偏振光也是互为正交偏振光。利用琼斯矢量可以方便地对两完全偏振的相干光进行叠加、偏振态变换等运算。

例 2.4.1 已知两线偏振光 $\boldsymbol{E}_1,\boldsymbol{E}_2$ 的琼斯矢量分别为 $\boldsymbol{E}_1=\begin{bmatrix} \sqrt{3}\,\mathrm{e}^{\mathrm{i}\delta_1} \\ 0 \end{bmatrix}$，$\boldsymbol{E}_2=\begin{bmatrix} 0 \\ \sqrt{3}\,\mathrm{e}^{\mathrm{i}(\delta_1+90°)} \end{bmatrix}$，则此两偏振光之叠加为：$\boldsymbol{E}=\boldsymbol{E}_1+\boldsymbol{E}_2=\begin{bmatrix} \sqrt{3}\,\mathrm{e}^{\mathrm{i}\delta_1} \\ \sqrt{3}\,\mathrm{e}^{\mathrm{i}(\delta_1+90°)} \end{bmatrix}$，得到一个强度为6的右旋圆偏振光。

当计算 n 束同频率、同方向传播偏振光的叠加，则可由这 n 个琼斯矢量相加而得，相加时需考虑琼斯矢量两分量共同的振幅和相位：

$$\boldsymbol{E}=\begin{bmatrix}E_x\\E_y\end{bmatrix}=\begin{bmatrix}\sum_{i=1}^{n}E_{ix}\\\sum_{i=1}^{n}E_{iy}\end{bmatrix}$$

又如，偏振光 $\begin{bmatrix}E_x\\E_y\end{bmatrix}$ 通过一个偏振元件后的偏振态变成 $\begin{bmatrix}E'_x\\E'_y\end{bmatrix}$，该变换可用一个 2×2 矩阵 $\boldsymbol{J}$ 来表示：$\begin{bmatrix}E'_x\\E'_y\end{bmatrix}=\begin{bmatrix}J_{11} & J_{12}\\J_{21} & J_{22}\end{bmatrix}\begin{bmatrix}E_x\\E_y\end{bmatrix}=\boldsymbol{J}\begin{bmatrix}E_x\\E_y\end{bmatrix}$。这个 2×2 的矩阵 $\boldsymbol{J}$ 即该偏振元件的传输矩阵，也称琼斯(Jones)矩阵，其元素仅与器件有关。若偏振光 $\begin{bmatrix}E_x\\E_y\end{bmatrix}$ 依次通过 n 个偏振元件，它们的琼斯矩阵分别为 $\boldsymbol{J}_i(i=1,2,\cdots,n)$，则从第 n 个偏振元件出射的光的琼斯矢量显然为

$$\begin{bmatrix}E'_x\\E'_y\end{bmatrix}=\boldsymbol{J}_n\boldsymbol{J}_{n-1}\cdots\boldsymbol{J}_2\boldsymbol{J}_1\begin{bmatrix}E_x\\E_y\end{bmatrix}=\boldsymbol{J}\begin{bmatrix}E_x\\E_y\end{bmatrix}$$

因此，琼斯矩阵表征了器件对偏振光的变换特性。

据此，当光波入射到光纤中，并沿着光纤传输时，由光纤输出的光场即等于输入光场乘以一系列作用于光纤上的等价琼斯矩阵。当矩阵中的元素受到某信息量的调制时，则光纤出射光的偏振态相应地受到调制，如克尔效应、法拉第效应等，由此可以检测出该信息的特征。由于琼斯矩阵只适合于完全偏振光，对于部分偏振和非相干光，则需要采用缪勒(Mueller)矩阵计算。

设光纤入射端的激发光场为 $E(0,t)=\begin{bmatrix}E_x(0,t)\\E_y(0,t)\end{bmatrix}=\begin{bmatrix}E_{x0}\\E_{y0}\end{bmatrix}\mathrm{e}^{\mathrm{i}\omega t}$，则光纤中任意位置 z 处的光波电场为：$E(z,t)=\begin{bmatrix}E_x(z,t)\\E_y(z,t)\end{bmatrix}=\begin{bmatrix}m_{11} & m_{12}\\m_{21} & m_{22}\end{bmatrix}\begin{bmatrix}E_{x0}\\E_{y0}\end{bmatrix}\mathrm{e}^{-\mathrm{i}\beta z}\mathrm{e}^{\mathrm{i}\omega t}$，其中，$m_{ij}$ 称为偏振传输矩阵。典型光学偏振器和相位延迟器对应的琼斯变换矩阵可参阅相关文献[2-3]。

2.4.2 挤压、扭转引起的偏振特性变化

外界侧压力是导致光纤形变，进而产生应力双折射的常见因素，并影响光纤中传输光波的偏振态。根据 2.3.1 节 3. 中关于外界扰动引起光纤偏振特性变化的讨论，侧向压力导致光纤中的介电常数的变化，从而引起了光纤传输特性的变化，即双折射变化。近似地，将侧向压力等效于光纤中两个正交模式的光波电场通过一

个具有双折射的相位延迟器,设快轴与水平方向夹角为 θ,相对应的琼斯矩阵则为

$$\boldsymbol{J}(\Delta\phi)=\begin{bmatrix} e^{i\Delta\phi}\cos^2\theta+\sin^2\theta & [e^{i\Delta\phi}-1]\cos\theta\sin\theta \\ [e^{i\Delta\phi}-1]\cos\theta\sin\theta & e^{i\Delta\phi}\sin^2\theta+\cos^2\theta \end{bmatrix} \tag{2-146}$$

当对光纤施加均匀扭转时,同样根据 2.3.1 节 3. 的讨论,此时的光纤传输系数矩阵可以写为

$$[m_{ij}]=\begin{bmatrix} m_{11} & m_{12} \\ m_{21} & m_{22} \end{bmatrix}=\begin{bmatrix} \cos(p\gamma z) & -\sin(p\gamma z) \\ \sin(p\gamma z) & \cos(p\gamma z) \end{bmatrix} \tag{2-147}$$

式中,γ 为扭转率(单位 rad/m); p 为常数(一般约为 0.007)。控制扭转光纤的本征模式的相位差为 $\pi/2$,则光纤的两个本征模式为圆偏振模式。圆偏振模式的优点是连接方便、稳定度高。

2.4.3　温度效应对偏振态的影响

为了控制光纤芯与包层的折射率,在光纤预制棒的制造过程中,纤芯与包层分别采用了不同的掺杂材料和工艺,经高温拉制而成。因此,光纤横截面的几何不对称性和拉制过程的残余应力均会导致温度相关的双折射。用一个与温度相关的旋转矩阵表示为

$$[m_{ij}(T)]=\begin{bmatrix} m_{11} & m_{12} \\ m_{21} & m_{22} \end{bmatrix}=\begin{bmatrix} \cos\theta(T) & -\sin\theta(T) \\ \sin\theta(T) & \cos\theta(T) \end{bmatrix} \tag{2-148}$$

式中,$\theta(T)$ 根据光纤的热膨胀系数、材料的泊松比、杨氏模量,以及机械应力、温度变化范围等具体工艺参数确定。

2.5　光纤中的偏振控制与器件

控制偏振态一直是光纤应用中的一个痛点和成本高地。通常,将光纤中传输光波的偏振态控制技术分为两大类:保偏和消偏。顾名思义,保偏即保持光波原偏振态(线偏振或圆偏振);而消偏即消除偏振模式之间的差异,通常采用器件(光纤消偏器)或外力干预(扰偏)使偏振模式出现周期性的交替传输,从而消除偏振模式间因在光纤中传输而产生的差异。

保持光纤中偏振态的控制方法通常有两种。①光纤制备工艺控制——主要包括两类保偏光纤:线性偏振保持光纤,如高双折射光纤——高掺杂应力区工艺或纤芯/包层的几何不对称性;低双折射光纤——尽可能保证光纤横截面的圆对称性或消除寄生应力的扭/旋转拉制工艺,这对光纤制造工艺提出很高的要求。②外部作用控制——各类光纤偏振控制器,如缠绕盘式三桨光纤偏振控制器、在线挤压

式光纤偏振控制器和法拉第(Faraday)旋镜等。

2.5.1 保偏光纤、偏振光纤与保圆光纤

1. 保偏光纤

为了增大高双折射光纤中两偏振模式的传输常数之差，比较成熟的制造工艺有：①高椭圆度制造工艺，图 2-9(a)展示了几种典型的保偏光纤结构，包括椭圆纤芯、椭圆包层光纤，但是增大纤芯和包层的折射率之差，往往会增加光纤的损耗；②高应力掺杂工艺，包括领结型、熊猫型等。以上两种工艺分别利用高双折射和大的预应力有效增大了两偏振模式的传播常数之差。当只有一个模式的偏振光入射进入光纤时，此类光纤可以保持该偏振态在光纤中的稳定传输。

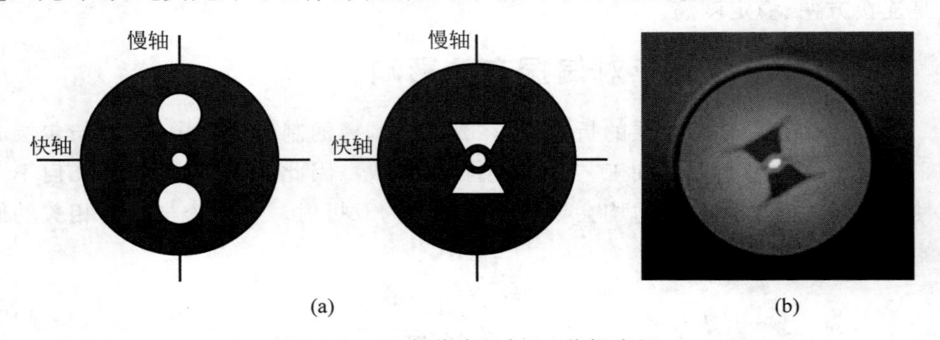

图 2-9 (a)保偏光纤与(b)偏振光纤

(a) 熊猫型和领结型；(b) PZ 光纤

(请扫Ⅴ页二维码看彩图)

2. 偏振光纤

偏振(PZ)光纤(即 Zing^{TM} 光纤，图 2-9(b))仅允许通过一个偏振方向，因此使传播通过的光成为偏振光。PZ 光纤一般采用蝴蝶结结构来产生较高的双折射效应，这种双折射效应选择特定偏振方向的光在光纤中传播，而其他偏振方向的光则会经历很高的损耗。

与保偏光纤不同，PZ 光纤只传播一个偏振方向的光，其他方向的偏振光都不能通过。而保偏光纤可以保持沿双折射轴传输光的偏振方向不变，但可以传输任意偏振方向的光，因此会产生偏振串扰。单模光纤可通过压力产生双折射(见 2.5.2 节光纤偏振控制器)，使光纤的作用更接近波片。虽然偏振轴可控，但是单模光纤并不使光发生偏振。PZ 光纤的这种单偏振传输模式不会产生串扰，并且可在设计波长范围实现大于 30 dB 的偏振抑制比，非常适合偏振敏感的应用领域。

需要注意的是：PZ 光纤的偏振窗口和消光比需通过盘卷(即排布：拉直、盘

圈、任意堆放)PZ光纤来调节。PZ光纤有很宽的偏振窗口(约100 nm),且偏振窗口的宽度和中心波长取决于光纤排布。例如,将光纤盘卷的直径变小,则偏振窗口变窄,并向短波长方向偏移。因此,商售PZ光纤都有标定的绕圈直径 ϕ89 mm,否则性能将下降。另外,通过手动调节偏振窗口,可实现大于35 dB的偏振抑制。

PZ光纤是一种全光纤器件,比共轴偏振器更有优势:包括更低的插入损耗、更高的消光比和无复杂部件组装或封装。因此,PZ光纤性价比高,具有较高的消光比(ER)和较宽的带宽;光纤即使在压力作用下也可以在工作波长上正常起到偏振作用,且其ER和插入损耗的温度稳定性好,使用长期可靠。

3. 保圆光纤

保圆光纤,即圆偏振保持光纤,是一种特殊的高双折射光纤,它通过在拉制过程中旋转领结型或熊猫型单模保偏光纤的预制棒来制造,而不是在拉制之后再扭转。旋转使得领结型或熊猫型结构绕光纤的轴向转动(图2-10(a))。图2-10(b)是在显微镜下拍摄的保圆光纤照片。可见熊猫型保偏光纤的应力棒在旋转之后呈现"双绞线"的结构,熊猫型保偏光纤的线拍长为10 mm,因此,若其单位长度上线性双折射为($2\pi/10$) rad/mm,即0.2π rad/mm;旋转的速率为0.4π rad/mm,所得到的"双绞线"结构的节距为5 mm。

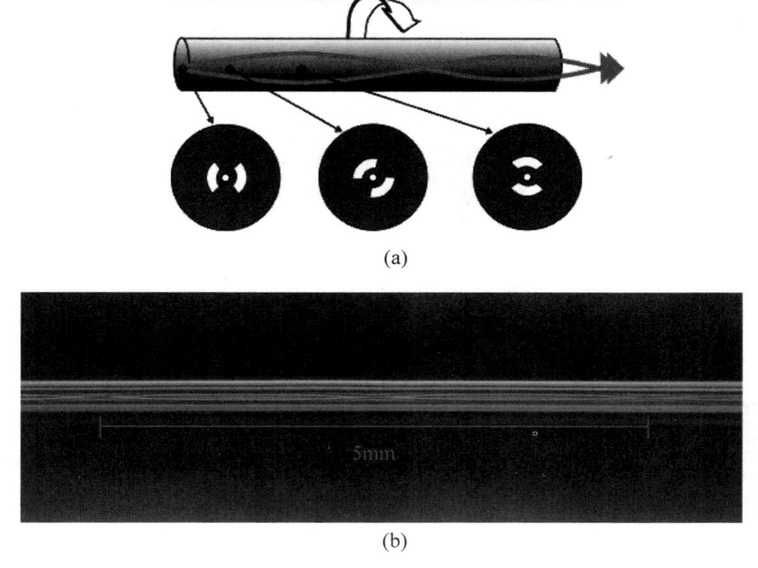

(a)

(b)

图2-10 (a)旋转领结型保圆光纤及其(b)实物显微照片
(请扫Ⅴ页二维码看彩图)

与传统的 PM 光纤不同，保圆光纤专门为保持圆偏振而设计，且输出偏振对热噪声、振动噪声以及由应力双折射导致的漂移不敏感。因此，保圆光纤非常适合用于高灵敏度的光纤电流传感器(fiber optic current sensor，FOCS)(也称光学电流互感器(OCT))，可用于交流和直流电流的传感。保圆光纤用作 FOCS 或 OCT 时具有优于传统方法的几个特点：光纤内部产生偏振旋转，不受外部电场的干扰。

保圆光纤的理论分析通常根据微分的思想，将光纤看作由无数个微小的双折射薄片旋转拼接而成，如图 2-11 所示。

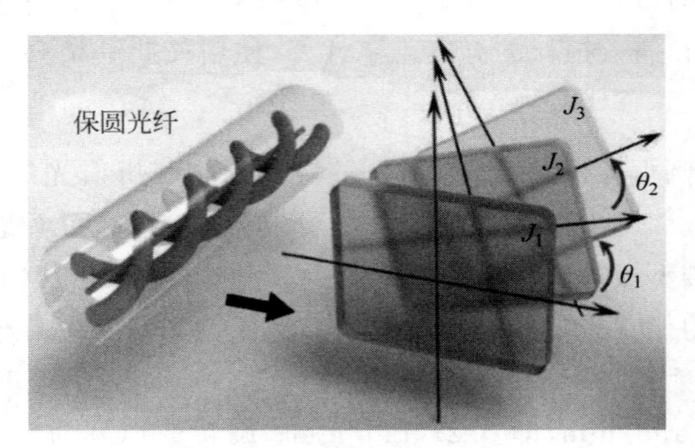

图 2-11　保圆光纤的理论分析模型

(请扫Ⅴ页二维码看彩图)

设光纤的长度为 L，单位长度的线性双折射为 δ，单位为弧度每毫米(rad/mm)。光纤旋转的程度用单位长度内旋转的圈数来描述，记作 $\xi=\mathrm{d}\theta/\mathrm{d}L$，单位同样是 rad/mm。设光纤被平均分为 N 份，每一份都可以看作一个线性延迟器薄片和一个圆延迟器薄片的组合；每一段的长度为 L/N，其相位延迟为 $\delta L/N$，每一个薄片相对于前一片转动的角度为 $\xi L/N$。因此整段光纤的传输矩阵可以表示为

$$J=\lim_{N\to\infty}R(-\xi L)\left[R\left(\frac{\xi L}{N}\right)\mathrm{J}_0\left(\frac{\delta L}{N}\right)\right]^N$$

式中，

$$\boldsymbol{R}\left(\frac{\xi L}{N}\right)=\begin{bmatrix}\cos\left(\frac{\xi L}{N}\right) & \sin\left(\frac{\xi L}{N}\right)\\ -\sin\left(\frac{\xi L}{N}\right) & \cos\left(\frac{\xi L}{N}\right)\end{bmatrix},\quad \boldsymbol{J}_0\left(\frac{\delta L}{N}\right)=\begin{bmatrix}\mathrm{e}^{-\mathrm{j}\frac{\delta L}{2N}} & 0\\ 0 & \mathrm{e}^{\mathrm{j}\frac{\delta L}{2N}}\end{bmatrix}$$

经过切比雪夫公式化简得

$$\boldsymbol{J}=\begin{bmatrix}\cos YL-\mathrm{j}\dfrac{\delta}{2Y}\sin YL & \dfrac{\xi}{Y}\sin YL\\ -\dfrac{\xi}{Y}\sin YL & \cos YL+\mathrm{j}\dfrac{\delta}{2Y}\sin YL\end{bmatrix}$$

式中，$Y=\sqrt{\xi^2+(\delta/2)^2}$，表示保圆光纤中由光纤几何结构旋转引入的单位长度上的椭圆双折射，单位是 rad/mm。

2.5.2　光纤偏振器件

全光纤偏振器件因为具有体积小、便于与光纤系统连接，以及连接损耗小的诸多优点得到广泛的应用。典型的全光纤偏振器件以偏振控制器、光纤偏振器、隔离器和消偏器最为常用。

1. 光纤偏振控制器

光学系统通常用波片来改变光波的偏振态，在光纤系统中可采用更简单的方法——利用光纤的弹光效应改变其双折射，以控制光纤中光波的偏振态。

当光纤在 x-z 平面内发生弯曲时，由于应力作用，光纤 x 轴和 y 轴方向上的折射率发生变化，其变化量为

$$\begin{cases}\Delta n_x=\dfrac{n^3}{4}(p_{11}-2\mu p_{12})\left(\dfrac{r}{R}\right)^2\\ \Delta n_y=\dfrac{n^3}{4}(p_{11}-\mu p_{11}-\mu p_{12})\left(\dfrac{r}{R}\right)^2\end{cases}\tag{2-149}$$

式中，r 为光纤半径；R 为光纤弯曲的曲率半径；p_{ij} 为熔融石英的弹光张量；μ 为泊松比，则

$$\delta n=\Delta n_x-\Delta n_y=-0.133\left(\frac{a}{R}\right)^2\tag{2-150}$$

由式(2-150)可知，对于图 2-12(a)所示的弯曲光纤，快轴位于弯曲平面内，慢轴垂直于弯曲平面，因此利用弯曲光纤的双折射效应，可以制成波片。对于弯曲半径为 R 的 N 圈光纤，如选择适当的 N 和 R，使得弯曲产生的相位延迟满足

$$\delta=\left(\frac{2\pi}{\lambda}\right)\cdot 2\pi\alpha N\frac{r^2}{R}=\left(\frac{2\pi}{\lambda}\right)\cdot\frac{\lambda}{m}\tag{2-151}$$

式中，α 和 λ 分别为光纤的弹光系数和工作波长，m 为正整数，则该光纤圈即成为 λ/m 波片。例如，对于 $\lambda=0.63\ \mu\text{m}$ 的红光，将半径为 62.5 μm 的光纤绕成 $R=20.6$ mm 的一个光纤圈时，就成为 $\lambda/4$ 波片；若绕两圈，就构成 $\lambda/2$ 波片。这类光

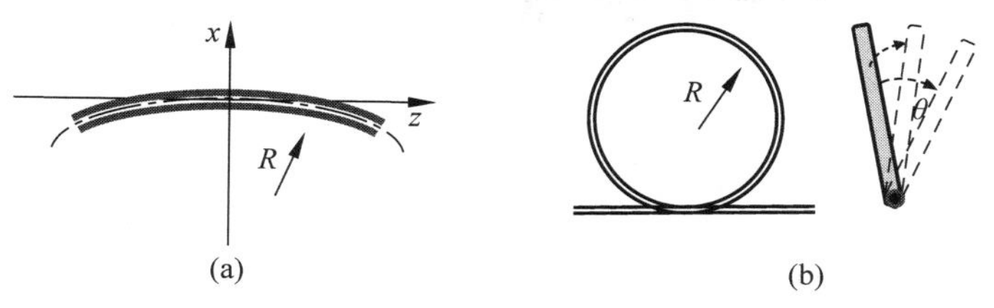

图 2-12　(a)弯曲光纤致偏振效应与(b)桨式光纤偏振控制器原理图

纤偏振控制器通常称为桨式，包括三桨和双桨装置(图 2-12)[5]。

实验室应用最多的桨式光纤偏振控制器的工作原理如图 2-12(b)所示。改变光纤圈的角度便改变了光纤中双折射轴的主平面方向，产生的效果与转动波片的偏振轴方向一样。因此，光纤系统中加入这种光纤圈，并适当转动光纤圈的角度，就可控制光波的双折射状态。

常用的偏振控制器一般由 $\lambda/4$ 光纤和 $\lambda/2$ 光纤圈组成。图 2-13 和图 2-14 分别为三桨式和挤压式光纤偏振控制器的装置图。适当调节桨式偏振控制器中光纤圈的相对角度或在线挤压式偏振控制器的压力/旋转控制旋钮，相当于调整一个可调波片，即可获得任意振动方向的线偏振光。

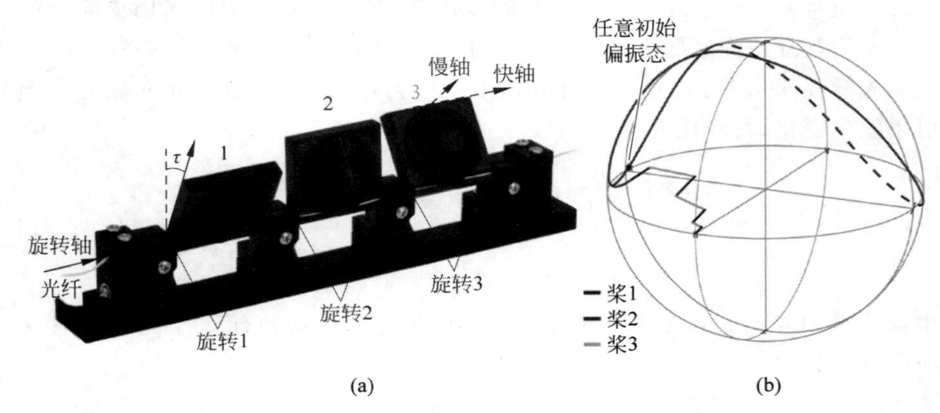

图 2-13　三桨式光纤偏振控制器的(a)装置图和(b)偏振态随旋转桨叶的变化[5]

(请扫Ⅴ页二维码看彩图)

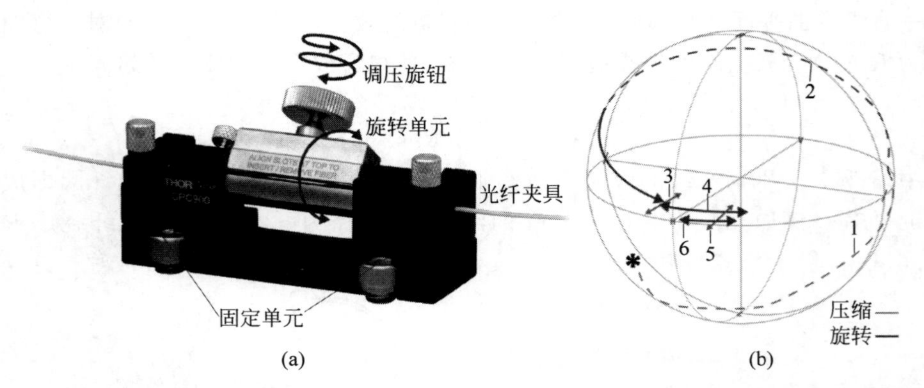

图 2-14　挤压式光纤偏振控制器的(a)装置图和(b)任意偏振态随压力和转动调整为 H 偏振[5]

起始任意偏振态；1—调压旋钮，调至输出极小值；2—旋转单元至输出极小交替调压、旋转 3～5 直到获得希望的偏振态“H”，即 6。

(请扫Ⅴ页二维码看彩图)

如图 2-14 所示的挤压式光纤偏振控制器中，应力调制的双折射可以采用如下公式估算。设光纤直径为 d，受力为 F，则对于工作波长为 λ 的光在石英光纤中产生的相位延迟为

$$\delta \sim 6\times10^{-11}\frac{F}{\lambda d}$$

对于扭转区域的光纤段，其转动角 $\theta=\alpha\tau$，$\alpha=-n^2p_{44}$，其中，τ 为光纤夹具的转角，n 是纤芯折射率，p_{44} 是光纤的弹光系数。这一装置的偏振消光比约为 30 dB。

2. 保偏光纤偏振器

利用高双折射光纤构成光纤偏振器，其设计思想是：利用光纤包层中的倏逝场，把高双折射光纤中两偏振分量之一泄漏出去（高损耗），使另一偏振分量能在光纤中无损（实际上是低损）地传输，从而在光纤出射端获得单偏振光。具体结构示例如下。

例 2.5.1　镀金属膜法——利用金属介电常数的虚部高，吸收（实际损耗）其中一个偏振分量以构成光纤偏振器，器件结构如图 2-15(a)所示。在石英基片上开一弧形槽，保偏光纤定轴后胶固于其中，经研磨抛光到光场区域，然后在上表面镀一层金属膜，此处形成一介质-金属复合波导。当光纤中的偏振光到达此区域时，TM 模能够激发介质-金属界面上的表面波，使能量从光纤中耦合到介质-金属复合波导中，进而被泄漏损耗。而 TE 波不发生此种耦合，能够几乎无损耗地通过此区域，从而在输出端获得单一 TE 偏振光。

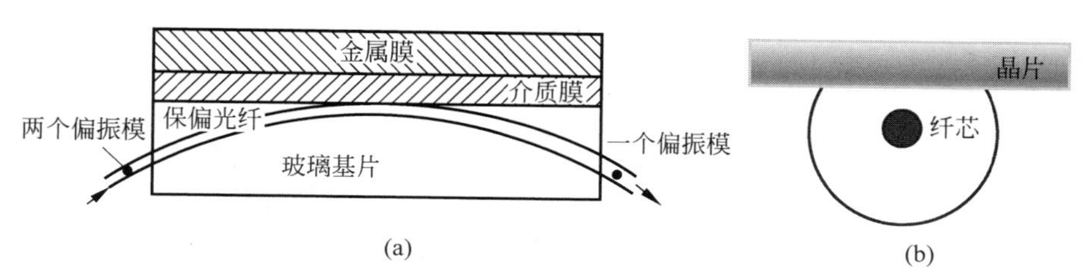

图 2-15　(a)镀金属膜或(b)双折射晶片构成的光纤偏振器
（请扫Ⅴ页二维码看彩图）

用这种方法制作保偏光纤偏振器的关键技术包括光纤的定位、研磨深度监测、薄膜蒸镀及性能检测等。为保证 40 dB 的消光比，偏振器的定轴误差不能超过 0.5°；并需精确控制研磨深度，一般通过检测泄漏光功率推算研磨深度。目前这种方法制成的保偏光纤偏振器，其性能指标可达：消光比 >35 dB，插入损耗 <0.5 dB[2]。

例 2.5.2 在例 2.5.1 的结构中，用双折射基片替代金属膜泄漏掉其中一个偏振分量，即构成光纤偏振器。器件结构如图 2-15(b)所示[3]。此结构中，双折射晶片的一折射率大于纤芯折射率，另一折射率则小于纤芯的折射率。这时，光纤中传输光的一个偏振分量被泄漏，而另一则继续在光纤中传输。例如，沿垂直于 b 轴方向切割 $KB_5O_3 \cdot 4H_2O$ 晶体，如图 2-15(b)所示。此晶体对 0.633 μm 的红光：$n_a=1.49$，$n_b=1.43$，$n_o=1.42$，而石英光纤的 $n_{co}=1.456$。因此，对于垂直分界面(晶体-光纤分界面)振动的光，折射率 $n_b=1.43$；对于平行于分界面振动的光，其折射率为 $n_o=1.42$。设计偏振器时，应选取晶体夹角 θ，使其中一个偏振分量从导模中有效地泄漏，此角 θ 的计算式如下：

$$n_{co}=\left(\sqrt{\frac{\sin^2\theta}{n_b^2}+\frac{\cos^2\theta}{n_a^2}}\right)^{-1} \tag{2-152}$$

最后，再通过微调以获得最佳消光比。实际的器件消光比可达 60 dB。

例 2.5.3 异形光纤偏振器结构如图 2-16 所示。与标准通信光纤的差别是：在光纤的包层区有一 D 形管道，其中充以金属。利用此异形金属包层可使纤芯中传输的两个正交分量的损耗相差 20 dB 以上。该偏振器在 1.3～1.5 μm 的较宽波长范围内，可获得 30 dB 的消光比，插入损耗为 1 dB。

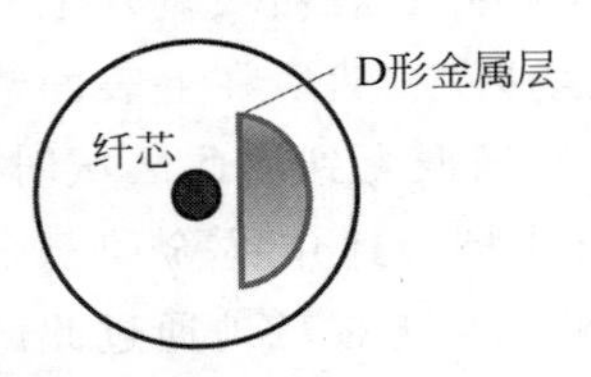

图 2-16 D 形光纤偏振器
(请扫Ⅴ页二维码看彩图)

在线偏振器(in-line polarizer)即利用 PZ 光纤，只允许一个偏振方向的光传输(快/慢轴)而阻断其他偏振方向光的传输。可用于将非偏振光转换为具有高消光比的偏振光，也可以用于提升信号的偏振消光比。器件可覆盖 480～2000 nm 的波长范围。

3. 光纤隔离器与移相器

1) 隔离器

利用光纤材料的法拉第效应可以构成光纤隔离器。光纤中传输线偏光的偏振面转角 θ 等于磁场中的光纤长度 L、光纤材料的韦尔代常数和磁场强度 H 的乘积。利用光纤制作隔离器的主要问题是现有低损耗光纤(石英)材料的韦尔代常数都很小(约 0.0124 min/(cm・Oe))，因此，实现 45°转角需要将很长的光纤置于强磁场中方能实现。以熔融石英光纤为例，设 $H=10000$ Oe，则在磁场中的光纤长度约为 2 m 时方可实现偏振面转角 45°。目前，光纤隔离器多为利用高韦尔代常数的晶体材料制成。

图 2-17 为石英隔离器的一个实例[4]。隔离器的磁场由 14 块永磁体构成。每块厚 0.53 cm，两相邻磁体中心距为 1.65 cm，极性相反，中心距离选择是恰好等于光纤拍长之半(光纤拍长 $L_p=3.30$ cm)，磁体中开一宽为 0.03 cm 之槽以便放置光纤。此槽中沿光纤方向的磁场强度为 5 kG。为减少隔离器中永磁体的数目，光

纤往返9次通过上述串联的磁体，光纤总长为7 m，其中在磁场区的长度为2 m，纤芯直径3.3 μm，工作波长0.633 μm，损耗20 dB/km。当线偏振光沿x方向入射时（光纤的消光比为30 dB），调整器件使从隔离器输出的光功率$P_x=P_y$，则说明出射光振动方向已旋转45°。这时在入射端若有偏振器，即构成隔离器；若无偏振器，则构成圆偏振器。隔离器的消光比为20 dB。由于光纤拍长会随温度而变，因此使用时应注意温度控制，也可利用温度变化来微调器件。

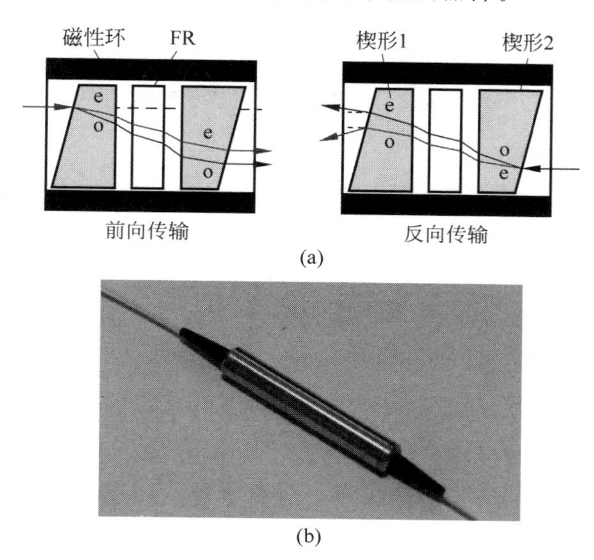

图2-17　全光纤型隔离器的(a)器件结构示意图和(b)产品外观

（请扫Ⅴ页二维码看彩图）

2）保偏光纤相移器

保偏相移器（相位延迟器），是利用偏振光通过法拉第旋光晶体时，正向和反向传输的光旋光角度不可逆的特性，使正向通过该器件的光程与反向通过同一器件存在一个固定的光程差（图2-18）。器件具有插入损耗小、稳定性高、消光比高的特点，可以用于光纤激光器、光纤传感等领域。

4. 光纤电光调制器

1）全光纤调制器

利用光纤中的克尔效应可构成光纤相位调制器或克尔效应相位调制光纤，结构如图2-19(a)所示。在纤芯两侧包层区做两个金属电极，电极材料为铟/镓的混合物。当电极上有外加电压时，由于克尔效应，在纤芯中将引起双折射效应。其大小与外加电场$\boldsymbol{E}$的平方成正比，即$B_{\mathrm{A}}=\delta\beta/\beta=K\boldsymbol{E}^2$。式中，$K$为材料的归一化克尔常数，石英材料的克尔效应虽然很弱，但可利用光纤的长度以获得足够大的相

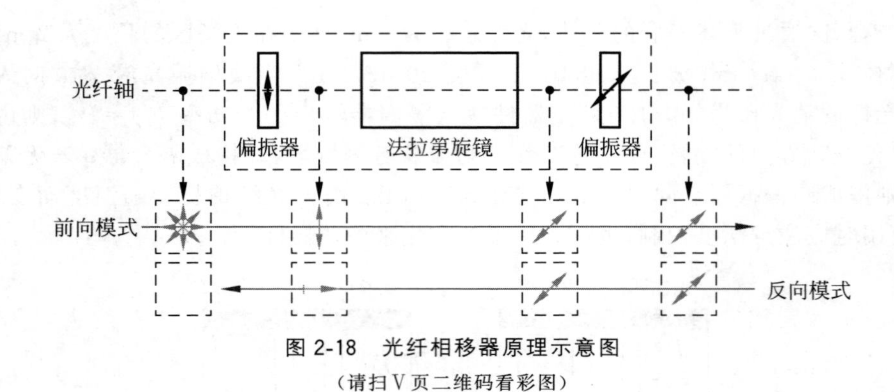

图 2-18　光纤相移器原理示意图

（请扫Ⅴ页二维码看彩图）

移。图 2-19(b)为 30 m 光纤上的外加电压与相移的关系，外加电压频率为 2 kHz，外加电压为 5 V 可获得 150°相位差。

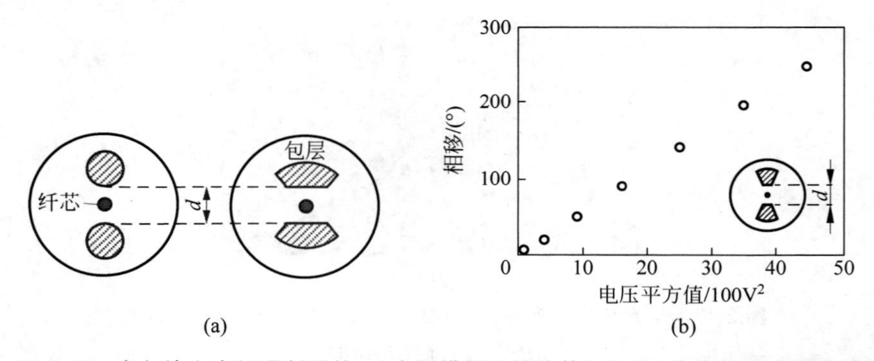

图 2-19　克尔效应光纤调制器的(a)光纤横界面结构简图和(b)外加电压-相移曲线

（请扫Ⅴ页二维码看彩图）

2）基于 $LiNbO_3$ 晶体的光纤电光调制器

由于石英的电光系数很小，当前使用最广泛的光纤耦合电光调制器主要采用铌酸锂（$LiNbO_3$）晶体制作的光波导作为调制器的主体。图 2-20 所示为基于 $LiNbO_3$ 晶体的电光强度调制器。图 2-20(a)为电光调制器的横截面结构示意图，图 2-20(b)中波导（蓝线）分为 2 路嵌入 $LiNbO_3$ 表面（绿色）。入射光首先经过射频源（RF）驱动调制，然后通过直流（DC）偏置调制

无论是强度调制器还是相位调制器，其高频性能都受到当前波导工艺的限制，目前商用电光调制器的调制频率一般在 10～40 GHz。

5. 消偏器与扰偏器

消偏器（depolarizer，亦称退偏器）是将偏振光转变为非偏振光的一种偏振器件。在很多应用中，并不需要线偏振光，如反射式光谱仪中，偏振效应反而会影响

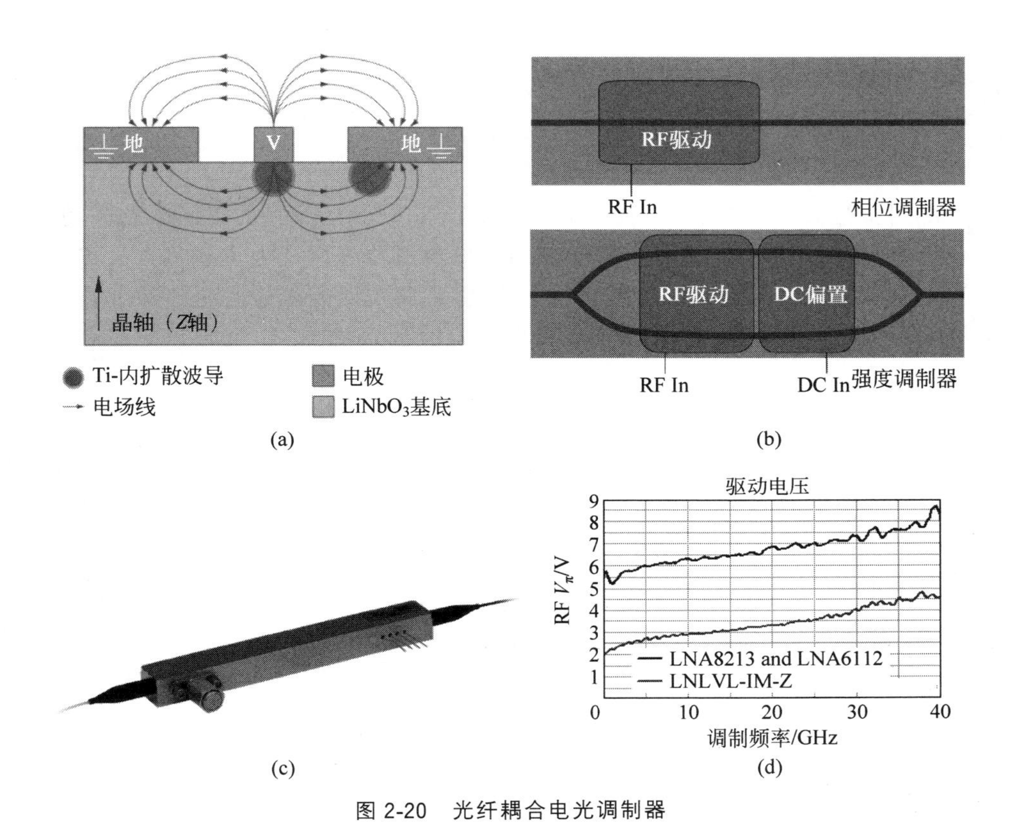

图 2-20　光纤耦合电光调制器

(a) 横截面结构示意图；(b) 波导结构示意图；(c) 产品外观；(d) 不同产品的电压-频率测试曲线示例[5]

（请扫Ⅴ页二维码看彩图）

探测器的灵敏度。消偏器就是用来将偏振光转化成非偏振光的，它广泛用于不希望对偏振敏感的系统和仪器中。其原理比偏振器复杂。了解消偏器的构造原理，首先需明确非偏振光的定义。

非偏振光是指偏振分量的时间平均值为零的光。此定义最早由 Perrin 提出，其数学表达式为

$$M=\frac{1}{T}\int_0^T M\mathrm{d}t=0,\quad C=\frac{1}{T}\int_0^T C\mathrm{d}t=0,\quad S=\frac{1}{T}\int_0^T S\mathrm{d}t=0 \tag{2-153}$$

式中，M、C、S 是光的斯托克斯矢量的瞬时值。非偏振光的另一个定义是：光的偏振态的变化速度比所用光探测器的响应速度快。由非偏振光定义可知，当非偏振光通过一旋转偏振器或波片时，其强度不变。对于单位强度的非偏振光，其斯托克斯矢量为

$$\begin{bmatrix} I \\ M \\ C \\ S \end{bmatrix} = \begin{bmatrix} 1 \\ 0 \\ 0 \\ 0 \end{bmatrix}$$

消偏器的工作方式为：将输入光束分成两束功率相等的正交偏振光束，使其中一光束相对于另一光束延迟，然后使用偏振合束器将两光束重新组合。正交偏振光束之间的相对延迟大于光源的相干长度，从而在两光束合光时消除了它们之间的固定相位关系。根据工作原理，可将消偏器分为两类：单波长消偏器和白光消偏器。

1）单波长消偏器

单波长消偏器的理想性能是工作波长的光通过消偏器时无衰减；任意偏振态的光通过此消偏器后出射光均为非偏振光。理论上两个延迟量不同的光学延迟器串联即可构成一消偏器。下面将证明：当此两延迟器的延迟量均从零变到 2π，但两者的变化频率为 2∶1 时，则该两延迟器即构成一个单波长消偏器。下面利用缪勒矩阵来证明上述消偏原理。

设在两个电光晶体（如 ADP）延迟器上施加电压，连续改变光波的延迟量。此时，延迟量随时间的变化可以是线性的，也可以是正弦函数。两晶体特征方向之间的夹角为 45°。设 D 为消偏器的矩阵，I_1、M_1、C_1、S_1 为入射到消偏器上任一偏振光的斯托克斯矢量，则从消偏器出射的光波满足下式：

$$D\begin{bmatrix} I_1 \\ M_1 \\ C_1 \\ S_1 \end{bmatrix} = \begin{bmatrix} I_2 \\ M_2 \\ C_2 \\ S_2 \end{bmatrix} \quad \text{或} \quad \boldsymbol{R}_2(n\delta,\beta)\boldsymbol{R}_1(\delta,0)\begin{bmatrix} I_1 \\ M_1 \\ C_1 \\ S_1 \end{bmatrix} = \begin{bmatrix} I_2 \\ M_2 \\ C_2 \\ S_2 \end{bmatrix} \tag{2-154}$$

式中，$\boldsymbol{I}_2$、$\boldsymbol{M}_2$、$\boldsymbol{C}_2$、$\boldsymbol{S}_2$ 为出射光的斯托克斯矢量；$\boldsymbol{R}_2(n\delta,\beta)$，$\boldsymbol{R}_1(\delta,0)$分别代表构成消偏器的两消偏器矩阵，这里 δ 为延迟量，β 为两延迟器之间的夹角，n 为正整数，且有 $\boldsymbol{D}=\boldsymbol{R}_2(n\delta,\beta)\boldsymbol{R}_1(\delta,0)$。式(2-154)不失一般性地假设：第一个延迟器的特征方向和系统的参考方向一致。

消偏器的作用是使偏振光变成非偏振光，为此要用一检偏器来检查从消偏器输出的光是否符合非偏振光的定义。设 $\boldsymbol{A}$ 为检偏器的矩阵，则有 $\boldsymbol{A}\begin{bmatrix} I_2 \\ M_2 \\ C_2 \\ S_2 \end{bmatrix} = \begin{bmatrix} I_3 \\ M_3 \\ C_3 \\ S_3 \end{bmatrix}$，式中，$\boldsymbol{I}_3$、$\boldsymbol{M}_3$、$\boldsymbol{C}_3$、$\boldsymbol{S}_3$ 为通过检偏器后出射光的斯托克斯矢量。按非偏振光定义，出

射光 $\boldsymbol{I}_3$ 应与入射光的诸参量 $\boldsymbol{I}$、$\boldsymbol{M}$、$\boldsymbol{C}$、$\boldsymbol{S}$ 无关，也应与 $\boldsymbol{A}$ 无关。由此可得 $\boldsymbol{M}_2$，$\boldsymbol{C}_2$，$\boldsymbol{S}_2$ 的时间平均值为零，即

$$\frac{1}{\tau}\int_0^{\tau} M\mathrm{d}t = \frac{1}{\tau}\int_0^{\tau} D_{21}\mathrm{d}t + \cdots = 0 \tag{2-155}$$

式中，D_{ij} 为瞬时值，观察时间为 t。此式表明，为使 D 有消偏性能，其特征参量应随时间变化，且满足式(2-155)的要求。所以理论上有多种方式可构成消偏器。其中，最简单的一种就是由两个延迟器串联而成，其特征方向成一定夹角 β，延迟量分别为 d 和 $n\delta$，此时两波片组合的矩阵表示式为

$$\begin{bmatrix} 1 & 0 & 0 & 0 \\ 0 & \cos^2 2\beta + \sin^2 2\beta\cos n\delta & \begin{matrix}\sin 2\beta\cos 2\beta(1-\cos n\delta)\cos\delta \\ +\sin 2\beta\sin n\delta\sin\delta\end{matrix} & \begin{matrix}-\sin 2\beta\cos 2\beta(1-\cos n\delta)\sin\delta \\ +\sin 2\beta\sin n\delta\cos\delta\end{matrix} \\ 0 & \sin 2\beta\cos 2\beta(1-\cos n\delta) & \begin{matrix}\cos\delta[\sin^2 2\beta+\cos^2 2\beta\cos n\delta] \\ +\sin\delta(-\cos 2\beta\sin n\delta)\end{matrix} & \begin{matrix}-\sin\delta[\sin^2 2\beta+\cos^2 2\beta\cos n\delta] \\ +\cos\delta(-\cos 2\beta\sin n\delta)\end{matrix} \\ 0 & -\sin 2\beta\sin n\delta & \cos\delta\cos 2\beta\sin n\delta - \sin\delta\cos n\delta & -\sin\delta\cos 2\beta\sin n\delta + \cos\delta\cos n\delta \end{bmatrix}$$

式中，δ 是时间的周期函数。由式(2-155)可得

$$\overline{D}_{22} = \frac{1}{T}\int_0^T (\cos^2 2\beta + \sin^2 2\beta\cos n\delta)\mathrm{d}t = 0$$

或

$$\overline{D}_{22} = \cos^2 2\beta + \frac{1}{T}\int_0^T (\sin^2 2\beta\cos n\delta)\mathrm{d}t = 0$$

由上式显见，此时 $\beta=45°$，即两延迟器特征方向夹角为 45°。当 δ 随时间呈线性变化时，即 $\delta = Qt(0 \leqslant t \leqslant \tau, Q$ 为常数)，则 $\overline{D}_{22} = \frac{1}{2\pi}\int_0^{2\pi}\cos n\delta\mathrm{d}\delta = 0$。同理有

$$\overline{D}_{23} = \frac{1}{2\pi(n-1)}\sin\pi(n-1) + \frac{1}{2\pi(n+1)}\sin\pi(n+1)$$

显然，$n=2$ 时，D_{23} 为零。可以证明，这时 D 的其余分量的时间平均值都为零，说明延迟器的延迟量为 2∶1，且随时间呈线性变化，即可构成一单波长消偏器。

2）宽光谱(白光)消偏器

对宽谱光(白光)，Lyot 消偏器是目前较适用的一种类型[6]。光学 Lyot 消偏器是由石英波片串联而成，两波片的厚度为 2∶1，且特征轴的夹角为 45°(图 2-21)。Lyot 消偏器可称为宽谱消偏器，与单波长消偏器的差别有二：一是 Lyot 消偏器只适用于宽光谱，不适于单色光；二是 Lyot 消偏器中两石英片是固定的，延迟量不随时间改变。

Lyot 消偏器的证明过程与单波长消偏器的证明类似，只是将对时间的平均变成对波长的平均。类似地，证明可得，用两个相对固定延迟器可构成一宽光谱(白

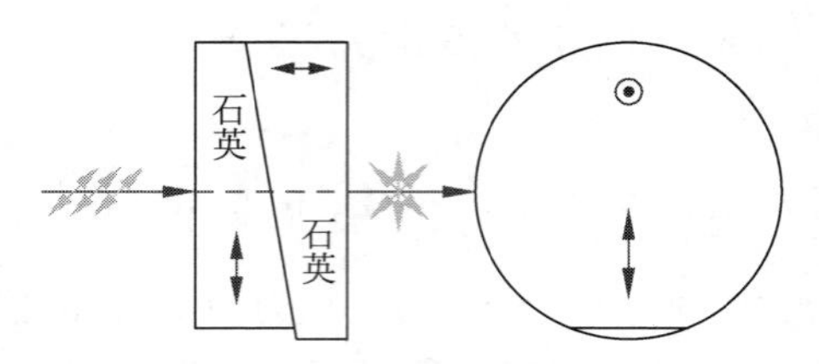

图 2-21　Lyot 消偏器的原理图

（请扫Ⅴ页二维码看彩图）

光）消偏器的条件——两延迟器的特征方向夹角为 45°；延迟量之差为 δ 的整数倍（一般取 $n=2$），且 δ 足够大。这就是 Lyot 消偏器（$n=2$）的基本原理。这种消偏器的误差是由两延迟器延迟量的比值 n 的误差决定。显然，由高双折射光纤亦可构成全光纤 Lyot 消偏器[8]。

全光纤 Lyot 消偏器如图 2-22 所示，产生伪随机偏振态输出；任意偏振态（SOP）输入均输出非常低偏振度（DOP）的非偏振光，可以消除相干长度达 10 m 的激光器的偏振特性。利用光源的相干性产生随机偏振态实现消偏目的的无源设备。常用于 ASE 宽带光源、高功率泵浦放大激光器等去偏要求较高的应用。

图 2-22　全光纤 Lyot 消偏器

3）光纤扰偏器

图 2-23（a）的光纤扰偏器的工作方式类似于 2.5.2 节 1. 中图 2-14（b）所示的在线挤压式偏振控制器，是基于光纤在应变作用下偏振态发生改变的原理，采用"挤压式偏振控制器＋高速扰偏控制电路"组成，可以将任意输入偏振态随机均匀化。偏振控制器部分由 4 只机电式光纤挤压器构成，扰偏电路则产生多频率的控制信号。扰偏器实际上等效于多个级联的双折射调制器，每一个双折射调制器的工作频率不同，进而实现匀化输出偏振态的目的。这种结构具有低插入损耗、低回波损耗、宽工作波长范围等特点。扰偏频率一般在几百千赫兹。

为了进一步降低由垂直挤压光纤带来的损耗和光纤劣化，人们制造了另一种集成光学器件——高速 $LiNiO_3$ 电光扰偏器（图 2-23（b）），具有低损耗的单模波导，能够在 DC～10 GHz 以上的频率范围内调制偏振态，且带宽为 100 nm。该扰偏器的工作原理与电光调制器相仿，在光纤输入端将线偏振模式分解为 TE-TM 模式，然后施加锯齿波/正弦电压，利用线性电光效应产生两模式之间的相位延迟。能够稳定地去偏振，并具有剩余的偏振度。

多模光纤加载扰偏器主要用于匀化多模光纤远场光斑的强度分布（图 2-24）。

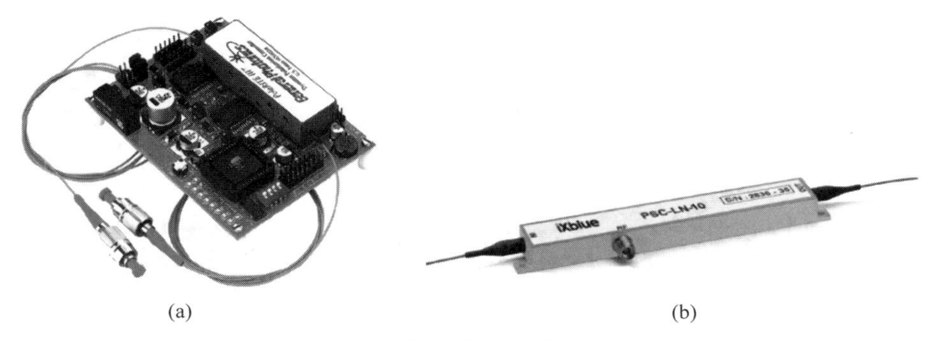

(a)　　　　　　　　　　　　(b)

图 2-23　(a)机械挤压式扰偏器和(b)高速 $LiNiO_3$ 电光扰偏器

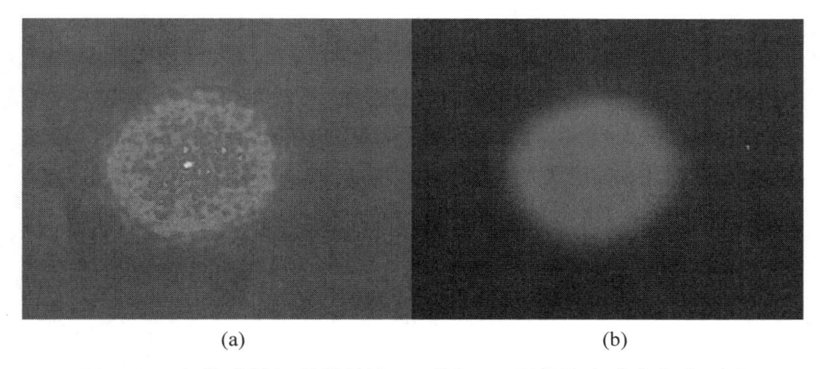

(a)　　　　　　　　　　　　(b)

图 2-24　多模光纤加载扰偏器(a)前和(b)后的输出光斑匀化对比

参考文献

[1] 阿戈沃. 非线性光纤光学[M]. 5 版. 北京：世界图书出版公司，2016.

[2] 胡永明. 保偏光纤偏振器研究[D]. 北京：清华大学，1990.

[3] BERGH R A，LEFEVRE H C，SHAW H J. Single-mode fiberoptic polarizer[J]. Optics Letters，1980，5(11)：479-481.

[4] TURNER E H，STOLEN R H. Faraday circulator or isolator[J]. Optics Letters，1981，6(7)：322-323.

[5] Lithium Niobate Electro-optic Modulators，fiber coupled[EB/NL]. http://thorlabschina.cn.

[6] 延凤平，姚毅，简水生. 基于 Lyot 型光纤消偏器的理论研究[J]. 北方交通大学学报，1995，19(3)：314-319.

第3章

光纤干涉仪的类型与光学特性

3.1 光纤干涉仪——相位调制型光纤传感器

利用外界因素引起的光纤中光波相位变化来检测各种物理量的传感器，称为相位调制型光纤传感器，其中的相位调制主要通过光纤干涉仪来实现，即干涉测量。光的干涉测量属于高灵敏度的测量方法，不仅灵敏度高，动态范围也非常大。光纤干涉仪从原理上可分为双光束干涉和多光束干涉，比较常见的干涉结构有马赫-曾德尔(Mach-Zehnder)干涉仪、迈克耳孙(Michelson)干涉仪、法布里-珀罗干涉仪、环形谐振腔干涉仪和赛格纳克(Sagnac)干涉仪等，并且都已实现光纤传感的工程应用。相位调制型光纤传感器的主要特点包括如下几点。

(1) 灵敏度高。

光学干涉法是已知最灵敏的探测技术之一。光纤干涉仪使用了数米甚至数百米以上的长光纤，使它比普通的光学干涉仪更加灵敏，且无活动部件，全固化结构稳定。

(2) 结构灵活多样。

光纤传感器的敏感单元是光纤本身，因此探头的几何形状可根据需要灵活设计。

(3) 测量对象广泛。

影响干涉仪光程的任何物理量都可用于传感。目前，利用各种类型的光纤干涉仪已开发出测量压力(包括水声)、温度、加速度、电流、磁场、液体成分等多种物理量的光纤传感器。而且同一干涉仪常可以对多种物理量进行传感。

(4) 对光纤有特殊要求。

为获得干涉效应，首先，需要同一模式的光叠加，为此要使用单模光纤。当然，采用多模光纤也可得到一定的干涉图样，但性能下降很多，信号检测也较困难。其次，为获得最佳干涉效应，两相干光的振动方向必须一致。因此，在各种光纤干涉仪中最好采用“高双折射”单模光纤。研究表明，光纤的材料，尤其是护套和外包层的材料对光纤干涉仪的灵敏度影响极大。因此，为了使光纤干涉仪对被测物理量“增敏”，对非被测物理量“去敏”，需对单模光纤进行特殊处理，以满足不同物理量的测量需要。研究光纤干涉仪时，对所用光纤的性能应予以特别注意。

本章根据参与干涉的光束数量，分双光束干涉仪和多光束干涉仪两大类，以及白光干涉仪和长程干涉仪两个特殊类型介绍典型光纤干涉仪的光学特性。

3.2 双光束干涉仪

3.2.1 马赫-曾德尔干涉仪

马赫-曾德尔(以下简称 MZ)干涉仪和迈克耳孙干涉仪都是双光束干涉仪。MZ 干涉仪的结构如图 3-1 所示。光源 S 发出的单色光经耦合器 C_1 分为 a，b 两束光，臂 a 为信号光，b 为参考光；分别经各自光路后在耦合器 C_2 处会合发生干涉，由光电检测器 D_1 和 D_2 接收。正是由于光纤的引入，很好地解决了传统光路的离散问题，实现了全一体化光纤干涉仪结构。

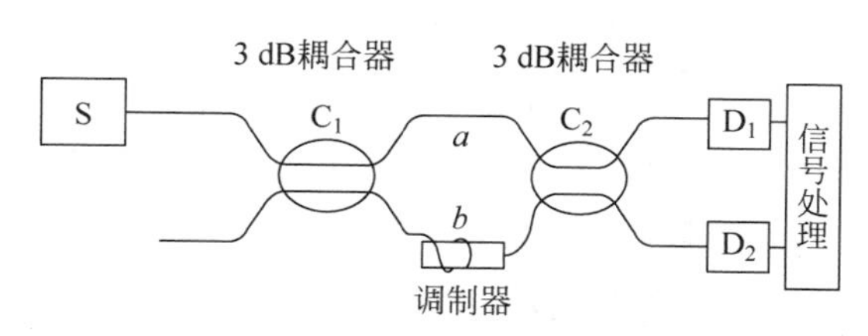

图 3-1 光纤 MZ 干涉仪的结构图

假设两臂的光信号偏振态不变且平行，则第二耦合器 C_2 的两路输出光的振幅分别为[1]

$$\begin{cases} E_1 = k_{2c}\exp(\mathrm{i}\phi_b)k_{1c}E_0(\tau_b) + k_{2t}\exp(\mathrm{i}\phi_a)k_{1t}E_0(\tau_a) \\ E_2 = k_{2t}\exp(\mathrm{i}\phi_b)k_{1c}E_0(\tau_b) + k_{2c}\exp(\mathrm{i}\phi_a)k_{1t}E_0(\tau_a) \end{cases} \tag{3-1}$$

式中，k_{ij} 为耦合器的分束比，这里 $i=1,2$ 为耦合器的编号，$j=\mathrm{t},\mathrm{c}$ 分别表示直通臂和耦合臂；$E_0(\tau_a)$ 和 $E_0(\tau_b)$ 为入射光振幅；ϕ_a 和 ϕ_b 为两臂的光程所对应的

相位。由于耦合器的耦合臂相对于直通臂有一个附加的 $\pi/2$ 相位差，所以一般直通臂的分束比写为实数，而耦合臂的分束比写为虚数，则 $k_c=\mathrm{i}k'_c$，k'_c为实数。

由于 $I=\langle E\cdot E^*\rangle$（$I$ 为光强），故得到

$$I_1=k'^2_{1c}k'^2_{2c}\langle E^2_0(\tau_b)\rangle+k^2_{1t}k^2_{2t}\langle E^2_0(\tau_a)\rangle+$$
$$2\mathrm{Re}[-k'_{1c}k'_{2c}k_{1t}k_{2t}\exp(\mathrm{i}(\phi_a-\phi_b))]\langle E_0(\tau_b)\cdot E^*_0(\tau_a)\rangle \tag{3-2}$$

定义光源的相干强度为[1]

$$\gamma(\tau_a-\tau_b)=\langle E_0(\tau_b)\cdot E_0{}^*(\tau_a)\rangle/I_0$$

则

$$I_1=I_0[k'^2_{1c}k'^2_{2c}+k^2_{1t}k^2_{2t}-2k'_{1c}k'_{2c}k_{1t}k_{2t}\gamma\cos(\phi_a-\phi_b)] \tag{3-3}$$

同理

$$I_2=I_0[k'^2_{1c}k'^2_{2c}+k^2_{1t}k^2_{2t}+2k'_{1c}k'_{2c}k_{1t}k_{2t}\gamma\cos(\phi_a-\phi_b)] \tag{3-4}$$

即

$$I_1=A-B\cos\phi \tag{3-5}$$

$$I_2=A+B\cos\phi \tag{3-6}$$

式中，A、B 是正比于光纤干涉仪输入光强的强度系数；ϕ 为干涉仪信号臂与参考臂的相位差。根据干涉对比度的定义[1]：

$$V=\frac{I_{\max}-I_{\min}}{I_{\max}+I_{\min}} \tag{3-7}$$

可求出两路输出的对比度为

$$V_1=V_2=\frac{B}{A}=\frac{2k'_{1c}k'_{2c}k_{1t}k_{2t}}{k'^2_{1c}k'^2_{2c}+k^2_{1t}k^2_{2t}}\gamma \tag{3-8}$$

则 MZ 干涉仪输出光的对比度与耦合器的分束比及相干强度有关。由式(3-8)计算可知，当耦合器的插入损耗为 3 dB(分束比 1∶1)时，干涉对比度最大。

此外，根据 MZ 干涉仪输出光波的相位差为 $\phi=2\pi nl\nu/c$，可求出相位差变化为

$$\Delta\phi=\frac{2\pi nl\nu}{c}\left(\frac{\Delta n}{n}+\frac{\Delta l}{l}+\frac{\Delta\nu}{\nu}\right) \tag{3-9}$$

式中，c 为光在真空中的速度；n 为光纤的折射率；l 为干涉仪两臂的长度差；ν 为光频率。

3.2.2 迈克耳孙光纤干涉仪

迈克耳孙光纤干涉仪由一个光纤耦合器 C、参考臂 a、信号臂 b 和光纤镀膜端面 D_a、D_b 组成。其工作原理如图 3-2 所示。

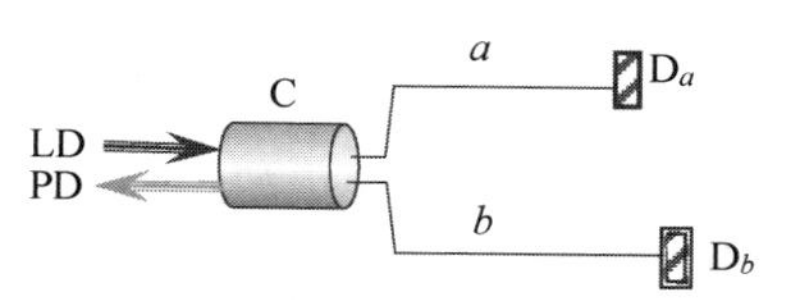

图 3-2　光纤迈克耳孙干涉仪的工作原理图
（请扫V页二维码看彩图）

单色激光源LD发出的光束经耦合器C分成二正交光束：参考光 a 和信号光 b。可分别表示为 $E_a e^{j(\omega t+2kl_0)}$ 和 $E_b e^{j(\omega t+2kl)}$。其中，E_a、E_b 分别代表两束光信号的幅度；l_0、l 为光程；k 为介质传播常数，且 $k=2\pi n/\lambda$；ω 为光频；t 为时间。两束光沿各自路径分别到达反射镜 D_a 和 D_b 之后，经反射回到耦合器C处（此时做合光器）重新合成并相干，两路光的振幅分别为

$$\begin{cases}E_1=k_c r_b \exp(i\phi_b)k_c E_0(\tau_b)+k_t r_a \exp(i\phi_a)k_t E_0(\tau_a)\\E_2=k_t r_b \exp(i\phi_b)k_c E_0(\tau_b)+k_c r_a \exp(i\phi_a)k_t E_0(\tau_a)\end{cases}\tag{3-10}$$

式中，r_a 和 r_b 分别为反射面 D_a 和 D_b 的反射率。因耦合器中干涉后的两路输出光中一路返回光源，所以须在光源之后加光隔离器以免回波干扰甚至损伤光源。因此，迈克耳孙型的输出只有第二路信号，这是迈克耳孙干涉仪和MZ干涉仪的差别之一。

采用与MZ干涉仪类似的分析方法，可得第二路输出光强信号及干涉对比度分别为

$$\begin{cases}I_2=I_0[1-Q\cos(\phi_a-\phi_b)]\\Q=2r_a r_b\gamma/(r_a+r_b)\end{cases}\tag{3-11}$$

从式(3-11)可看出，迈克耳孙型干涉仪的对比度也与相干强度有关，但与MZ型不同的是，迈克耳孙干涉仪的对比度与端面反射镜的反射率有关，而与耦合器的分束比无关。

如图3-2所示，输出的光强信号经光电探测器(PD)转换为光电流 $i_d=\bar{i}_d+\tilde{i}_d$。其中，$\bar{i}_d$ 为直流分量；$\tilde{i}_d$ 为交流分量，且 $\tilde{i}_d=Q\cos\phi(t)$。这里 Q 为合成系数，$\phi(t)=\phi_a-\phi_b=2k|l-l_0|$ 为两束光的相位差。因此，检测输出光的交流分量即可测出信号臂的相位变化量，进而得到被测信号。

由双光束干涉的原理可知，外界因素（温度、压力等）直接作用于干涉仪的传感臂，引起光纤长度 l（对应于光纤的弹性变形）和折射率 n（对应于光纤的弹光效应）的变化，由相位关系式 $\phi=\beta L$，可知

$$\Delta\phi=\beta\Delta L+L\Delta\beta=\beta L\frac{\Delta L}{L}+L\frac{\delta\beta}{\delta n}\Delta n+L\frac{\delta\beta}{\delta D}\Delta D\tag{3-12}$$

式中，β 是光纤的传播常数；L 是光纤的长度；n 是光纤材料的折射率。光纤直径的变化 ΔD 对应于波导效应。一般由 ΔD 引起的相移变化比前两项要小2～3个数量级，可以略去。式(3-12)是MZ光纤干涉仪由外界因素引起的相位变化的一般表达式。

迈克耳孙型和MZ型干涉均属于双光束干涉。这里用矢量$\boldsymbol{e}_1$和$\boldsymbol{e}_2$分别表示两光束的电场分量。设$e^2(\theta)$为两电场矢量和的模的平方，I为合成光强。理论分析可以证明，在两光束幅值相等，且均为同方向线偏振光条件下，I正比于$e^2(\theta)$，其中θ为二矢量时间和空间相对相角。由此，可得I-θ关系曲线如图3-3所示。可见，I随θ呈余弦变化规律。在$\theta=2n\pi(n=0,\pm1,\pm2,\cdots)$处有最大值；而在$\theta=(2n+1)\pi(n=0,\pm1,\pm2,\cdots)$处取值最小；当$\theta=n\pi+\pi/2(n=0,\pm1,\pm2,\cdots)$时变化最快，即此处干涉仪具有最高灵敏度。

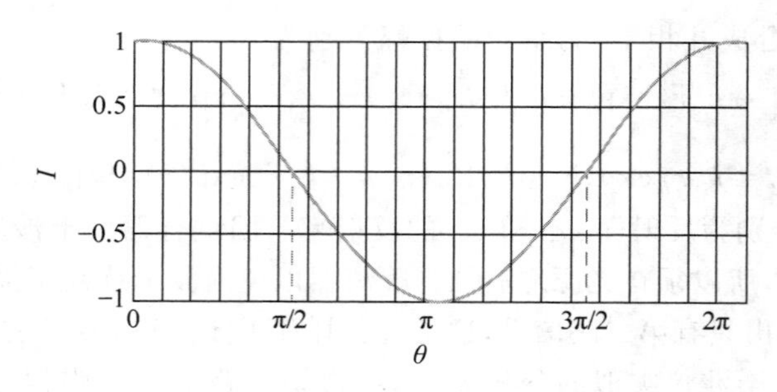

图3-3 双光束干涉的I-θ关系图

如上所述，迈克耳孙和MZ干涉仪应工作在两臂相位差为$\pi/2$的工作点，此时干涉仪的灵敏度最高。

由于在迈克耳孙干涉仪中，两路光分别到达反射面，反射后又沿原路返回，因此，光在同一段光纤中经过两次，故单位长度光纤的相移灵敏度为MZ型的两倍。

迈克耳孙和MZ两种干涉结构各有优缺点。在结构上，迈克耳孙结构中少一个耦合器，相同光纤长度的灵敏度是MZ的两倍，且干涉对比度与耦合器的分束比无关；但实现过程中，迈克耳孙结构需要防止反射光返回光源中，所以必须在光源端加隔离器，且对反射端面有严格要求。

3.2.3 赛格纳克光纤干涉仪

1. 基本原理与特点

在由同一光纤绕成的光纤圈中沿相反方向传输的两束光波，在外界因素作用下产生大小相同、方向相反的相移。通过干涉效应进行检测，就是赛格纳克光纤干涉仪的基本原理。其最典型的应用就是转动传感，即光纤陀螺。由于它没有活动部件，没有非线性效应和低转速时激光陀螺的闭锁区，因而适合制造高性能、低成本的转动检测器件。图3-4是赛格纳克光纤干涉仪的原理图。用一长为L的光纤，绕成半径为R的光纤圈。一激光束由耦合器分成两束，分别从光纤环的两端输入，再从另一端输出。两输出光叠加后将产生干涉效应，此干涉光强由光电接收器检测。

当环形光路相对于惯性空间有一转动Ω时（设Ω垂直于环路平面），则对于顺

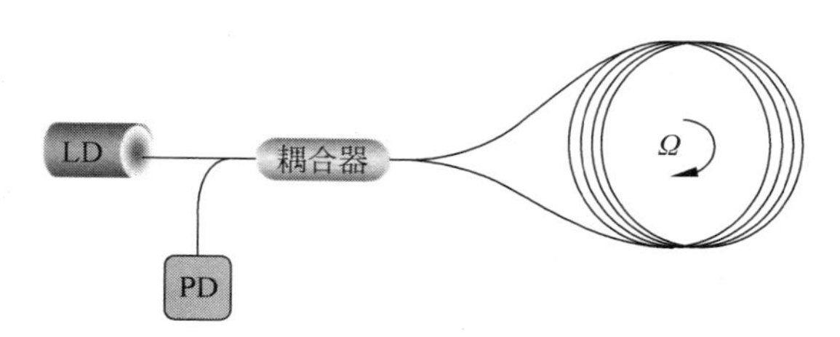

图 3-4　赛格纳克光纤干涉仪原理图
（请扫V页二维码看彩图）

时针(clockwise,CW)、逆时针(counter clockwise,CCW)传播的光，将产生一非互易的光程差：

$$\Delta L = \frac{4A}{c}\Omega \tag{3-13}$$

式中，A 是环形光路的面积；c 为真空中的光速。当环形光路是由 N 圈单模光纤组成时，对应顺、逆时针光路之间的相位差为

$$\Delta\phi = \frac{8\pi NA}{\lambda c}\Omega \tag{3-14}$$

式中，λ 是真空中的波长。

与传统机械陀螺仪相比，光纤陀螺仪的优点如下所述。

(1) 灵敏度高。

由于光纤陀螺仪可利用绕制多圈光纤的办法增加环路面积，则面积由 A 变成 AN(N 是光纤圈数)，极大地增加了相移检测灵敏度；同时并不增加仪器的尺寸。

(2) 无转动部分。

由于光纤陀螺仪是固定在被测的转动部件上，所以极大地增加了其适用范围。

(3) 体积小。

应用光纤陀螺仪测量的**难点**是对其元件、部件和系统的要求极为苛刻。例如，为了检测出 0.01°/h 的转速，设使用光纤长 L 为 1 km，工作波长 1 μm，光纤环直径为 10 cm，则由赛格纳克效应产生的相移 $\Delta\phi$ 为 10^{-7} rad，而经 1 km 长光纤后的相移为 9×10^9 rad，因此相对相移的大小为 $\Delta\phi/\phi\approx10^{-17}$。由此可见所需检测精度之高。由于赛格纳克光纤干涉仪集中体现了一般光纤干涉仪中应考虑的所有问题，因此下面讨论的问题对其他光纤干涉仪也有参考价值。

2. 4个关键问题

1) 互易性和偏振态[2]

为精确测量，需使光路中沿相反方向行进的两束相干光，只有由转动引起的非互易相移，而所有由其他因素引起的相移都应互易。这样所对应的相移才可相消，一般是采取同光路、同模式、同偏振的三同措施。

（1）同光路。

在原理性光路（图 3-4）中只用一个耦合器，于是一束光两次透射通过耦合器，另一束光则由耦合器反射两次，两者之间有附加光程差。若将光路中的一个耦合器改为两个耦合器，使得顺、逆时针传输的两束光从光源到探测器之间都同样经过两次透射、两次反射，这时则无附加光程差。

（2）同模式。

如果干涉仪中用的是多模光纤，那么当输入某一模式的光后，在光纤另一端输出的一般将是另一种模式的光，这两种不同模式的光耦合干涉后产生的相移将是非互易的和很不稳定的。因此应采用单模光纤以及单模滤波器，以保证探测到的是同模式的光叠加。

（3）同偏振态。

由于单模光纤一般具有双折射特性，也会造成一种非互易相移。且两偏振态之间的能量耦合，还将降低干涉条纹的对比度。因为双折射效应是由光纤所受机械应力及其形状的不同而引起的，所以也是不稳定的。为保证两束光的偏振态相同，通常是在光路中采用偏振态补偿和/或控制系统，以及使用能够保持偏振态特性的高双折射/保偏光纤；而采用只有一个偏振态的单偏振光纤，可以更好地解决这一问题。

2）偏置和相位调制

干涉仪所探测到的光功率为

$$P_{D}=\left(\frac{1}{2}\right)P_{0}(1+\cos\Delta\phi) \tag{3-15}$$

式中，P_0 为输入的光功率；$\Delta\phi$ 为待测的非互易量所引入的相位差。可见对于慢转动（即小 $\Delta\phi$），检测灵敏度很低。为此，必须对检测信号附加一个相位差偏置 $\Delta\phi_b$，其偏置量介于 P_D 的最大值和最小值之间，如图 3-5 所示。

偏置状态可分为 45°偏置和动态偏置两种。45°偏置时有 $P_D\propto\sin\Delta\phi$，其优点是无转动时输出为零。主要问题是偏置点本身的不稳定将给测量结果带来很大误差。动态偏置时有 $P_D(t)\propto P_0\sin(\Delta\phi)\sin(\omega_m t)$，这时无转动时输出也为零，但偏置点稳定问题却得到很大改善。相移的偏置一般采用相位调制来实现。相位调制既可以在光路中放入相位调制器，利用附加转动、磁光调制和声光调制等方法，也可以利用外差调制技术。采用磁光调制器的方案是通过外加磁场产生 45°相位偏置，使其工作在灵敏度最高处，再加上 ΔB 的正弦动态调制。声光调制的方案则是通过声光调制器来实现调制两束反向行进光的频率，产生一频差 Δf 去补偿转动所产生的相移。这样实现频率的检测就可测出转动量。

3）光子噪声

在赛格纳克型光纤陀螺中各种噪声甚多，极大地影响了系统的信噪比（SNR），

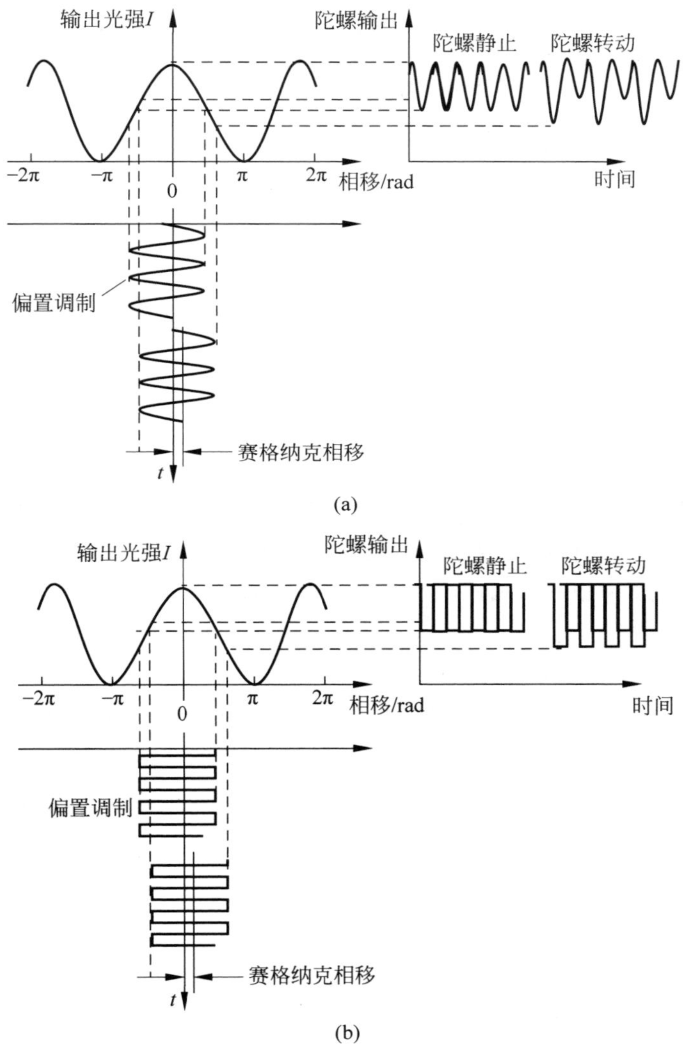

图 3-5　光功率随相位差的变化

(a) 正弦调制；(b) 方波调制

因此这是一个必须重视的问题，其中光子噪声属基本限制。噪声的大小与入射到探测器上的光功率有关。现按直流偏置计算其值的大小。在积分时间 T 内探测器上收到的平均光子数为

$$\overline{N}=\frac{P_0 T}{2h\nu} \tag{3-16}$$

其标准偏差(按泊松分布)$\sigma=\sqrt{N}$。故相位噪声的根均方值为

$$\Delta\phi_{\mathrm{rms}}=\frac{\sigma}{N}=\sqrt{\frac{h\nu}{\frac{1}{2}P_0}}\sqrt{B} \tag{3-17}$$

式中,$B=1/T$ 为接收器带宽。若 $P_0=200\ \mu\mathrm{W}$,$\nu=3\times10^{14}\ \mathrm{Hz}(\lambda=1.0\ \mu\mathrm{m})$,则

$$\frac{\Delta\phi_{\mathrm{rms}}}{\sqrt{B}}\approx10^{-7}\ \mathrm{Hz}^{-1/2} \tag{3-18}$$

对应地($\lambda=1\ \mu\mathrm{m}$,$L=1\ \mathrm{km}$,$D=10\ \mathrm{cm}$),

$$\frac{\Omega_{\mathrm{rms}}}{\sqrt{B}}=\frac{\lambda c}{2\pi LD}\frac{\Delta\phi_{\mathrm{rms}}}{\sqrt{B}}=10^{-2}\mathrm{deg}/(\mathrm{h}/\sqrt{\mathrm{Hz}})$$

4) 寄生效应的影响及减除方法[3]

(1) 直接动态效应。

作用于光纤上的温度及机械应力,会引起光纤中传播常数和光纤尺寸的变化,这将在接收器上引起相位噪声。互易定理只适用于时不变系统,若扰动源对系统中点对称,则总效果相消。因此应尽量避免单一扰动源靠一端,并应注意光纤圈的绕制技术。

(2) 反射及瑞利背向散射。

由于光纤中产生的瑞利背向散射以及各端面的反射会在光纤中产生次级波 a_1、a_2,它们与初级波 A_1、A_2 会产生相干叠加,如图 3-6 所示,这将在接收器上产生噪声。光纤中瑞利散射起因于光纤内部介质的不均匀性。散射波具有全方向性、频率不变,光强正比于 $1/\lambda^4$。设

$$\begin{cases}a_1=a_1\exp[\mathrm{i}\phi_1]\\ a_2=a_2\exp[\mathrm{i}\phi_2]\\ A_1=A_1\exp\left[\mathrm{i}\left(\phi_0+\dfrac{\Delta\phi_s}{2}\right)\right]\\ A_2=A_2\exp\left[\mathrm{i}\left(\phi_0-\dfrac{\Delta\phi_s}{2}\right)\right]\end{cases} \tag{3-19}$$

我们只考虑相干项,所以输出信号为

$$\begin{aligned}I=&I_0+\gamma_1(a_1a_2^*+a_1^*a_2)+\gamma_2[(a_1A_2^*+a_1^*A_2)+\\&(a_2A_1^*+a_2^*A_1)]+(A_1A_2^*+A_1^*A_2)\\=&I_0+2\gamma_1\mid a_1a_2\mid\cos(\phi_1-\phi_2)+\\&2\gamma_2\left\{\mid a_1A_2\mid\cos\left[\phi_1-\left(\phi_0-\frac{\phi_s}{2}\right)\right]+\right.\end{aligned}$$

$$|a_2A_1|\cos\left[\phi_2-\left(\phi_0+\frac{\phi_s}{2}\right)\right]\Big\}+$$
$$2|A_1A_2|\cos(\Delta\phi_s) \tag{3-20}$$

式中，I_0 为平均光强；γ_1 为 a_1、a_2 的相干度；γ_2 为 a_1A_2 或 a_2A_1 的相干度；A_1A_2 的相干度近似为 1；a_1A_1 或 a_2A_2 的相干度为零；$\Delta\phi_s$ 为赛格纳克相位差。

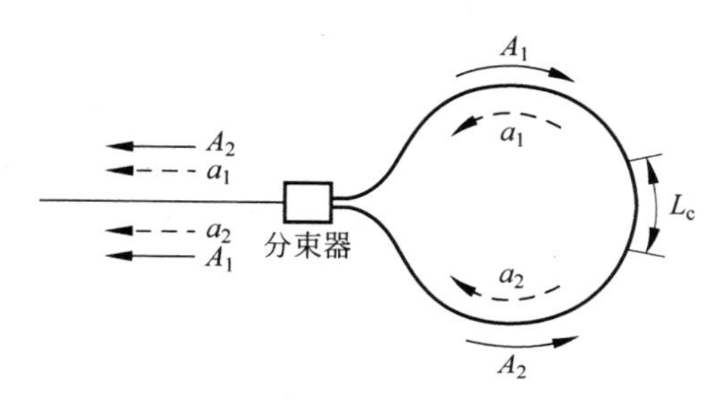

图 3-6　回路中主波和反射波示意图

由于 a_1 与 a_2，a_1 与 A_2 及 a_2 与 A_1 的非互易性，它们的干涉项对 $\Delta\phi_s$ 的测量值有不同程度的贡献，因此带来相位或角速度测量误差。对于 1 km 长的光纤，瑞利背向散射造成的最大相位误差为 10^{-2} rad；对于直径 $D=10$ cm，$\lambda=1$ μm 的光纤陀螺，相应的角速度误差为 10^3 rad/h 量级。

为了减少瑞利背向散射带来的相位误差，方法之一是采用相干长度短的光源。超辐射发光二极管（SLD）是公认的较理想的光源，它的特点是空间相干性好，时间相干性差。另一种方法是在光纤圈的一端设置交变的相位调制，选取合适的调制频率，可以使光纤圈中心点 $\pm L/2$ 附近的背向散射光对输出信号的贡献为零。可见调制技术既可以使偏置点稳定，又能够分离信号与背向散射噪声。上述措施可将瑞利背向散射噪声降至量子噪声以下。

（3）法拉第效应。

在磁场中的光纤圈由于法拉第效应会在光纤陀螺中引起噪声：引入非互易圆双折射（光振动的旋转方向与光传播方向有关），叠加在原有的互易双折射上。这影响的大小取决于磁场的大小及方向。例如，在地磁场中，其效应大小为 10°/h。较有效的消除办法是把光纤系统放在磁屏蔽盒中。

（4）光克尔效应。

光克尔效应是由光场引起的材料折射率的变化。在单模光纤中这意味着导波的传播常数是光波功率的函数。在光纤陀螺的情况下，对于熔石英这种线性材料，当正、反两列光波的功率相差 10 nW 时，就足以引起（对惯性导航）不可忽略的误差。因此，对于总功率为 100μW 的一般情况，这要求功率稳定性优于 10^{-4}。为减少这种效应所引起的误差，目前有三种办法：①控制分束器的分光比 K，使 $K=1/2$，这时克尔效应的相位误差为零；②利用占空比为 1/2 的宽频谱光源（如超辐射发光二极管），对各波长分量求和，这时克尔效应所引起的相位误差的平均值为零；③对光源进行强度调制，也可使误差减少 1～2 个数量级。

3. 误差分析举例

上面分析了各种误差源，现举一误差分析的计算实例[4]。计算的原则是：总误差等精度分配在各误差源上，为系统设计提供一个参考数据。下面考虑瑞利背向散射、法拉第效应、克尔效应以及偏振效应等 4 种误差源。设光纤陀螺的总精度为 $\Delta\Omega=0.01°/\text{h}$，则每个误差源的分配精度为 $\delta\Omega=\Delta\Omega/\sqrt{4}=0.005°/\text{h}$（4 是指误差源为 4 个）。

1）瑞利背向散射误差

为使问题简化，现将式(3-19)中的 a_1、a_2 的干涉项忽略，并从最坏的情况考虑瑞利背向散射带来的相位误差，即

$$\Delta\phi_{\text{Rmax}}=2\Delta\phi=2\sqrt{\frac{I_{\text{s}}}{I_{\text{P}}}} \tag{3-21}$$

式中，$\Delta\phi_{\text{Rmax}}$ 为最大相位误差；I_{s} 为背向散射光强；I_{P} 为 CW 或 CCW 主波强度。另外，假设光纤中存在一个散射中心，其背向散射光在总散射光中占 P 份，则

$$P=\pi\frac{(NA)^2}{4\pi}=\frac{1}{4}(NA)^2 \tag{3-22}$$

式中，NA 为光纤的数值孔径。对于单模光纤，NA 为 0.1～0.2，那么

$$\frac{I_{\text{s}}}{I_{\text{P}}}=Pa_{\text{s}}\frac{L}{2}=\frac{1}{8}(NA)^2a_{\text{s}}L \tag{3-23}$$

式中，a_{s} 为光的衰减系数；L 为光纤长度。这样

$$\Delta\phi_{\text{Rmax}}=(NA)\left[\frac{1}{2}a_{\text{s}}L\right]^{1/2} \tag{3-24}$$

设 $a_{\text{s}}=1.15\times10^{-4}\text{m}^{-1}$（0.5 dB/km），$L=1$ km，$NA=0.1$，由式(3-24)可得 $\Delta\phi_{\text{Rmax}}=0.024$ rad，相当于 $D=10$ cm，$\lambda=1\ \mu\text{m}$ 的光纤陀螺角速度误差 $\Delta\phi_{\text{Rmax}}=2363°/\text{h}$。

实际应用中有两个措施可降低由瑞利背向散射带来的相位误差。

第一条措施是采用相干长度小的光源。例如，采用相干长度为 0.5 mm 的激光，可以将 $\Delta\phi_{\text{R}}$ 降低 3 个数量级，$\Delta\phi\leqslant3\times10^{-5}$ rad。要想将 $\Delta\phi_{\text{Rmax}}$ 限制在设计精度 0.005°/h 范围内，误差要减小 6 个数量级，相干长度要降低 12 个数量级。即使采用相干长度只有 3 μm 的超辐射发光二极管，预计也只能将 $\Delta\Omega_{\text{R}}$ 降至 0.1°/h 左右——比设计精度高出近两个数量级。

第二条措施是在光纤圈一端设置交变相位调制器(PM),为了提高灵敏度,同时在另一端加固定 $\pi/2$ 相位偏置。这样相干的主波和背向散射波分别为

$$A_1 = A_1 \exp\left\{\mathrm{i}\left[\phi_0 + \phi(t-\tau) + \frac{\Delta\phi_s}{2} + \frac{\pi}{2}\right]\right\}$$

$$A_2 = A_2 \exp\left\{\mathrm{i}\left[\phi_0 + \phi(t) - \frac{\Delta\phi_s}{2} + \frac{\pi}{2}\right]\right\}$$

$$a_1 = a_1 \exp\{\mathrm{i}[\phi_1 + \phi(t-\tau) + \phi(t)]\}$$

$$a_2 = a_2 \exp\{\mathrm{i}[\phi_2 + \pi]\}$$

式中,$\phi(t)=\phi_m \sin(\omega_m t)$;$\tau$ 为 A_1 和 A_2 到达相位调制器的时间差;ϕ_0,ϕ_1 和 ϕ_s 是与路径有关的常相位;$\Delta\phi_s$ 是赛格纳克相移。式(3-19)中各干涉项分别为

$$\begin{cases}(a_1^* a_2 + a_1 a_2^*) = 2\mid a_1 a_2 \mid \cos[\phi(t-\tau)+\phi(t)+\phi_1-\phi_2] \\ (a_1^* A_2 + a_1 A_2^*) = 2\mid a_1 A_2 \mid \sin\left[\phi(t-\tau)+\phi_1-\phi_0+\dfrac{\Delta\phi_s}{2}\right] \\ (a_2^* A_1 + a_2 A_1^*) = 2\mid a_2 A_1 \mid \sin\left[\phi(t-\tau)+\phi_0+\dfrac{\Delta\phi_s}{2}-\phi_2\right] \\ (A_1^* A_2 + A_1 A_2^*) = 2\mid A_1 A_2 \mid \cos[\phi(t-\tau)-\phi(t)+\Delta\phi_s]\end{cases} \tag{3-25}$$

式中,

$$\begin{aligned}\phi(t-\tau)+\phi(t) &= 2\phi_m \cos\left(\omega_m \frac{\tau}{2}\right)\sin\left[\omega_m\left(t-\frac{\tau}{2}\right)\right] \\ &= \psi_m \sin\left[\omega_m\left(t-\frac{\tau}{2}\right)\right] \\ \phi(t-\tau)-\phi(t) &= 2\phi_m \sin\left(\omega_m \frac{\tau}{2}\right)\sin\left[\omega_m\left(t-\frac{\tau}{2}\right)-\frac{\pi}{2}\right] \\ &= \theta_m \sin\left[\omega_m\left(t-\frac{\tau}{2}\right)-\frac{\pi}{2}\right]\end{aligned}$$

式中,θ_m 和 ψ_m 为调制深度,可以控制 $\theta_m=1.8\ \mathrm{rad}$,使得包含赛格纳克相位差信息的一阶贝塞尔函数取最大值,以获得最大的灵敏度。另外,从式(3-25)可看出 a_1a_2 干涉信号与 A_1A_2 干涉信号正交,若沿 A_1A_2 干涉信号取最大值的方向上分解信号,可使散射光 a_1a_2 干涉项对 $\Delta\phi_R$ 的贡献为零。

理论分析表明,选取合适的调制频率,例如,$f_m=1/(1.36\tau)$时,背向散射误差为零。而一般 f_m 选取在 $1/(2\tau)$处,正是散射误差取最大值的地方。另外,若将调制频率稳定度和调制深度误差分别控制在 $10^{-5}\sim10^{-3}$,就可将光源的相干长度放宽至几十厘米,从而可以获得惯性导航级陀螺性能。总之,通过采用超辐射发光二极管作为光源,并通过适当的相位调制,可以使 $\Delta\Omega_R<0.005°/\mathrm{h}$。

2）法拉第效应误差

地磁法拉第效应带来的角速度漂移一般为10°/h。理论分析表明，只采用高双折射光纤还不能将角速度漂移控制在分配精度范围内，同时必须对光纤圈进行磁屏蔽，这样至少可以降低两个数量级。因而完全满足分配要求。

3）克尔效应误差

克尔效应是三阶非线性光学效应，在单模光纤中，CW和CCW光波的传播常数分别为

$$\begin{cases}\beta_{\mathrm{CW}}=\beta+\Delta\beta_{\mathrm{CW}}=\gamma[I_{\mathrm{CW}}+2I_{\mathrm{CCW}}]\\ \beta_{\mathrm{CCW}}=\beta+\Delta\beta_{\mathrm{CCW}}=\gamma[I_{\mathrm{CCW}}+2I_{\mathrm{CW}}]\end{cases} \tag{3-26}$$

式中，γ 为常数。若 $I_{\mathrm{CW}}\neq I_{\mathrm{CCW}}$，那么，传播常数误差为

$$\Delta\beta=\beta_{\mathrm{CW}}-\beta_{\mathrm{CCW}}=\gamma[I_{\mathrm{CCW}}-I_{\mathrm{CW}}] \tag{3-27}$$

$\Delta\beta$ 必然导致相位误差或角速率误差 $\Delta\Omega_{\mathrm{K}}$：

$$\begin{aligned}\Delta\Omega_{\mathrm{K}}&=\frac{C}{R}\eta n_{\mathrm{a}}\delta(1-2K)\left|\frac{\langle I_0^2(t)\rangle-2\langle I_0(t)\rangle^2}{\langle I_0(t)\rangle}\right|\\ &=\frac{C}{R}\eta n_{\mathrm{a}}\delta\langle I_0(t)\rangle(1-2K)\left|\frac{\langle I_0^2(t)\rangle}{\langle I_0(t)\rangle^2}-2\right|\end{aligned} \tag{3-28}$$

式中，η 为介质阻抗；n_{a} 为克尔介质常数；δ 为与模式横向分布有关的因子；K 为DC的分光比。若 $\Delta\Omega\leqslant 0.005°/\mathrm{h}$，$C/R=6\times10^9\,\mathrm{s}^{-1}$，$\eta n_{\mathrm{a}}\delta=10^{-14}\ \mu\mathrm{m}$，$\langle I_0(t)\rangle\approx 1\ \mu\mathrm{W/mm^2}$，使用强度稳定的连续波光源 $\langle I_0^2(t)\rangle/\langle I_0(t)\rangle^2\approx1$，那么分光比 $K=0.5\pm(2\times10^{-4})$。对分光比 K 要求如此之高，实际上做不到。可是，一些热光源如超辐射发光二极管，其占空比为1/2，满足 $\langle I_0^2(t)\rangle=2\langle I_0(t)\rangle^2$。由式(3-28)知，$\Delta\Omega_{\mathrm{K}}\to0$。因此，在光纤陀螺中超辐射发光二极管是极为理想的光源。

用多纵模半导体激光器，也可以降低 $\Delta\Omega_{\mathrm{K}}$，因为

$$\left|\frac{\langle I_0^2(t)\rangle-2\langle I_0(t)\rangle^2}{\langle I_0(t)\rangle^2}\right|=\frac{1}{N} \tag{3-29}$$

式中，N 为模式数量，若 $N=10$，$\Delta\Omega_{\mathrm{K}}$ 就可下降一个数量级。实际上使用半导体激光器 $N\geqslant50$，则 $\Delta\Omega_{\mathrm{K}}$ 可以下降1～2个数量级。这样，K 的精度要求可以放宽至 10^{-2}。尽管如此，使 $\left|K_{\frac{1}{2}}\right|\leqslant10^{-2}$ 实际上仍有一定困难。

4）偏振误差

在光纤陀螺中偏振器不良、光纤内正交偏振模之间的能量耦合等都会带来偏振误差，以相位差 $\Delta\phi_{\mathrm{b}}$ 的形式给出，考虑振幅比的一级近似，$\Delta\phi_{\mathrm{bmax}}$ 为

$$\Delta\phi_{\mathrm{bmax}}=\varepsilon\left|\frac{a_B}{a_A}\right|\left|\frac{t_{AB}+t_{BA}}{t_{AA}}\right|=2\varepsilon\left|\frac{a_B}{a_A}\right|\frac{|t_{AB}|}{|t_{AA}|} \tag{3-30}$$

式中，a_B 和 a_A 分别为与偏振器透光轴正交和平行的入射光的振幅分量；$|t_{AB}|=|t_{BA}|$ 为两正交偏振模之间的振幅耦合系数；$|t_{AA}|$ 为 a_A 偏振态的振幅透过系数。若 $\Delta\Omega_b \leqslant 0.005°/h$，即 $\Delta\phi_{bmax}=2.5\times10^{-8}$ rad，则首先必须采用高双折射光纤，h 参数目前达到 $10^{-6}\,m^{-1}$。此时，$|t_{AB}/t_{AA}|\approx0.33(L=1\ km)$；其次使 $|a_B/a_A|\leqslant10^{-2}$，由式(3-30)可得 $\varepsilon=8.3\times10^{-5}$，相当于偏振器的消光比为 80 dB。目前商用偏振器的消光比典型值为 60 dB 左右，实现 80 dB 的消光比要求技术上尚有困难。不过 $\Delta\phi_{bmax}$ 是最坏的结果，因此，实际上对偏振器的要求可放宽。

以上讨论了光纤陀螺中最基本的四种误差源和在一定范围内限制误差大小所应采取的措施。光纤陀螺的实际工作环境较恶劣，还会引入其他的角速度误差，因此必须采取其他附加的措施。例如，光纤陀螺的工作温度一般为 −40～50 ℃，而温度的改变对光纤圈、相位调制器、光纤耦合器都有较严重的影响。实际测量结果表明，温度改变 1 ℃，比例因子变化 5%，所以必须对光纤进行温度控制或补偿。此外，应力也引入附加相位误差，这对光纤陀螺的装配工艺（特别是光纤圈绕制技术）提出了较高的要求。最终，光纤陀螺的精度极限受量子噪声的限制[5]。

3.3 光纤 F-P 干涉仪——双光束与多光束干涉

3.3.1 引言

光纤法布里-珀罗传感器（optical fiber Fabry-Perot sensor，简称光纤 F-P 传感器）是用光纤构成的 F-P 干涉仪。目前，此干涉仪中的光纤 F-P 腔主要有本征型、非本征型、线型复合腔三种典型结构。本征型指 F-P 腔由光纤构成，而非本征型是利用两光纤端面（两端面有/无高反射膜）之间的空气隙构成一个腔长为 L 的微腔（图 3-7）。其中，非本征型是目前性能最好、应用最为广泛的一种。

当相干光束沿光纤入射到此微腔时，光纤在微腔的两端面反射后沿原路返回并相遇而产生干涉，其干涉输出信号与此微腔的长度相关。当外界参量（力、变形、位移、温度、电压、电流、磁场等）以一定方式作用于此微腔时，其腔长 L 发生变化，导致其干涉输出信号也发生相应变化。根据此原理，就可以从干涉信号的变化导出微腔的长度，进而得到外界参量的变化量，实现对应参量的传感。例如，将光纤 F-P 腔直接固定在变形对象上，则对象的微小形变直接传递到 F-P 腔，导致输出干涉光的变化，从而形成光纤 F-P 应变/应力/压力/振动等传感器；将光纤 F-P 腔固定在热膨胀系数线性度好的热膨胀材料上，使腔长随热膨胀材料的伸缩而变化，则构成了光纤 F-P 温度传感器；若将光纤 F-P 腔固定在磁致伸缩材料上，则构成了光纤 F-P 磁场传感器；将光纤 F-P 腔固定在电致伸缩材料上，则构成了光纤 F-P

电压传感器。

由图 3-7 可知，在光纤 F-P 传感器系统中，光纤 F-P 腔是作为传感单元获取被测参量信息。为了实现不同参量的传感，光纤 F-P 腔可有不同的结构形式，进而有不同的传感特性。此外，光纤 F-P 腔获取的信号必须经过处理，才可以得到预期的结果，而这个信号处理就是光纤 F-P 传感器的信号解调。光纤 F-P 传感器的解调方法主要有强度解调和相位解调两大类，而其中相位解调的难度较大，但更能突出其优点——探索空间广、实施方案较多，因而也是目前实际应用最多的解调方法。

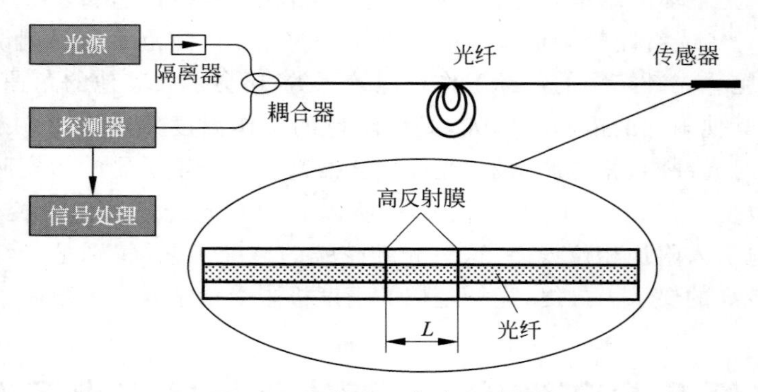

图 3-7　光纤 F-P 传感器原理图

（请扫Ⅴ页二维码看彩图）

3.3.2　基本原理

光纤 F-P 传感器是从图 3-8 所示的光学 F-P 干涉仪发展而成。光学 F-P 干涉仪是由两块端面镀有高反射膜、间距为 L、相互严格平行的光学平行平板组成的光学谐振腔（简称 F-P 腔）。若两个镜面的反射率皆为 R，入射光波波长与光强分别为 λ 和 I_0，根据多光束干涉的原理，光学 F-P 腔的反射与透射输出 I_{R} 和 I_{T} 分别为

$$\begin{cases} I_{\mathrm{R}} = \dfrac{2R(1-\cos\Phi)}{1+R^2-2R\cos\Phi} I_0 \\ I_{\mathrm{T}} = \dfrac{(1-R)^2}{1+R^2-2R\cos\Phi} I_0 \end{cases} \tag{3-31}$$

式中，Φ 为光学位相，且

$$\Phi = \frac{4\pi}{\lambda} \cdot n_0 L \tag{3-32}$$

式中，n_0 是腔内材料的折射率，当腔内材料为空气时，$n_0 \approx 1$。当用两光纤端面代替光学 F-P 干涉仪的两反射镜时，图 3-8 的光学 F-P 干涉仪就演化成了图 3-7 的光

纤 F-P 传感器。对于图 3-8 的光学 F-P 干涉仪而言，其输出信号既可利用式(3-31)的反射光，又可利用透射光；但对于图 3-7 的光纤 F-P 传感器，则只能利用反射光。

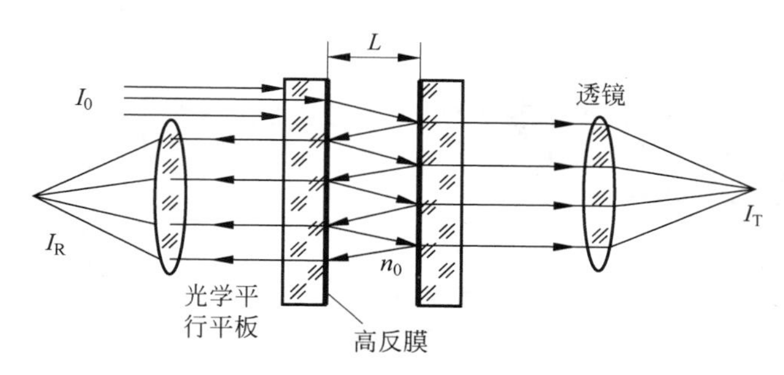

图 3-8　光学 F-P 干涉仪原理示意图

当镜面反射率 R 降低时，可用双光束干涉代替多光束干涉，则式(3-31)中的 I_R 可近似简化为

$$I_R = 2R \cdot (1 - \cos\Phi) \cdot I_0 = D + C \cdot \cos\Phi \tag{3-33}$$

由于式(3-31)、式(3-33)皆是干涉输出，因此要求注入光纤 F-P 传感器的光束一定是相干光，这就不但要求图 3-7 中的光源是相干光源，而且还要求图中的光纤是单模光纤。

3.3.3　分类及特点

根据光纤 F-P 腔的结构形式，光纤 F-P 传感器主要可以分为本征型光纤 F-P 传感器(intrinsic Fabry-Perot interferometer，IFPI)、非本征型光纤 F-P 传感器(extrinsic Fabry-Perot interferometer，EFPI)和线型复合腔光纤 F-P 传感器(in-line Fabry-Perot，ILFE)三种。

1. 本征型光纤 F-P 传感器

本征型光纤 F-P 传感器是研究最早的一种光纤 F-P 传感器。它是将光纤截为 A、B、C 三段，并在 A、C 两段与 B 段相邻的端面镀上高反射膜，再与 B 段光纤熔接，如图 3-9 所示。此时 B 段的长度 L 就是 F-P 腔的腔长 L，显然这是本征型光纤 F-P 传感器。由于光纤 F-P 传感器的腔长 L 一般只有数十微米，因此 B 段的加工难度很大。

此外，由式(3-31)可知，作为谐振腔的 B 段光纤，其长度 L 以及折射率 n 都会受到外界参量作用的影响，导致输出成为一个 L、n 的双参数函数。因此，在实际使用时如何区分这两个参数的影响，也成为一个难题。

2. 非本征型光纤 F-P 传感器

非本征型光纤 F-P 传感器，是目前应用最为广泛的一种光纤 F-P 传感器。它

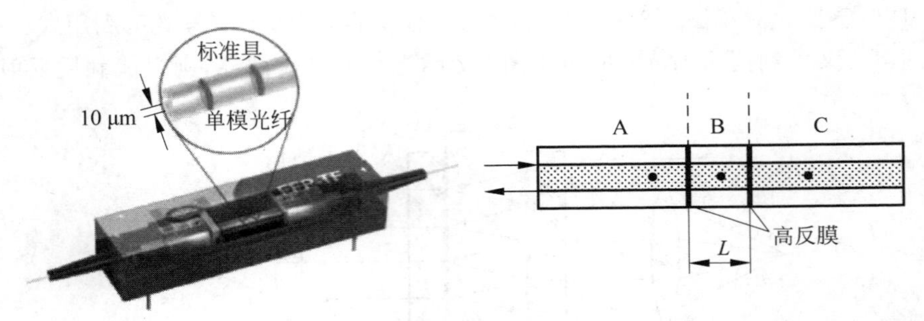

图 3-9　本征型光纤 F-P 传感器原理图

（请扫Ⅴ页二维码看彩图）

是由两个端面镀膜的单模光纤，端面严格平行、同轴，密封在一个长度为 D、内径为 d（$d \geqslant 2a$，这里 $2a$ 为光纤外径）的特种管道内而成（图 3-10）。由于其结构特点，它具有以下优点：

（1）**腔长易控**。光纤 F-P 腔的装配过程中，易于用特种微调机构调整和精确控制腔长 L。

（2）**灵敏度可调**。由于光纤 F-P 腔的导管长度 D 大于且不等于腔长 L，且 D 是传感器的实际敏感长度，因此可通过改变 D 的长度来控制传感器的灵敏度。

（3）**F-P 腔是 L 的单值函数**。F-P 腔是由空气间隙组成的，其折射率 $n_0 \approx 1$，故可近似认为 F-P 腔是 L 的单参数函数。

（4）**温度特性优**。当导管材料的热膨胀系数与光纤相同时，导管受热伸长量与光纤受热伸长量相同，则可基本抵消由材料热胀冷缩引起的腔长 L 的变化，故非本征型光纤 F-P 传感器温度特性远优于本征型光纤 F-P 传感器，其受温度的影响可以忽略不计。

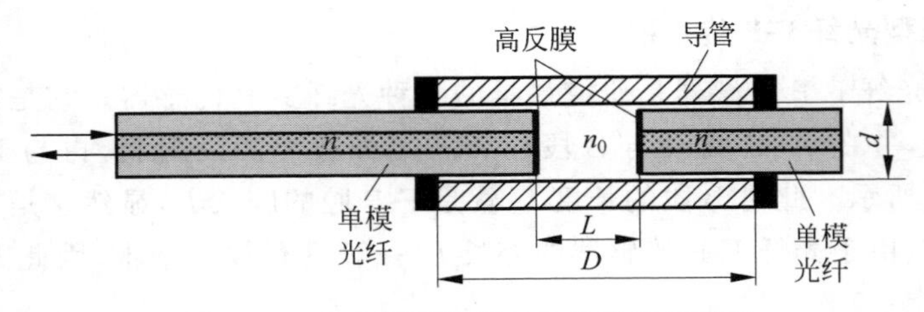

图 3-10　非本征型光纤 F-P 传感器原理图

如果传感器在运输、安装等过程中受到较大拉力，则两光纤间距（即 F-P 腔腔长 L）将可能变得过长、两端面将可能不再平行，导致光束不能在两端面之间多次反射，更不可能返回原光纤，从而导致传感器失效。为此，可以采用图 3-11 的改进型结构，通过设置过渡的缓冲间隙，加以解决[7]。

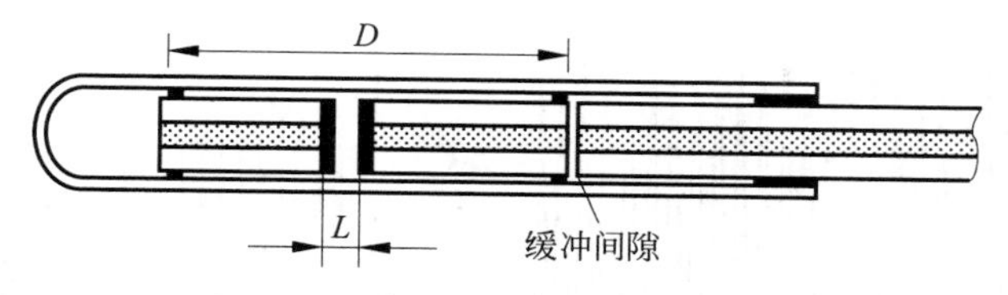

图 3-11　改进型 EFPI 传感器原理图

式(3-31)中,假设了由单模光纤出射的光束为平行光,因而其能够在 F-P 腔内多次反射,并完全返回单模光纤。但实际光线由光纤出射时为发散光束(图 3-12),且在光纤外部传输,因此只有部分光能返回入射光纤,从而造成反射耦合的损失,而这个损失 $\alpha(L)$ 与单模光纤的芯径 $2a$、接收角 θ_c,以及 F-P 腔的腔长 L 有关。根据波动光学原理,在单色光的条件下,此损耗近似为

$$\alpha(L)=\left(\frac{\alpha}{\alpha+L\cdot\tan\theta_c}\right)^2 \tag{3-34}$$

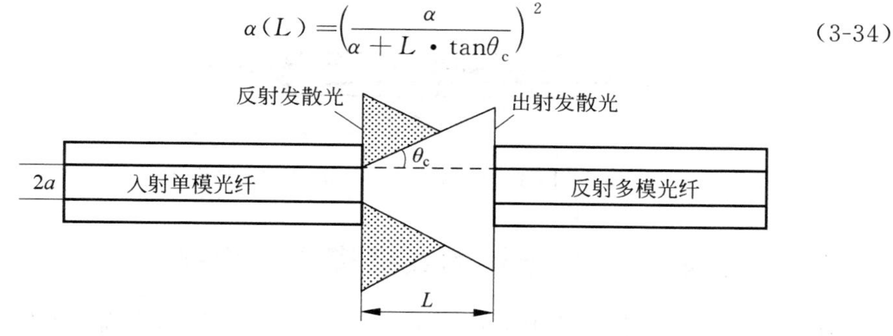

图 3-12　腔长及光纤发散角对 F-P 腔插入损耗影响

由于 $\alpha(L)$ 的影响,式(3-31)成为

$$I_R=\frac{R[1+\alpha^2(L)-2\cdot\alpha(L)\cdot\cos\Phi]}{1+R^2\cdot\alpha^2(L)-2\cdot R\cdot\alpha(L)\cdot\cos\Phi}I_0 \tag{3-35}$$

显然式(3-31)与式(3-35)有明显的差异。两式所对应的输出曲线如图 3-13 所示。从图 3-13 可以看出,实际的非本征型光纤 F-P 传感器的输出强度会随着腔长 L 的变化而改变,因而会对后续信号处理带来一定的困难;而本征型光纤 F-P 传感器由于光束永远在光纤内传播,则不存在这个问题。

3. 线型复合腔光纤 F-P 传感器

线型复合腔光纤 F-P 传感器原理示意如图 3-14 所示,它是将图 3-9 中的 B 段光纤,用与光纤外径相同的导管代替而成,因此它是本征型与非本征型的复合结构,兼有两者的部分特点[7]。但与本征型光纤 F-P 传感器的加工工艺难题一样,要求微管长度 L 的加工工艺精度到微米数量级,其难度同样很大。因此这种传感器实际研究得极少,也几乎没有工程化方面的报道。

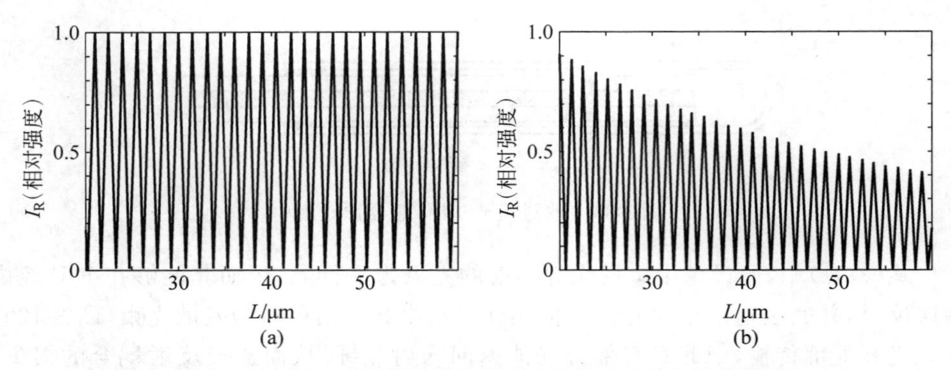

图 3-13　光纤 F-P 腔的腔长变化对实际输出干涉条纹的影响

(a) 无腔长损耗的理想输出；(b) 考虑腔长损耗的实际输出

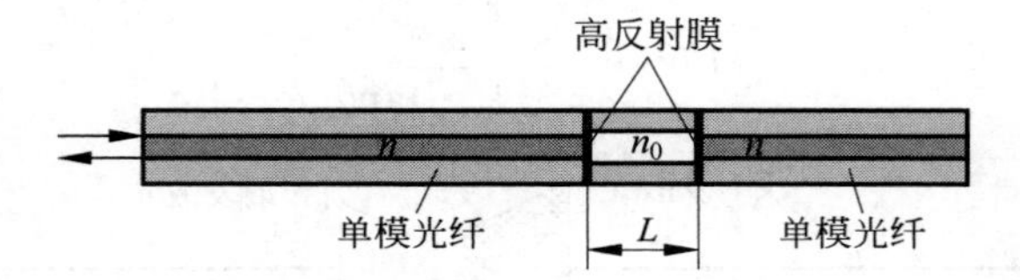

图 3-14　线型复合腔光纤 F-P 传感器原理图

3.3.4　短腔 F-P 结构的共振模式与增强

常规 F-P 腔的腔长为几十微米至几百微米，而研究发现，由高反射界面组成的短腔（微米或亚微米）光纤 F-P 传感器，可具有更高的耦合效率和信噪比，能够有效提高传感灵敏度。

在光纤端面制作金光栅-介质-金膜的微纳谐振结构，可激发不同于常规 F-P 腔的多种谐振模式——包括局域表面等离子体共振（localized surface plasmon resonance，LSPR）模式、表面等离激元-布洛赫波（SPP-Bloch waves，SPP-BW）、TM_0 和 F-P 模式。这里主要讨论光栅周期、介质层厚度对微纳谐振腔反射谱的影响，并给出了采用有限时域差分法计算得到的不同谐振模式的电场分布。

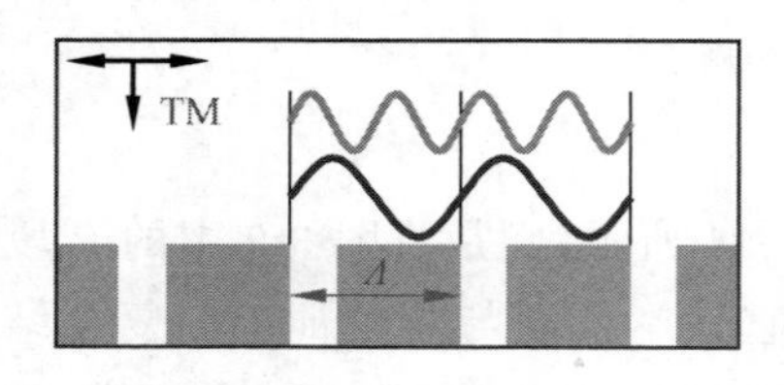

图 3-15　金属光栅的布洛赫模式示意图

（请扫Ⅴ页二维码看彩图）

当电磁波入射到光栅表面时，其波矢会发生改变。光栅结构激发的是一种特殊的表面等离激元（SPP）——表面等离激元-布洛赫波，其波长与光栅周期和入射介质相关（图 3-15）。一旦光栅的阵列周期 Λ 确定，即可得到布洛赫模式的波长。

当一层介电常数为 ε_1 介质夹在两块介电常

数为 ε_2 的半无限大金膜之间，并且相距很近时，就会形成金属-介质-金属（metal-insulator-metal，MIM）波导结构。分析 MIM 波导所支持的传导模式，即求解金属包覆平板介质波导结构的本征方程（3-36），可得如图 3-16 所示的 MIM 波导模式色散曲线。

$$\kappa_1 d = m\pi + 2\phi \quad (m = 0,1,2,\cdots) \tag{3-36}$$

$\phi^{TE} = \arctan\left(\frac{\alpha_2}{\kappa_1}\right)$，$\phi^{TM} = \arctan\left(\frac{\varepsilon_1}{\varepsilon_2}\frac{\alpha_2}{\kappa_1}\right)$，这里 $\kappa_1 = \sqrt{k_0^2\varepsilon_1 - \beta^2}$，$\alpha_2 = \sqrt{\beta^2 - k_0^2\varepsilon_2}$。

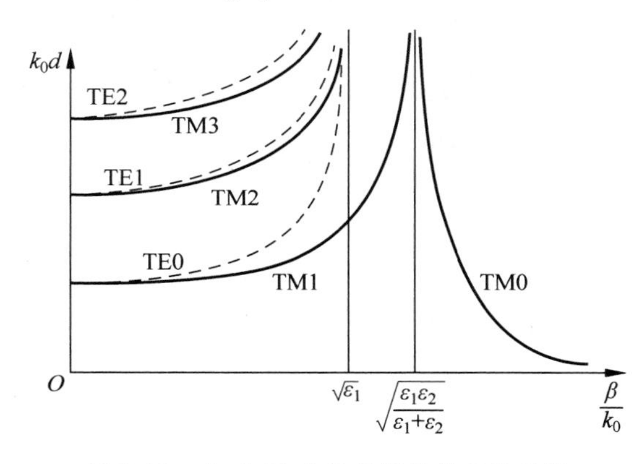

图 3-16　金-介质-金波导结构的色散曲线

从图 3-16 中可以看到，TM_0 和 TM_1 是 MIM 结构的两个特殊模式。当 MIM 结构中间介质层厚度 d 趋近于无限大时，MIM 结构变为两个独立金属-介质界面，这两个传播模式的传播常数趋近于 SPR（surface plasmonic resonance）的传播常数，因此，SPR 波可以看作 TM_0 和 TM_1 两个导模的特殊情况。此外，还可以看出 TM_0 模式不存在截止厚度，即无论两金膜间距多大，总存在 TM_0 模式。

当入射端变金膜为金光栅时，入射层金膜被截断，TM_0 模式发生反射。求解波动方程，并设谐振腔两界面的反射系数相同，则当且仅当满足式（3-36）时，反射光谱会出现共振。

$$\pi k = \mathrm{Re}(n_{\mathrm{eff}})k_0 L + \mathrm{Angle}(r), \quad k \in Z \tag{3-37}$$

式中，等效折射率 $n_{\mathrm{eff}} = \beta/k_0$，这里 β 是 TM_0 模的传播常数；Angle 代表提取复数幅角的函数。

在光纤端面-金膜构成的 F-P 腔结构中，为了匹配金膜的高反射率，需要对光纤端面做镀膜处理以提高干涉条纹的对比度。

当两反射面反射率较高且相同时，根据耦合系数（式（3-38））与腔长的关系（图 3-17）可知，腔长越短，能量耦合系数越高，即光的发散对反射率的影响越小。因此，短腔长有利于获得高对比度的光纤端面 F-P 腔共振模式。

$$I=\frac{R_1+\xi R_2-2\sqrt{\xi R_1R_2}\cos\delta}{1+\xi R_1R_2-2\sqrt{\xi R_1R_2}\cos\delta}I_0$$

$$\xi=\frac{4\left[1+\left(\frac{2\lambda L}{\pi N_0w_0^2}\right)^2\right]}{\left[2+\left(\frac{2\lambda L}{\pi N_0w_0^2}\right)^2\right]^2} \tag{3-38}$$

式中，I_0 为入射光的强度；R_1 和 R_2 分别为光纤端面和金膜的反射率；ξ 为光在 F-P 腔内传输的耦合系数；δ 是两束相干光的相位差；θ 为入射角；λ 为入射光波长；N_0 为 F-P 腔介质折射系数；w_0 为模场半径。当取空气介质和单模光纤时，N_0 和 w_0 分别为 1 μm 和 4.9 μm。

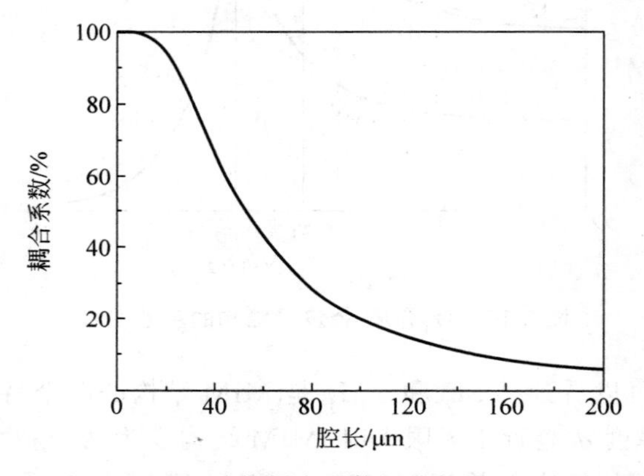

图 3-17　F-P 腔的耦合系数与腔长的关系曲线

通过前面的讨论不难发现，腔长为波长量级的 MIM 结构恰好同时满足了 F-P 共振模式和 SPR 共振模式的形成条件。图 3-18 绘制了当入射光为 TM 模式(图(a))和 TE 模式(图(b))时，光栅-介质-金膜谐振腔的反射光谱随介质层厚度的变化规律。图中设计的金光栅周期 $P=900$ nm，光栅高度 $t_g=120$ nm，光栅宽度为 $W=800$ nm，金薄膜反射镜厚度 $t_m=100$ nm。

观察图 3-18 可以看到，谐振腔中存在三种不同的谐振模式——TM_0 SPR 波、布洛赫表面波和 F-P 共振波。其中，一阶 F-P 共振模式和 TM_0 SPR 模式在介质层厚度 400 nm 附近有交点。这一现象为增强短 F-P 腔的共振效应提供了新的思路。由电场图(图(c)和图(d))可以看到，随光栅周期 P 的增加，电场能量被分散，耦合到波导模式的能量减少，导致共振模式强度越来越弱。

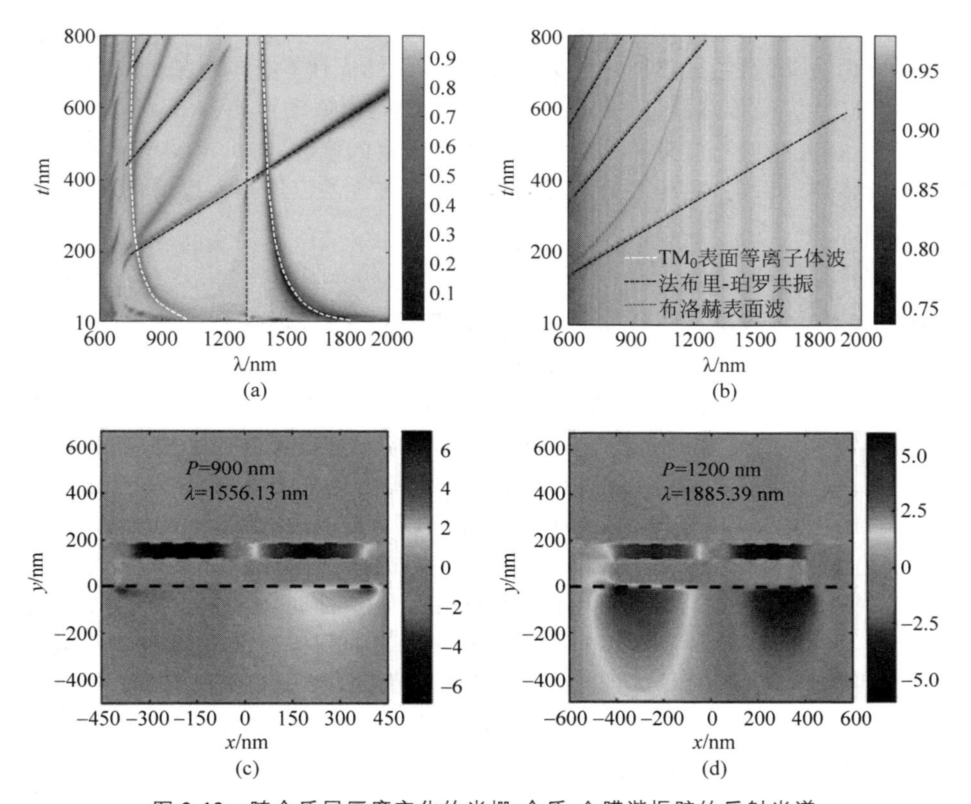

图 3-18　随介质层厚度变化的光栅-介质-金膜谐振腔的反射光谱

(a) TM 入射；(b) TE 入射；(c)和(d)分别为 $P=900$ nm 和 $P=1200$ nm 时，共振波长处的 Y 向电场分量

（请扫Ⅴ页二维码看彩图）

3.3.5　光纤 F-P 传感器的信号解调

由前所述，外界参量作用于光纤 F-P 腔，通过改变传感器的腔长 L 而影响其输出光信号 I_R。因此，光纤 F-P 传感器的腔长 L 是反映被测对象的关键参数，而光纤 F-P 传感器的信号解调，就是由其输出光信号 I_R 求解出腔长值 L。根据解调时所利用的光学参量，光纤 F-P 传感器的信号解调主要有强度解调与相位解调两类。

强度解调一般利用单色光源(λ 固定)，直接根据式(3-35)中的 I_R 求解出 L；而相位解调则是应用宽带或波长可调谐光源，利用输出信号 I_R 随波长 λ 的变化，由式(3-32)以及式(3-35)，通过 I_R、Φ、λ、L 的关系，求出 L。强度解调方法简单，但结果精度较低，是光纤 F-P 传感器研究早期常用的方法；相位解调则相对较为复杂，但是比较精确，因而应用更为普遍。第 4 章中将更详细地讨论光纤 F-P 传感器信号解调的相关内容。

由于光纤纤细、脆弱，因此，在实际工程中很少使用裸光纤 F-P 腔，一般都是根据实际应用对象的特点，附加一定保护结构，从而构成针对特殊对象的光纤 F-P 传感器，如应力/应变传感器、压力传感器、温度传感器、振动传感器等。根据被测对象的特点，将光纤 F-P 应变传感器在结构上作一定的修改，就可以发展成各种不同参量的传感器。目前，光纤 F-P 传感器最具有标志性的应用是大型构件，如桥梁的安全监测。

3.4 多光束干涉仪——光纤环形腔干涉仪

利用光纤定向耦合器将单模光纤连接成闭合回路，即构成如图 3-19 所示光纤环形腔干涉仪。激光束从环形腔 1 端输入时，部分光能耦合到 4 端，部分直通入 3 端进入光纤环内。当光纤环不满足谐振条件时，由于定向耦合器的耦合率近于 1，大部分光从 4 端输出，环形腔的传输光强接近输入光强。当光纤环满足谐振条件时，腔内光场因谐振而加强，并经由 2 端直通到 4 端，该光场与由 1 端耦合到 4 端的光场叠加，形成相消干涉，使光纤环形腔的输出光强减小，如此多次循环，使光纤环内的光场形成多光束干涉，4 端的输出光强在谐振条件附近为一细锐的谐振负峰，与 F-P 干涉仪类似。

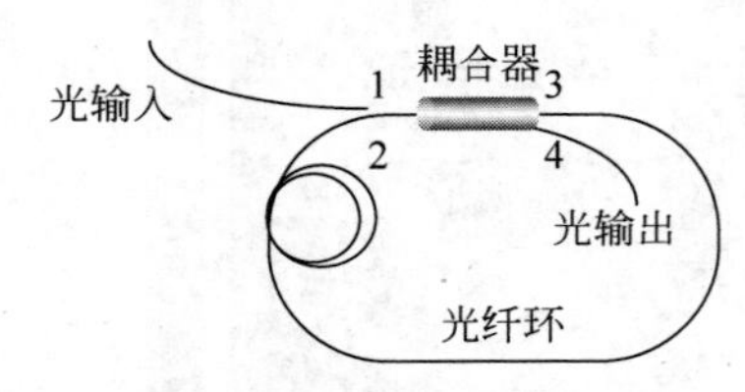

图 3-19　光纤环形腔干涉仪

光纤环形腔的输出特性与定向耦合器的耦合率、插入损耗以及光纤的传输损耗有关。下面给出其腔内光强 I_3 和输出光强 I_4 的表达式。腔内相对光强为[3]

$$I_3 = \frac{|E_3|^2}{|E_1|^2}(1-\gamma)\frac{1-K}{(1-\sqrt{KT})^2 + 4\sqrt{KT}\sin^2\left(\beta L + \frac{\pi}{2}\right)} \tag{3-39}$$

环形腔的输出相对光强为

$$I_4 = \frac{|E_4|^2}{|E_1|^2}(1-\gamma)\frac{(\sqrt{K}-\sqrt{T})^2 + 4\sqrt{KT}\sin^2\left[\frac{1}{2}\left(\beta L + \frac{\pi}{2}\right)\right]}{(1-\sqrt{KT})^2 + 4\sqrt{KT}\sin^2\left[\frac{1}{2}\left(\beta L + \frac{\pi}{2}\right)\right]} \tag{3-40}$$

式中，

$$\begin{cases} E_2 = \exp(-\alpha L)\exp(\mathrm{i}\beta L)E_3 \\ E_3 = \sqrt{1-\gamma}(\sqrt{1-K}E_1 + \sqrt{K}E_2) \\ E_4 = \sqrt{1-\gamma}(\sqrt{K}E_1 + \sqrt{1-K}E_2) \end{cases}$$

E_i 是定向耦合器第 i 端光振幅；K 和 γ 分别为耦合器的光强耦合率和插入损耗；α 为光纤的振幅衰减因子；β 为光波在光纤中的传播常数；L 为光纤环的长度；T 为环形腔回路的光强传输因子，其值由 $T=(1-\gamma)\mathrm{e}^{-2\alpha L}$ 确定，T 表示在光纤环中传输一周后的光强与初始光强之比。

从式(3-39)、式(3-40)可以看出，光纤环形腔的腔内光强为 βL 的周期函数，当满足相位条件 $\beta L=2m\pi-\dfrac{\pi}{2}(m=1,2,3,\cdots)$ 时，环形腔的输出相对光强最小，腔内相对光强最大：

$$\begin{cases} I_{4\min}=(1-\gamma)\dfrac{(\sqrt{K}-\sqrt{T})^2}{(1-\sqrt{KT})^2} \\ I_{3\max}=(1-\gamma)\dfrac{1-K}{(1-\sqrt{KT})^2} \end{cases} \tag{3-41}$$

反之，当 $\sin^2\left(\dfrac{1}{2}\beta L+\dfrac{1}{4}\pi\right)=1$ 时，有

$$\begin{cases} I_{4\max}=(1-\gamma)\dfrac{(\sqrt{K}-\sqrt{T})^2+4\sqrt{KT}}{(1-\sqrt{KT})^2+4\sqrt{KT}} \\ I_{3\min}=(1-\gamma)\dfrac{1-K}{(1-\sqrt{KT})^2+4\sqrt{KT}} \end{cases} \tag{3-42}$$

图3-20是 $K=T=0.95$ 时光纤环形腔的腔内相对光强 I_3 和输出相对光强 I_4 随 βL 相位变化的特性曲线。由于是多光束干涉的结果，其干涉峰很锐，但其输出光谱是亮背景下的暗峰。

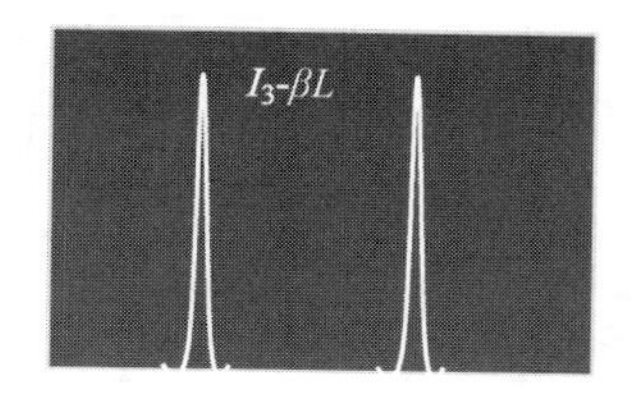

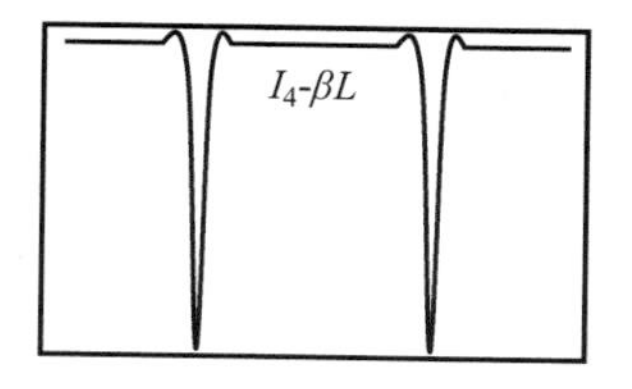

图3-20　光纤环形腔内相对光强和输出相对光强随相位变化的关系

(a) I_3-βL 曲线；(b) I_4-βL 曲线

光纤环形腔的干涉细度定义为谐振腔自由谱区宽度与谐振峰半高宽之比。由环形腔输出特性可得半峰值处的宽度(半高宽)$\Delta\nu$ 为

$$\Delta\nu=|\nu_{+1/2}-\nu_{-1/2}|=\frac{2c}{n\pi L}\arcsin\left[\frac{1-\sqrt{KT}}{\sqrt{2(1+KT)}}\right] \tag{3-43}$$

又因光纤环形腔的自由谱区宽度为

$$\mathrm{FSR}=|\nu_{n+1}-\nu_{n}|=\frac{c}{nL}$$

由此可得干涉细度的表达式为

$$F=\frac{\mathrm{FSR}}{\Delta\nu}=\frac{\pi}{2\arcsin\left[\frac{1-\sqrt{KT}}{\sqrt{2(1-\sqrt{KT})}}\right]} \tag{3-44}$$

当 $K\approx 1, T\approx 1$ 时，式(3-44)简化为

$$F=\frac{\pi\sqrt{1+KT}}{\sqrt{2}(1-\sqrt{KT})} \tag{3-45}$$

3.5 光纤白光干涉仪

相位调制型光纤传感器的突出优点是灵敏度高。缺点之一是只能进行相对测量，即只能用作变化量的测量，而不能测量状态量。近几年发展起来的用白光作光源的干涉仪，则可用作绝对测量，因而受到越来越多的关注。目前，已有基于白光干涉技术制成的低成本干涉解调装置面市。

3.5.1 原理及特性

图 3-21 是一种光纤白光干涉型传感器的原理图。

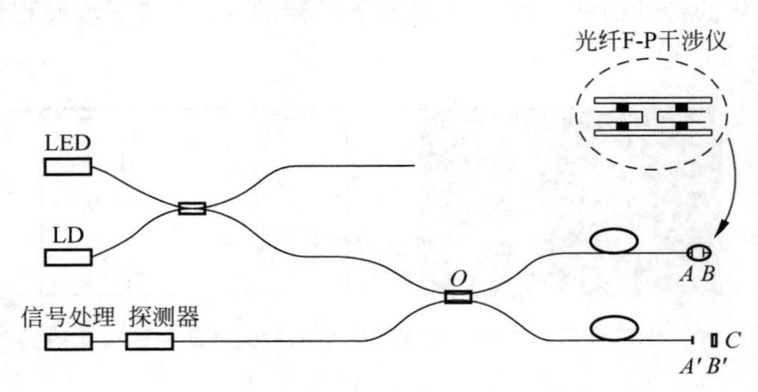

图 3-21 光纤白光干涉型传感器的原理图

它由两个光纤干涉仪组成，其中第一个干涉仪用作传感单元(图中的光纤 F-P 干涉仪)，放在被测量点，同时又作为第二个干涉仪的传感臂；第二个干涉仪(图中的迈克耳孙干涉仪)的另一支臂作为参考臂，放在远离现场的控制室，提供相位补偿。每个干涉仪的光程差都大于光源的相干长度。假设图中 A'位置是 O 到 A 点的等光程点，B'是 O 到 B 的等光程点。这时当反射镜 C 从左向右通过 A'位置时，

在迈克耳孙干涉仪的接收端将出现白光零级干涉条纹；同理，当反射镜 C 通过 B' 位置时，会再次出现白光零级干涉条纹。两次零级干涉条纹所对应的位置 A'、B' 之间的位移就是 F-P 腔的光程。因此用适当方法测出 A'、B' 的间距，就可确定 F-P 腔光程的绝对值。

在图 3-21 中，令 $OA=L_1$，$OB=L_2$，$OC=L$。在光路调整时，设 $L_2-L_1>2L_C$，L_C 是光源的相干长度。下面考虑 A 面干涉的情况。此时，A 面和反射镜 C 构成迈克耳孙干涉仪。由双光束干涉理论可知，对于波长为 λ 的单色光，探测器接收到的光强为

$$\begin{aligned} I_0 &= I_1+I_2+2\sqrt{I_1 I_2}\cos\left[\frac{2\pi}{\lambda}(L-L_1)\right] \\ &= I_\lambda a\left\{1+\gamma\cos\left[\frac{2\pi}{\lambda}(L-L_1)\right]\right\} \end{aligned} \tag{3-46}$$

式中，$a=a_1^2R_A+a_2^2R_C$；$\gamma=\dfrac{2a_1a_2\sqrt{R_AR_C}}{a_1^2R_A+a_2^2R_C}$；$I_\lambda$ 是单色光源的输出光强；R_A 和 R_C 分别为 A 面和 C 面的反射率；a_1 和 a_2 分别为迈克耳孙干涉仪两臂的透过率；γ 是双光束干涉条纹的对比度。对于宽光谱的 LED，其光谱分布为高斯分布，即

$$I_\lambda \mathrm{d}\lambda = I_{\mathrm{m}} A\exp[-B^2(\nu-\nu_0)^2]\mathrm{d}\nu \tag{3-47}$$

式中，$A=\dfrac{2}{\Delta\nu_{\mathrm{D}}}\left(\dfrac{\ln 2}{\pi}\right)^{\frac{1}{2}}$，$B^2=\dfrac{4\ln 2}{\Delta\nu_{\mathrm{D}}^2}$。这时，干涉仪探测到的光强为 $I_0=\int I_{\mathrm{out}}\mathrm{d}\nu=\int I_{\mathrm{m}}A\exp[-B^2(\nu-\nu_0)^2]\mathrm{d}\nu$。把 A、B 代入，并经过积分运算后可得

$$I_0 = I_{\mathrm{m}}a\left[1+\gamma\exp\left(-\frac{\pi^2}{4\ln 2}\frac{\Delta L^2}{L_C^2}\right)\cos\left(\frac{2\pi}{\lambda_0}\Delta L\right)\right] \tag{3-48}$$

实际探测时，一般只取输出信号的交流成分，即

$$\begin{aligned} I_{OAC} &= I_{\mathrm{m}}a\gamma\exp\left(-\frac{\pi^2}{4\ln 2}\frac{\Delta L^2}{L_C^2}\right)\cos\left(\frac{2\pi}{\lambda_0}\Delta L\right) \\ &= I_{\mathrm{m}}2a_1a_2\sqrt{R_AR_C}\exp\left(-\frac{\pi^2}{4\ln 2}\frac{\Delta L^2}{L_C^2}\right)\cos\left(\frac{2\pi}{\lambda_0}\Delta L\right) \end{aligned} \tag{3-49}$$

由式(3-49)可得以下结论：

(1) 当 $\Delta L=L-L_1=0$ 时，即两反射面为等光程时，出现零级干涉条纹，与外界干扰因素无关；

(2) 干涉信号幅度与光源输出功率、光纤等的传输损耗、各镜面的反射率等因素有关；

(3) 外界扰动会影响干涉条纹的幅度，但不会改变干涉零级的位置。

白光干涉仪的性能，在很大程度上取决于扫描反射镜的扫描精度和速度，以及

零级中央条纹的辨识精度。现有的高速机械扫描技术，扫描速度可达数百米每秒。电子扫描技术相较于机械扫描方法更紧凑、精密与快捷，并且避免了使用任何移动装置。另一种提高对中心条纹的识别精度的方法是使用多阶平方(multi-stage-squaring)的信号处理方案。

3.5.2 优点和困难

1. 优点

(1) **绝对测量**。可测量绝对光程。

(2) **强抗干扰**。系统抗干扰能力强，系统分辨率与光源波长稳定性、光源功率波动、光纤的扰动等因素无关；测量精度仅由干涉条纹中心和参考反射镜的位置精度决定。

(3) **通用性**。所用传感光纤是标准单模光纤。一般无须对光纤进行进一步的特别处理。光纤尺寸小、兼容性好的特点，使其适合于嵌入纤维复合材料、混凝土材料内部，或贴附在结构表面，而不对其机械性能造成可观的影响。

(4) **设计灵活**。传感器尺寸可根据需要选择。传感光纤的长度根据具体应用可以从几十微米到几十千米。微小的应变传感器适合放置在结构预期的高应变临界点处，检测材料的局域应变状态；对于大型结构，如悬拉桥，对其空间稳定性，即变形的监测非常重要，且要求传感器长度在米的量级或更大。

(5) **便于复用**。对于光纤白光干涉仪而言，其传感信息可以远距离测量并很容易地实现多路复用或准分布式测量。多段传感光纤(即多个传感器)连在一条或多条光纤总线上，只需要一个扫描解调干涉仪就可对全部传感器进行解调，且所需信号处理电路比较简单。

2. 困难

低相干度光源的获得和零级干涉条纹的检测是白光干涉技术的两大难点问题。理论分析表明，精确测定零级干涉条纹位置，一方面需要尽量降低光源的相干长度，另一方面则要选用合适的测试仪器和测试方法，以提高确定零级干涉条纹中心位置的精度。

随着光纤白光干涉传感技术的发展和日趋完善，也开拓了越来越多的应用领域。例如，瑞士工业建筑业中发展出的光纤低相干大尺度结构传感器，在几千个微应变的测量范围下，获得了几个微应变的分辨率，被用于对混凝土试样内部的温度和一维、二维应变的监测。

在分布式传感器概念的基础上，准分布式光纤白光干涉测量系统得到了进一步的发展。Lecot 等所报道的实验系统中包含超过 100 个多路复用的温度传感器，用于对核电站交流发电机定子发热量的监测[8]。可以预期，这种基于白光干涉技术的绝对应变传感器将在智能结构和材料中起到越来越重要的作用[9]。

3.5.3 基于光纤白光干涉法的应变、温度测量技术

1. 用于光纤应变和温度测量的光程变量表征方法

光纤白光干涉传感器基本的参数是传感部分的光程。在均匀条件下,它可以表示为

$$S = nL \tag{3-50}$$

式中,n 是光纤芯的折射率;L 是光纤传感器的标称长度。

一般地,光程是外加应变和温度(ε, T)的函数,它可表示成为

$$S = S(\varepsilon, T)$$

变化产生的增量是

$$\mathrm{d}S = \left[\frac{\partial S}{\partial \varepsilon}\right]_T \mathrm{d}\varepsilon + \left[\frac{\partial S}{\partial T}\right]_\varepsilon \mathrm{d}T$$

式中,$\mathrm{d}\varepsilon$ 和 $\mathrm{d}T$ 分别是由局部应变和温度产生的变化;$[\partial S/\partial \varepsilon]_T$ 和$[\partial S/\partial T]_\varepsilon$ 分别是 S 对 ε 和 T 的导数。应用式(3-50),光程的改变可以进一步展开成

$$\mathrm{d}S = \left\{n\left[\frac{\partial L}{\partial \varepsilon}\right]_T + L\left[\frac{\partial n}{\partial \varepsilon}\right]_T\right\}\mathrm{d}\varepsilon + \left\{n\left[\frac{\partial L}{\partial T}\right]_\varepsilon + L\left[\frac{\partial n}{\partial T}\right]_\varepsilon\right\}\mathrm{d}T \tag{3-51}$$

应用 $\mathrm{d}\varepsilon = \dfrac{\mathrm{d}L}{L}$,并引用光纤热膨胀系数 $\alpha_\mathrm{f} = \dfrac{1}{L}\left(\dfrac{\partial L}{\partial T}\right)$,式 (3-51)可重写为

$$\mathrm{d}S = nL\left\{\left[1 + \frac{1}{n}\left(\frac{\partial n}{\partial \varepsilon}\right)_T\right]\mathrm{d}\varepsilon + \left[\alpha_\mathrm{f} + \frac{1}{n}\left(\frac{\partial n}{\partial T}\right)_\varepsilon\right]\mathrm{d}T\right\} \tag{3-52}$$

再应用式(3-50),式(3-52)可以简化为

$$\frac{\mathrm{d}S}{S} = (1 + C_\varepsilon)\mathrm{d}\varepsilon + (\alpha_\mathrm{f} + C_T)\mathrm{d}T \tag{3-53}$$

式中,系数 C_ε 和 C_T 的定义分别为 $C_\varepsilon = \dfrac{1}{n}\left[\dfrac{\partial n}{\partial \varepsilon}\right]_T$ 和 $C_T = \dfrac{1}{n}\left[\dfrac{\partial n}{\partial T}\right]_\varepsilon$。

光纤在均匀、各向同性、恒温、仅存在轴向应变 ε_z 的条件下,按照 Butter 和 Hocker 的假设[10]有

$$C_\varepsilon = -\frac{n^2}{2}[P_{12} - \mu(P_{11} + P_{12})]\varepsilon_z$$

式中,P_{11} 和 P_{12} 为光纤材料的弹光系数;μ 为光纤的泊松比。

对于更一般的应变场,我们考虑如图 3-22 所示的三个应变分量$\{\varepsilon_x, \varepsilon_y, \varepsilon_z\}$。这时,对于不同方向偏振的光$(\boldsymbol{E}_x, \boldsymbol{E}_y)$,$C_\varepsilon$ 的值会不一样,分别为

$$C_\varepsilon = -\frac{n^2}{2}[\varepsilon_x P_{11} + (\varepsilon_z + \varepsilon_x)P_{12}] \quad 和 \quad C_\varepsilon = -\frac{n^2}{2}[\varepsilon_y P_{11} + (\varepsilon_z + \varepsilon_x)P_{12}]$$

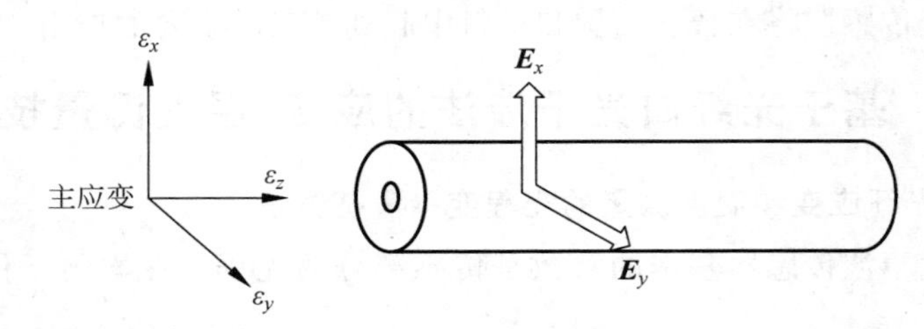

图 3-22 应变 ε_x 和 ε_y，以及 ε_z 的取向和 E_x，E_y 取向的关系

2. 白光测量系统

一个用于实际测量中的光纤白光迈克耳孙干涉仪(图 3-21)，在传感光纤的两个端面上产生两个反射信号。一个来自传感光纤前端面，另一个来自传感光纤的后端面，当参考臂的反射器扫描时，有两组白光干涉条纹出现。这两组条纹分别对应于参考光的光程和两个反射信号的光程相匹配。而两组白光干涉中心条纹所对应的反射扫描器位置的差值($X=X_2-X_1$)与传感器的长度相对应：

$$X = X_2 - X_1 = nL_0 \tag{3-54}$$

当载荷(应变或温度)作用于传感器时，白光干涉中心条纹的位置将发生移动。式(3-54)变为

$$X' = X'_2 - X'_1 = (nL_0)'$$

式中，“′”表示载荷施加后的位置值：

$$\Delta X' = X' - X = (nL_0)' - (nL_0) = \Delta(nL_0) = \Delta S \tag{3-55}$$

根据前述定义 $S=nL_0$，ΔS 与所用温度和应变的关系由式(3-52)或式(3-53)给出。

1）应变测量

在温度恒定，且仅在传感长度上施加轴向应变 $\Delta\varepsilon_z=\varepsilon_z-\varepsilon_{z0}$ 时，从式(3-53)和式(3-55)得到

$$\Delta X = \Delta S = (1 + C_\varepsilon)nL_0\Delta\varepsilon_z = n_{eq}L_0\Delta\varepsilon_z \tag{3-56}$$

式中，等效折射率 $n_{eq}=n(1+C_\varepsilon)$。对于单模光纤，在波长 $\lambda=1300$ nm 处，折射率 $n=1.46$，泊松比 $\mu=0.25$，以及应变系数 $P_{11}=0.12$ 和 $P_{12}=0.27$，$C_\varepsilon=-0.1332\times10^{-6}\ \mu\varepsilon^{-1}$，则 $n_{eq}=1.19$。作用在光纤上的应变可以由下式给出：

$$\Delta\varepsilon_z = \frac{\Delta X}{n_{eq}L_0} \tag{3-57}$$

2）温度测量

在没有应变的情况下，当传感器环境温度从 T_0 变化到 T 时，应用式(3-53)，有

$$\Delta X = \Delta S = L_0 n(\alpha_f + C_T)(T - T_0) = \xi L_0(T_0)(T - T_0) \tag{3-58}$$

或者，$(T-T_0)=\frac{\Delta X}{\xi L_0(T_0)}$，$\xi=(\alpha_f+C_T)n(\lambda,T_0)$。式中，$\xi$ 为灵敏度系数。对于标准单模通信光纤，相关参数典型值为：$\lambda=1310$ nm 时，$n=1.4681$，$\alpha_f=5.5\times10^{-7}℃^{-1}$，$C_T=0.762\times10^{-5}℃^{-1}$；在 $\lambda=1550$ nm 时，$n=1.4675$，$\alpha_f=5.5\times10^{-7}℃^{-1}$，$C_T=0.811\times10^{-5}℃^{-1}$。根据这些数据，对于单位长度的光纤在 1310 nm 和 1550 nm 处，光纤温度传感器的灵敏度系数 ξ 分别为 11.99 μm/(m·℃)和 12.71 μm/(m·℃)。

3.6　光纤偏振干涉仪

MZ 光纤干涉仪的一个重要缺点是双臂干涉，外界因素对参考臂的扰动常会引起很大的干扰，甚至破坏仪器的正常工作。为克服这一缺点，可利用单根高双折射单模光纤中两正交偏振模在外界因素影响下相移的不同进行传感。图 3-23 是利用这种方法构成的光纤温度传感器的原理图，这是一种光纤偏振干涉仪。

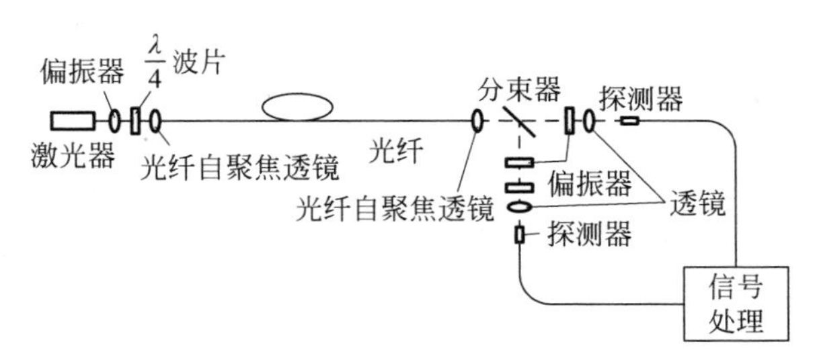

图 3-23　单光纤偏振干涉仪

激光束经偏振器和 $\lambda/4$ 波片后变为圆偏振光，对传感用高双折射单模光纤的两个正交偏振态均匀激励。由于其相移不同，输出光的合成偏振态可在左旋圆偏振光、45°线偏振光、右旋偏振光、135°线偏振光之间变化。若输出端只检测 45°线偏振分量，则强度为

$$I=\frac{1}{2}I_0(1+\cos\phi)$$

式中，ϕ 是受外界因素影响而发生的相位变化。为了减小光源本身的不稳定性，可用沃拉斯顿(Wollaston)棱镜同时检测两正交分量的输出 I_1 和 I_2，经数据处理可得

$$P=\frac{I_1-I_2}{I_1+I_2}=\cos\phi$$

实验表明，应用高双折射光纤(拍长 $\Lambda=3.2$ mm)作温度传感时，其灵敏度约为

2.5 rad/(m・℃)。大约是 MZ 双臂干涉仪的灵敏度(约 100rad/(m・℃))的 1/40，但其装置简单，且压力灵敏度为 MZ 干涉仪的 1/7300，因此有较强的压力去敏作用。

3.7 光纤长程干涉仪

光纤干涉型传感器及相关的数字信号处理技术，可用于构建长距离或大范围区域安全监测的光纤分布式事件监测与定位系统。目前常用的长程干涉仪结构主要有，基于 MZ 干涉仪的高灵敏度长程干涉结构、基于光时域反射仪(OTDR)的分布式传感结构和基于光频域反射仪(OFDR)的分布式传感结构等。本节主要介绍基于 MZ 干涉仪的长程干涉结构。该结构具有灵敏度高、响应速度快的优点；缺点是定位精度偏低。该系统能够实时地判断出监控区域是否有危险事件发生，误判率趋近于零；并且系统能够对事件的类型或紧迫程度做进一步的区分。有报道的实时定位误差小于 20 m，可以在 1 s 内完成。事件监测和识别的精度和速度均达到了安防系统的要求。基于光时域反射仪和基于光频域反射仪的方案，将在第 4 章中介绍。

3.7.1 MZ 干涉仪事件监测的原理

系统构成的基本原理如图 3-24 所示。由 1 端发出的光经耦合器 1 分束后，在 2 根单模光纤中传输，到达耦合器 2 合束发生干涉。

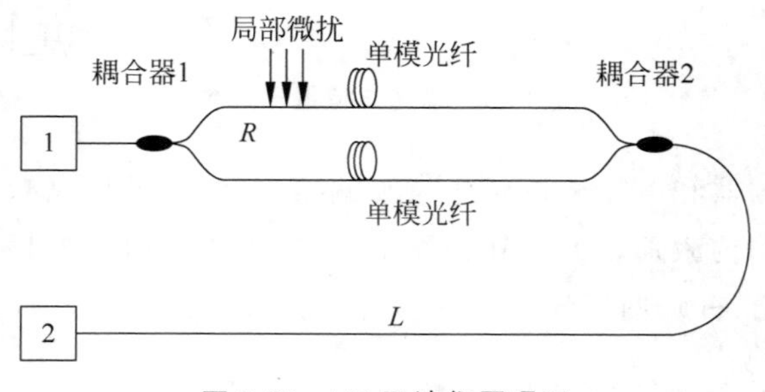

图 3-24 MZ 干涉仪原理图

在传感器无扰动时，由 1 发出的光将在 2 处产生稳定的干涉条纹。设传感用单模光纤距离 1 端 R 处发生扰动，且扰动的作用长度为 l，则其产生的相位变化为

$$\Delta\phi=\beta\Delta l+l\Delta\beta=\beta l(\Delta l/l)+l(\partial\beta/\partial n)\Delta n+l(\partial\beta/\partial r)\Delta r \tag{3-59}$$

式中，$\Delta\phi$ 为相位变化；β 为光纤的传播常数；r 为光纤芯的半径；n 为纤芯的折射率。

MZ 干涉仪是一种高灵敏度的相位检测方案。由于采用双臂干涉结构，外界环境如温度的变化，将会引起光纤长度、折射率等的变化，从而传输过程中的随机相位噪声很容易达到 2π，使监测信号的信噪比很低，而无法解调出事件信号。在实际应用中，通常不对信号进行解调，而是采用神经网络算法进行事件识别，从而降低对光学系统信噪比的要求。

3.7.2　采用时延估计进行事件定位的原理

1. 时延估计的定位原理

若仅要求实现事件监测功能，单个干涉仪就可以满足我们的需求。若有事件作用在干涉仪的两臂上，则两臂间的光程差发生变化，干涉信号的输出也将随之变化。通过监测信号输出的变化即可获取事件信息。若在监测事件发生的同时，需要对事件发生的位置进行定位，则需要两套光传输方向相反且结构互易的干涉仪。

事件定位的光学基本原理如图 3-24 所示。由 1 端发出的光经耦合器 1 和 2 后发生干涉。由于光路的对称性，由 2 端发出的光，也可以在耦合器 1 处发生干涉。无扰动时，由 1 发出的光将在 2 处产生稳定的干涉条纹。同时，由 2 发出的光也将在 1 产生稳定的干涉条纹。假定 1 端发出的窄带激光在 R 处受扰动信号的调制而发生相位改变，则该事件引起的干涉信号在经过 $t_1=(2L-R)n/c$ 的时间后，到达 2 端，引起干涉条纹的变化，从而使 2 端的 PIN 管监测到的光强发生变化。同理，由 2 发出的窄带激光在 R 处也受扰动信号的调制而发生相位改变，在经过 $t_2=Rn/c$ 的时间后，到达 1 端的 PIN 管，从而使 1 端的 PIN 管监测到的光强发生变化。在理想情况下如果两个干涉仪完全互易，则两端的 PIN 管接收到的信号波形应当完全相同，只是由于传输路径长度不同而存在一个很短的时间延迟 ΔT：

$$\Delta T=t_1-t_2=(L-R)2n/c \tag{3-60}$$

式中，L 为干涉仪传感臂长度；n 为光纤纤芯折射率；c 为光速；R 为事件发生到 1 端的距离，即事件发生的位置。由于已知 L、n、c，因此只要测量信号延时 $\Delta T=\tau_\mathrm{d}$，即可确定扰动位置 R：

$$R=L-\frac{c\tau_\mathrm{d}}{2n} \tag{3-61}$$

同时，由于光学回路总光程为 $2L$，因此，还有下列关系：

$$t_1+t_2=2Ln/c \tag{3-62}$$

如图 3-25 所示，设 1 端的探测器 PD1 接收到光逆时针传输的干涉仪的输出干涉信号为 S_1，2 端的探测器 PD2 接收到光顺时针传输的干涉仪的输出干涉信号为 S_2。

这种结构由于需要激光从光纤两端同时注入，所以当两个光源不完全一致时，有可能得不到干涉条纹。因此，利用耦合器 A 将同一激光器发出的光分为两路，分别作为两个干涉仪的光源，从而解决光源的相干性问题。

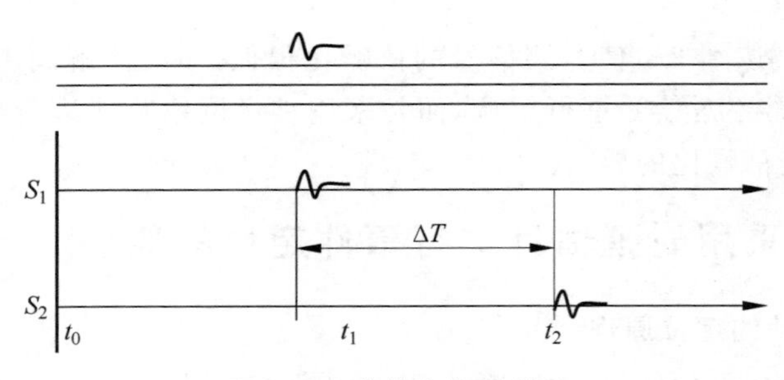

图 3-25　事件定位原理图

如图 3-26 所示系统光路结构基本可以满足定位的需求，但是随着传感光缆长度的不断增加，实验发现两个干涉仪的输出一致性逐渐变差，进而影响定位精度。根据干涉仪的基本原理可知，只要系统中的两个反向干涉仪是互易的，则所搭建光学系统的两路输出应当一致。因此，系统干涉一致性降低的主要因素是两个干涉仪并非完全互易，需要确定并排除非互易性产生的因素。

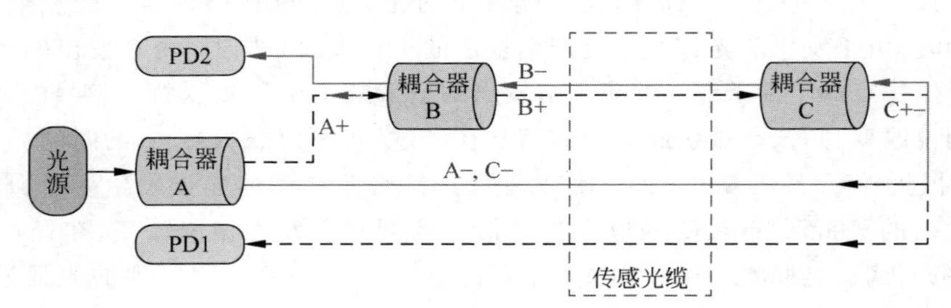

图 3-26　传感器光学部分原理框图

（请扫Ⅴ页二维码看彩图）

2. 非互易性的解决技术

上述光学系统中光通过两个干涉仪的路径可以如下表征：

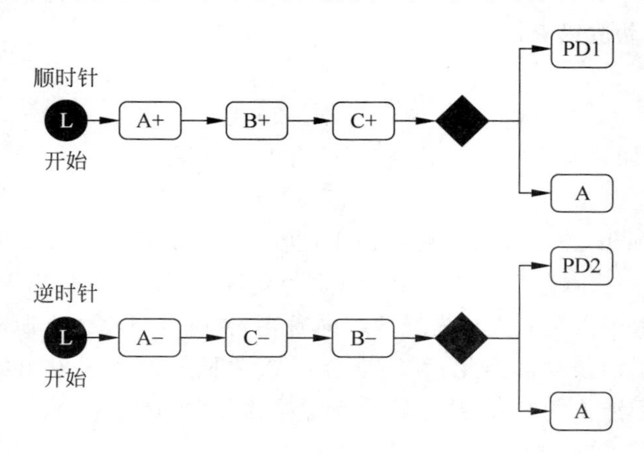

众所周知，在理想情况下，光在干涉仪中经过耦合器后两臂的输出光的相位差为 π，也即两路光强输出的交流项的符号应该是相反的。因为误差是来源于干涉光路的，而耦合器 A 的影响对干涉光路性能贡献较小，因此不考虑耦合器 A 的影响。设 B 耦合器的两臂输出分别为 B_0 和 B_π，两臂由耦合器带来的干扰的绝对值分别设为 δ_{B0} 和 $\delta_{B\pi}$。同理可设 C 耦合器传感臂输出携带的干扰绝对值分别为 δ_{C0} 和 $\delta_{C\pi}$。另外设 B 和 C 之间用于形成干涉的两根光纤累积的干扰绝对值为 δ_1 和 δ_2。

由于耦合器两臂输出存在相位差 π。我们假定其中一路相位为零，则另一路相位为 π，据此可以得出，顺时针方向的干涉仪在干涉光路上累积的干扰 δ_S 可以表示为

$$\begin{aligned}\delta_S &= \delta_{B0} + \delta_1 + \delta_{C0} + (-\delta_{B\pi}) + (-\delta_2) + (-\delta_{C\pi}) \\ &= (\delta_{B0} - \delta_{B\pi}) + (\delta_1 - \delta_2) + (\delta_{C0} - \delta_{C\pi})\end{aligned} \tag{3-63}$$

同理，逆时针方向的干涉仪在干涉光路上累积的干扰 δ_N 可以表示为

$$\begin{aligned}\delta_N &= \delta_{C0} + \delta_2 + \delta_{B0} + (-\delta_{C\pi}) + (-\delta_1) + (-\delta_{B\pi}) \\ &= (\delta_{B0} - \delta_{B\pi}) + (\delta_2 - \delta_1) + (\delta_{C0} - \delta_{C\pi})\end{aligned} \tag{3-64}$$

由以上两式可知，若要求上述结构的系统两个干涉仪可互易，即 $\delta_S = \delta_N$，则需要有 $\delta_1 - \delta_2 = \delta_2 - \delta_1$，也即 $\delta_2 = \delta_1$。这对于几千米甚至几十千米的两根光纤来说是很难做到的。而且通常 δ_1 和 δ_2 的之差随着光纤长度以及环境的变化而变化，导致两个干涉仪输出一致性较差且不稳定。为了解决这一问题，对光学系统作如下的改进：将耦合器 C 的光纤连接方式做一个交叉(图 3-27)。

与前述方案的主要区别是光通过两个干涉仪的路径变为

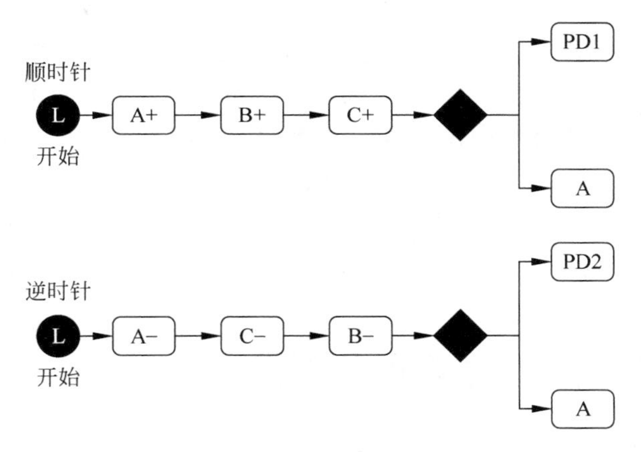

同样，暂不考虑耦合器 A 的影响。设耦合器 B 的两臂输出分别为 B_0 和 B_π，两臂由耦合器带来的干扰的绝对值分别设为 δ_{B0} 和 $\delta_{B\pi}$。同理可设耦合器 C 传感

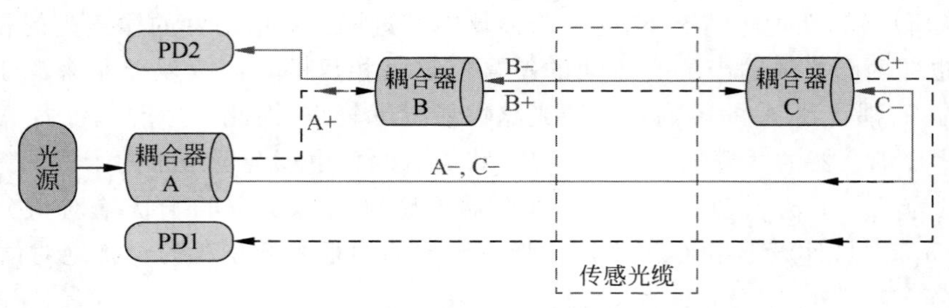

图 3-27　改进的传感器光学部分原理框图
（请扫Ⅴ页二维码看彩图）

臂输出携带的干扰绝对值分别为 δ_{C0} 和 $\delta_{C\pi}$。另外设 B 和 C 之间用于形成干涉的两根光纤累积的干扰绝对值为 δ_1 和 δ_2。

由于耦合器两臂输出存在相位差 π。我们假定其中一路相位为零，则另一路相位为 π，据此可以得出，顺时针方向的干涉仪在干涉光路上累积的干扰 δ_S 可以表示为

$$\begin{aligned}\delta_S &= \delta_{B0} + \delta_1 + \delta_{C\pi} + (-\delta_{B\pi}) + (-\delta_2) + (-\delta_{C0}) \\ &= (\delta_{B0} - \delta_{B\pi}) + (\delta_1 - \delta_2) + (\delta_{C\pi} - \delta_{C0})\end{aligned} \tag{3-65}$$

同理，逆时针方向的干涉仪在干涉光路上累积的干扰 δ_N 可以表示为

$$\begin{aligned}\delta_N &= \delta_{C0} + \delta_1 + \delta_{B\pi} + (-\delta_{C\pi}) + (-\delta_2) + (-\delta_{B0}) \\ &= (\delta_{B\pi} - \delta_{B0}) + (\delta_1 - \delta_2) + (\delta_{C0} - \delta_{C\pi})\end{aligned} \tag{3-66}$$

由以上两式可知，若要求上述结构的系统两个干涉仪可互易，即 $\delta_S = \delta_N$，则需满足 $\delta_{B0} - \delta_{B\pi} = \delta_{C0} - \delta_{C\pi}$，也即 B 和 C 两个耦合器性能一致即可。这相对来说容易得多，可以通过提高耦合器制作工艺和器件标定达到要求。实验证明，经过方案的改进，两个干涉仪的输出信号基本一致，定位精度得到了很大的提高。

此外，在实际工作环境中耦合器 A 也会对实验结果产生一定的影响。如果耦合器 A 受到较大的干扰，则有可能使得激光的偏振态在短时间内发生剧烈变化，将导致两路信号的对比度有较大的差异，也会影响定位的精度和传感性能。解决办法之一是在光路中采用偏振无关的耦合器。

3.8　外界压力对光纤的相位调制

当外界因素为压力时，应对式(3-9)进行改写，须给出 $\Delta L/L$ 和 Δn 随压力变化的关系。当光纤干涉仪为横向受压时，由式(3-12)的结果可求出相移的相对变化。由弹性力学的原理可知，对于各向同性材料，折射率的变化与其应变 ε_i 的关系为

$$\begin{bmatrix}\Delta B_1\\\Delta B_2\\\Delta B_3\\\Delta B_4\\\Delta B_5\\\Delta B_6\end{bmatrix}=\begin{bmatrix}B_1-B_0\\B_2-B_0\\B_3-B_0\\B_4\\B_5\\B_6\end{bmatrix}=\begin{bmatrix}P_{11}&P_{12}&P_{12}&0&0&0\\P_{12}&P_{11}&P_{12}&0&0&0\\P_{12}&P_{12}&P_{11}&0&0&0\\0&0&0&P_{44}&0&0\\0&0&0&0&P_{44}&0\\0&0&0&0&0&P_{44}\end{bmatrix}\times\begin{bmatrix}\varepsilon_1\\\varepsilon_2\\\varepsilon_3\\0\\0\\0\end{bmatrix}$$

式中，

$$P_{44}=\frac{1}{2}(P_{11}-P_{12}),\quad B_1=\frac{1}{n_1^2},\quad \Delta B_1=-\frac{2}{n_1^3}\Delta n_1$$

一般情况下，可取近似 $n_1\approx n^0$，所以由上式得

$$\Delta n_1=-\frac{1}{2}(n^0)^3\Delta B_1=-\frac{1}{2}(n^0)^3(P_{11}\varepsilon_1+P_{12}\varepsilon_2+P_{13}\varepsilon_3)$$

同理有

$$\Delta n_2=-\frac{1}{2}(n^0)^3(P_{12}\varepsilon_1+P_{11}\varepsilon_2+P_{12}\varepsilon_3)$$

$$\Delta n_3=-\frac{1}{2}(n^0)^3(P_{12}\varepsilon_1+P_{12}\varepsilon_2+P_{11}\varepsilon_3)$$

且有 $B_4=B_5=B_6=0$；再考虑到 $\beta\approx nk_0$，$\mathrm{d}\beta/\mathrm{d}n\approx k_0$，并略去由 ΔD 引起的相移变化，则式(3-12)可改写为

$$\Delta\phi=\beta L\varepsilon_3+Lk_0\Delta n_i\quad(i=1,2,3)$$

或用相对变化表示为

$$\frac{\Delta\phi}{PL}=\frac{\beta}{P}\varepsilon_3+\frac{k_0}{P}\Delta n_i\quad(i=1,2,3)\tag{3-67}$$

式中，P 是作用于光纤上的压力；ε_1，ε_2 是光纤的横向应变；$\varepsilon_3=\Delta L/L$ 是光纤的纵向应变；P_{11}，P_{12} 是光纤材料的弹光系数；n 是光纤材料的折射率。知道光纤受压后的应变情况，即可由式(13-67)求出光纤干涉仪探测臂相对的相移变化。作为举例下面给出最简单情况(只由纤芯和包层构成的光纤)下的计算结果。

由弹性力学可知，应力 σ 和应变 ε 之间的关系为

$$\begin{bmatrix}\varepsilon_1\\\varepsilon_2\\\varepsilon_3\\\varepsilon_4\\\varepsilon_5\\\varepsilon_6\end{bmatrix}=\begin{bmatrix}1/E&-\mu/E&-\mu/E&0&0&0\\-\mu/E&1/E&-\mu/E&0&0&0\\-\mu/E&-\mu/E&1/E&0&0&0\\0&0&0&1/G&0&0\\0&0&0&0&1/G&0\\0&0&0&0&0&1/G\end{bmatrix}\times\begin{bmatrix}\sigma_1\\\sigma_2\\\sigma_3\\\sigma_4\\\sigma_5\\\sigma_6\end{bmatrix}$$

当光纤仅为横向受压时，其应力及相应的应变为

$$\begin{bmatrix}\sigma_1\\ \sigma_2\\ \sigma_3\\ \sigma_4\\ \sigma_5\\ \sigma_6\end{bmatrix}=\begin{bmatrix}-P\\ -P\\ 0\\ 0\\ 0\\ 0\end{bmatrix},\quad \begin{bmatrix}\varepsilon_1\\ \varepsilon_2\\ \varepsilon_3\\ \varepsilon_4\\ \varepsilon_5\\ \varepsilon_6\end{bmatrix}=\begin{bmatrix}-P(1-\mu)/E\\ -P(1-\mu)/E\\ 2\mu P/E\\ 0\\ 0\\ 0\end{bmatrix}$$

由此可求出相移的相对变化：

$$\frac{\Delta\phi}{PL}=nk_0\frac{2\mu}{E}+\frac{k_0}{2E}n^3[(1-\mu)P_{11}+(1-3\mu)P_{12}] \tag{3-68}$$

同理，可求出纵向受压和均匀受压时相移的相对变化。计算结果列于表 3-1 中，表中同时给出了数字计算的例子。由计算结果可见，光纤长度的变化比折射率的变化对 $\Delta\phi$ 的贡献大，而且两项计算结果符号相反（横向受压时除外）。

表 3-1 外界压力对相移变化的影响

	横向受压 P	**纵向受压 P**	**均匀受压 P**
应力 σ	$\begin{bmatrix}-P\\ -P\\ 0\\ 0\\ 0\\ 0\end{bmatrix}$	$\begin{bmatrix}0\\ 0\\ -P\\ 0\\ 0\\ 0\end{bmatrix}$	$\begin{bmatrix}-P\\ -P\\ -P\\ 0\\ 0\\ 0\end{bmatrix}$
应变 ε	$\begin{bmatrix}-P(1-\mu)/E\\ -P(1-\mu)/E\\ 2\mu P/E\\ 0\\ 0\\ 0\end{bmatrix}$	$\begin{bmatrix}\mu P/E\\ \mu P/E\\ -P/E\\ 0\\ 0\\ 0\end{bmatrix}$	$\begin{bmatrix}-P(1-2\mu)/E\\ -P(1-2\mu)/E\\ -P(1-2\mu)/E\\ 0\\ 0\\ 0\end{bmatrix}$
$\frac{\Delta\phi}{PL}$	$\frac{2k_0n\mu}{E}+\frac{k_0n^3}{2E}\times [(1-\mu)P_{11}+(1-3\mu)P_{12}]$	$-\frac{k_0n}{E}+\frac{k_0n^3}{2E}\times [-\mu P_{11}+(1-\mu)P_{12}]$	$-\frac{k_0n(1-2\mu)}{E}+\frac{k_0n^2}{2E}\times (1-2\mu)(P_{11}+P_{12})$
*	0.70+0.51=1.21	−2.07+0.45=1.62	−1.37+0.96=−0.41

* 第一项为 $\Delta L/L$ 的值，第二项为 Δn 的值。计算时各单位取值为：$\lambda=0.6328\times10^{-6}$ m，对于石英有：$n=1.456$，$P_{11}=0.121$，$P_{12}=0.270$，$E=7\times10^{10}$ Pa，$\mu=0.1$。

为计算光纤干涉仪的压力灵敏度，应按照光纤实际的多层结构：纤芯、包层、衬底(石英，减小外层涂覆带来的损耗)、一次涂覆(一般为软性涂层，减小光纤的微弯损耗)、二次涂覆(较硬，保持光纤强度)进行分析。这时光纤中应力 σ 和应变 ε 的关系为

$$\begin{bmatrix}\sigma_r^{(i)}\\ \sigma_\theta^{(i)}\\ \sigma_z^{(i)}\end{bmatrix}=\begin{bmatrix}\lambda^{(i)}+2\mu & \lambda^{(i)} & \lambda^{(i)}\\ \lambda^{(i)} & \lambda^{(i)}+2\mu & \lambda^{(i)}\\ \lambda^{(i)} & \lambda^{(i)} & \lambda^{(i)}+2\mu\end{bmatrix}\times\begin{bmatrix}\varepsilon_r^{(i)}\\ \varepsilon_\theta^{(i)}\\ \varepsilon_z^{(i)}\end{bmatrix} \tag{3-69}$$

式中，$\sigma_r^{(i)}$，$\sigma_\theta^{(i)}$，$\sigma_z^{(i)}$ 和 $\varepsilon_r^{(i)}$，$\varepsilon_\theta^{(i)}$，$\varepsilon_z^{(i)}$ 分别是极坐标下光纤中第 i 层(纤芯 $i=0$，包层 $i=1,2,\cdots$)应力和应变的分量。$\lambda^{(i)}$ 是拉梅(Lame)系数，它与杨氏模量 $E^{(i)}$ 和泊松比 $\mu^{(i)}$ 的关系为

$$\lambda^{(i)}=\frac{\mu^{(i)}E^{(i)}}{(1+\mu^{(i)})(1-2\mu^{(i)})}$$

对于圆柱体由拉梅解可得应变为

$$\begin{cases}\varepsilon_r^{(i)}=U_0^{(i)}+\dfrac{U_1^{(i)}}{r^2}\\ \varepsilon_\theta^{(i)}=U_0^{(i)}-\dfrac{U_1^{(i)}}{r^2}\\ \varepsilon_z^{(i)}=W_0^{(i)}\end{cases} \tag{3-70}$$

式中，$U_0^{(i)}$，$U_1^{(i)}$ 和 $W_0^{(i)}$ 是由边界条件确定的常数。由于光纤中心处应力不会变成无穷大，因此纤芯中应有 $U_1^{(0)}=0$。

对于一根有 m 层结构的光纤，确定 $U_0^{(i)}$、$U_1^{(i)}$ 和 $W_0^{(i)}$ 3 种常数值的边界条件为

$$\sigma_r^{(i)}\big|_{r=r_i}=\sigma_r^{(i+1)}\big|_{r=r_i},\quad U_r^{(i)}\big|_{r=r_i}=U_r^{(i+1)}\big|_{r=r_i} \tag{3-71}$$

$$\sigma_r^{(m)}\big|_{r=r_m}=-P,\quad \sum_{i=0}^{m}\sigma_z^{(i)}A_i=-PA_m \tag{3-72}$$

$$\varepsilon_z^{(0)}=\varepsilon_z^{(i)}=\cdots=\varepsilon_z^{(m)} \tag{3-73}$$

$$U_r^{(i)}=\int\varepsilon_r^{(i)}\mathrm{d}r \tag{3-74}$$

式中，$U_r^{(i)}$ 是第 i 层的径向位移；r_i 和 A_i 分别为第 i 层的半径和截面积。

式(3-71)表明沿每层的分界面径向应力和位移是连续的；式(3-72)则认为外加压力是静压力；式(3-73)表明不同层的轴向应变相等(略去端部效应)。对于光纤，忽略端部效应引起的误差小于1%。利用边界条件式(3-71)、式(3-72)和式(3-69)就可求出 ε_r 和 ε_z 之值，再从式(3-68)就可得出灵敏度 $\Delta\phi/(\phi\Delta P)$ 之值。

研究表明，二次涂覆的材料对单模光纤压力灵敏度的影响最大。计算结果表明，一次涂覆的软包层，对干涉仪压力灵敏度作用不大；二次涂覆的外包层材料对压力灵敏度的影响很大。当外包层厚度增加时，光纤压力灵敏度趋于极限值。此值与包层材料的杨氏模量无关。当包层较厚时，静压力在光纤中引起各向同性的应力，其大小只与外包层的压缩率（与体块模量成反比）有关。所以在厚外包层（约5 mm）的情况下，光纤的压力灵敏度主要是由包层的体块模量决定，而与其他的弹性模量无关。有硬护套的光纤，其灵敏度随频率的变化较小。有尼龙护套的最小。而用紫外线处理过的软合成橡胶的护套，其光纤的灵敏度随频率的变化最严重，灵敏度最大的是用聚四氟乙烯（PTFE）的涂层，灵敏度最小的是用软紫外线固化的涂层。

另一点值得注意的是：用MZ光纤干涉仪探测空气中的声波，其灵敏度要比探测水中的声波大得多。其原因是：当光纤表面受到声波压力 ΔP 时，除由压力变化直接引起的光程差外，还有使光纤温度升高（绝热过程）而产生的光程差，即

$$\frac{\Delta\phi}{\phi}=\frac{1}{\phi}\frac{\delta\phi}{\delta T}\bigg|_{p}\Delta T+\frac{1}{\phi}\frac{\delta\phi}{\delta P}\bigg|_{T}\Delta P \tag{3-75}$$

式中，$\Delta T=\frac{\delta T}{\delta P}\Big|_{表面}\Delta P$。$\delta T/\delta P|_{表面}$除取决于光纤材料及形状外，尚与光纤周围介质的特性有关。例如，水和空气对应的 $\delta T/\delta P|_{表面}$ 分别为 6×10^{-6} K/Pa 和 9×10^{-2} K/Pa。这说明进行水声传感时温度变化项完全可以忽略，而把裸光纤放在空气中时，温度变化项反而是压力变化项的 2×10^{3} 倍，实测的灵敏度比水声高一个数量级。

3.9 温度对光纤的相位调制

用MZ干涉仪进行温度传感的原理与压力传感完全相似。只不过这时干涉仪相位变化的原因是温度。对于一根长度为 L、折射率为 n 的裸光纤，其相位随温度的变化关系为

$$\frac{\Delta\phi}{\phi\Delta T}=\frac{1}{n}\left(\frac{\delta n}{\delta T}\right)+\frac{1}{\Delta T}\left\{\varepsilon_{z}-\frac{n^{2}}{2}\left[(P_{11}+P_{12})\varepsilon_{r}+p_{11}\varepsilon_{z}\right]\right\} \tag{3-76}$$

式中，P_{11} 是纤芯的光弹系数；ε_z 是轴向应变；ε_r 是径向应变。如上所述，光纤一般是多层结构，故 ε_z 和 ε_r 之值与外层材料的特性有关。设由温度变化 ΔT 而引起的应变的变化为

$$\begin{cases}\varepsilon_r^{(i)} \rightarrow \varepsilon_r^{(i)} - a^{(i)}\Delta T \\ \varepsilon_\theta^{(i)} \rightarrow \varepsilon_\theta^{(i)} - a^{(i)}\Delta T \\ \varepsilon_z^{(i)} \rightarrow \varepsilon_z^{(i)} - a^{(i)}\Delta T\end{cases} \tag{3-77}$$

式中，$a^{(i)}$是第i层材料的线热膨胀系数，则式(3-77)代入前述应力和应变的关系式(3-69)可得

$$\begin{bmatrix}\sigma_r^{(i)} \\ \sigma_\theta^{(i)} \\ \sigma_z^{(i)}\end{bmatrix} = \begin{bmatrix}\lambda^{(i)}+2\mu^{(i)} & \lambda^{(i)} & \lambda^{(i)} \\ \lambda^{(i)} & \lambda^{(i)}+2\mu^{(i)} & \lambda^{(i)} \\ \lambda^{(i)} & \lambda^{(i)} & \lambda^{(i)}+2\mu^{(i)}\end{bmatrix}\begin{bmatrix}\varepsilon_r^{(i)} \\ \varepsilon_\theta^{(i)} \\ \varepsilon_z^{(i)}\end{bmatrix} - (3\lambda^{(i)}+2\mu^{(i)})\begin{bmatrix}a^{(i)}\Delta T \\ a^{(i)}\Delta T \\ a^{(i)}\Delta T\end{bmatrix} \tag{3-78}$$

式(3-78)与式(3-67)可求解出ε_z和ε_r之值，再由式(3-76)即可求出$\Delta\phi/(\phi\Delta T)$之值。

例如，对于一种典型的四层结构的单模光纤，其边界条件为

$$\sigma_r^{(3)}\big|_{r=d} = 0$$

$$\sigma_z^{(3)}A_3 + \sigma_z^{(2)}A_2 + \sigma_z^{(1)}A_1 + \sigma_z^{0}A_0 = 0 \tag{3-79}$$

$$\sigma_r^{(3)}\big|_{r=c} = \sigma_r^{(2)}\big|_{r=c},\quad \sigma_r^{(2)}\big|_{r=b} = \sigma_r^{(1)}\big|_{r=b},\quad \sigma_r^{(1)}\big|_{r=a} = \sigma_r^{(0)}\big|_{r=a} \tag{3-80}$$

$$U_r^{(3)}\big|_{r=c} = U_r^{(2)}\big|_{r=c},\quad U_r^{(2)}\big|_{r=b} = U_r^{(1)}\big|_{r=b},\quad U_r^{(1)}\big|_{r=a} = U_r^{(0)}\big|_{r=a} \tag{3-81}$$

$$\varepsilon_z^{(3)} = \varepsilon_z^{(2)} = \varepsilon_z^{(1)} = \varepsilon_z^{(0)} \tag{3-82}$$

式(3-68)径向应力和位移是连续的；式(3-70)表明不同层的轴向应力相等。利用单模光纤的典型参数值即可求出相应的单模光纤之$\Delta\phi/(\phi\Delta T)$的值，计算结果为

$$\frac{\Delta\phi}{\phi\Delta T} = 0.71\times10^{-5}/℃ \quad 或 \quad \frac{\Delta\phi}{L\Delta T} = 103\ \mathrm{rad/(m\cdot ℃)}$$

此值与实际测量结果相符。

参考文献

[1] CULSHAW B. Opticalfibresenising and signal processing[M]. London: Peter Peregrinus on behalt of the institute of Electrical Engineers, 1984.

[2] LEFERVE H C. The fiber-optic gyroscope[M]. London: Artech House, 1993.

[3] 岳超瑜. 高细度光纤环行腔及其应用研究[D]. 北京：清华大学，1988.

[4] 廖延彪. 光学原理与应用[M]. 北京：电子工业出版社，2006.

[5] 靳伟，阮双琛. 光纤传感技术新进展[M]. 北京：科学出版社，2005.

[6] UDD E. Fiber optic smart structures[M]. New York: Wiley, 1995.

[7] YUAN L B. Multiplexed white-light interferometric fiber-optic sensor matrix with a long-cavity Fabry-Perot resonator[J]. Appl. Opt. ,2002,41(22)：4460-4466.
[8] LECOT C,GUERIN J J,LEQUIME M. White light fiber optic sensor network for the thermal monitoring of the stator in a nuclear power plant alternator sensors[C]. Proc. 9th International Conference on Optical Fiber Sensors,Florence,Italy,1993：271-274.
[9] VURPILLOT S,INAUDI D,MIVELA Z,et al. Low-coherence deformation sensors for monitoring of civil-engineering structures[J]. Sensors and Actuators A,1994,44：125-130.
[10] BUTTER C D,HOCKER G P. Fiber optic strain gauge[J]. Applied Optics,1978,17：2867-2869.

第 4 章

光纤干涉仪的信号处理

4.1 概述

光纤干涉仪以光纤中光的相位变化来表征被测物理量的变化，属于相位调制型传感器。因为物理量的微小扰动会引起光纤中传输光相位的显著变化，所以相位调制型光纤传感器是所有光纤传感器中灵敏度最高的，同时也极易受到外界环境中多种因素（温度、压力、振动等）的影响。

光纤干涉仪有多种不同分类方法。根据干涉光路结构，可分为双光束干涉、多光束干涉和长程干涉仪；根据测量方式可分为直接测量（如温度和应变）和间接测量（如振动和声波）；根据所用光源类型又可分为激光干涉仪和宽谱/白光干涉仪。

光纤干涉仪的输出信号具有周期性和非线性特征，需要复杂的信号处理方法来解调相位信号。好的干涉信号处理技术具有如下基本特征：干涉仪相位变化与被测物理量间呈线性关系，在整个测量范围内有平坦的响应灵敏度；当相位变化大于 2π 时，能自动区分相位变化的方向。实际应用中，不同的应用场合有不同的解调方案。因此，本章以干涉光路结构为线索，分双光束干涉仪、多光束干涉仪、长程干涉仪三类结构，以及相对测量与绝对测量两种方式讨论适合不同干涉类型的各种解调技术；深入分析干涉仪光源光谱对系统性能的影响，以及两种典型的光电探测器硬件解调模式——单探测器探测和双探测器平衡探测法，完整地还原光纤干涉仪的信号解调技术架构，便于学习和掌握。

4.2 双光束光纤干涉仪的信号处理

光纤MZ干涉仪、迈克耳孙干涉仪、赛格纳克干涉仪和F-P干涉仪都可实现双光束干涉。采用不同的光源，双光束干涉仪可实现绝对或相对测量，但是信号处理方法有较大差异。常用的光源有激光光源、宽谱光源以及激光宽谱光源；既能实现静态绝对测量，也能进行动态相对测量，本节将分别讨论。

4.2.1 激光干涉相对测量方法

激光器是双光束干涉的常用光源。由于激光的单色性好、相干长度长，干涉仪的两臂光程差可以很大，实现非常高的灵敏度。以光纤MZ干涉仪结构为例，如图4-1所示。

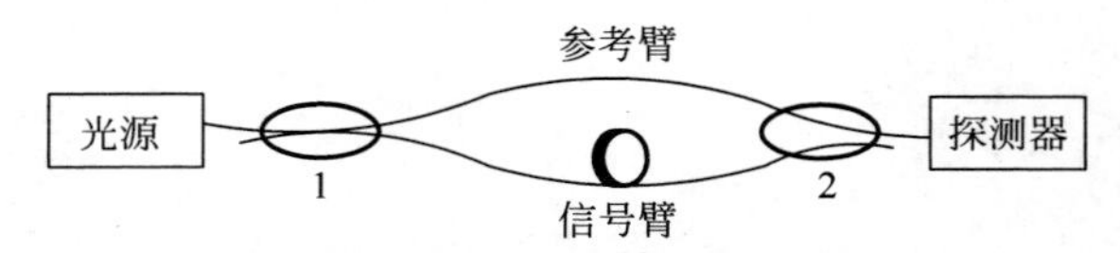

图4-1 光纤MZ干涉仪结构图例

光纤MZ干涉仪由两个光纤3 dB耦合器1和耦合器2构成。激光器发出的连续光经耦合器1分为两路入射，分别经过干涉仪两臂传输后，在耦合器2处发生干涉，干涉信号经光电探测器接收后进行信号处理。

若传感区域也即干涉仪信号臂保持稳定，则输出干涉信号除存在环境变化(如温漂)所引入的低频漂移外，均保持类似直流的输出。当传感区域某位置处发生扰动时，干涉仪两臂长度差L和材料折射率n同时发生改变，使光波产生一附加相位$\Delta\phi$，干涉仪的输出光功率为

$$I_{\text{out}}=\frac{1}{2}I_0\mathrm{e}^{-\alpha l}[1+V\cos(\phi_0+\Delta\phi)] \tag{4-1}$$

式中，I_0为光源的输出功率；α是光纤的损耗；l是干涉仪的臂长；V为干涉对比度，它和光源的谱线形状、干涉仪的光程差以及光纤中光波的偏振态有关。$\phi_0=2\pi nL/\lambda$，为干涉仪初始相位差，这里n为光纤折射率，L为干涉仪臂长差，λ为激光波长。

外界环境变化引起干涉仪臂长、折射率、激光波长变化，相应形成的干涉仪相位变化表示为

$$\Delta\phi=\frac{2\pi(\Delta n)L}{\lambda}+\frac{2\pi n(\Delta L)}{\lambda}+\frac{2\pi nL}{\lambda^2}(\Delta\lambda) \tag{4-2}$$

由于式(4-2)分母中的光波波长在微米量级，采用激光光源的双光束干涉仪具有极高的灵敏度。在无需绝对测量(静态量)，而只需测量相对变化量(动态量)时，是首选结构。

为了更好地阐述干涉仪信号处理方法，用 ϕ 替代 $\phi_0+\Delta\phi$ 并对式(4-1)作如下简化：

$$I_{\text{out}}=A+B\cos\phi \tag{4-3}$$

式中，$A=\frac{1}{2}I_0\mathrm{e}^{-\alpha l}$，$B=\frac{1}{2}I_0\mathrm{e}^{-\alpha l}V$，这里 l 为干涉仪臂长，它说明干涉仪输出光功率是相位的余弦函数，具有非单调的周期属性。对双光束干涉仪进行信号处理，就是利用各种不同的方法，根据式(4-3)由测得的光强信号得到 ϕ。针对不同的应用场合，本节重点讨论两类典型解调方法——**正交检测法**和**锁相环方法**。

正交检测法，是通过特殊的调制解调手段，从式(4-3)右侧，得到 $\cos\phi$ 和 $\sin\phi$ 两个正交分量，进而求得 ϕ 的线性表示。这种方法就是广为人知的 I-Q 解调方法。

锁相环方法，是通过负反馈网络，将式(4-3)中的相位锁定于正交工作点 $\phi=\pi/2$ 附近，即余弦函数的线性变化区。在 ϕ 很小的情况下 $\cos(\phi+\pi/2)=-\sin\phi\approx-\phi$，从而得到 ϕ 的线性形式，这种方法实现简单，适宜于实验室验证。

1. 正交检测

如前所述，正交检测首先从式(4-3)中得到两个正交分量：$I=\cos\phi$，$Q=\sin\phi$；然后，利用 $\frac{Q}{I}=\tan\phi$ 得到关于相位的正切值，通过查表法求出反正切值，即可得到 ϕ 的线性形式；也可以采用坐标旋转数字计算(coordinate rotation digital computer，CORDIC)算法，直接从 I、Q 分量求得 ϕ 而无需查表。

为获得 I、Q 分量，常用的方法有三种：相位生成载波(phase generated carrier，PGC)法，外差(heterodyne)法，3×3 耦合器法。

1) 相位生成载波(PGC)法

相位生成载波的原理如图 4-2 所示。

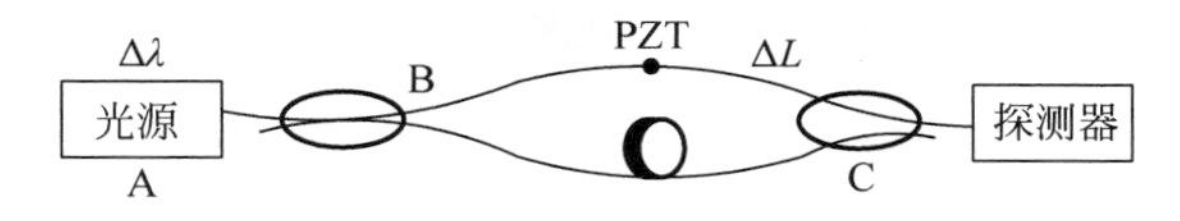

图 4-2　相位生成载波的原理

干涉仪相位差形成的途径可以用式(4-2)描述。用频率为 ω_c 的单频信号对激光光源 A 进行波长调制 $\Delta\lambda\cos(\omega_c t)$，或者在参考臂 B 用压电陶瓷(PZT)进行长度调制 $\Delta L\cos(\omega_c t)$，都可对干涉仪输出相位进行调制，两臂信号在耦合器 C 处干涉，经光电转换后为

$$I_{\text{out}} = A + B\cos[M\cos(\omega_c t) + \phi] \tag{4-4}$$

其中，$\cos(w_c t)$为施加的调制信号；M 为调制深度，正比于波长调制幅度 $\Delta\lambda$，或者长度调制幅度 ΔL。对式(4-4)进行解调的原理如图 4-3 所示。

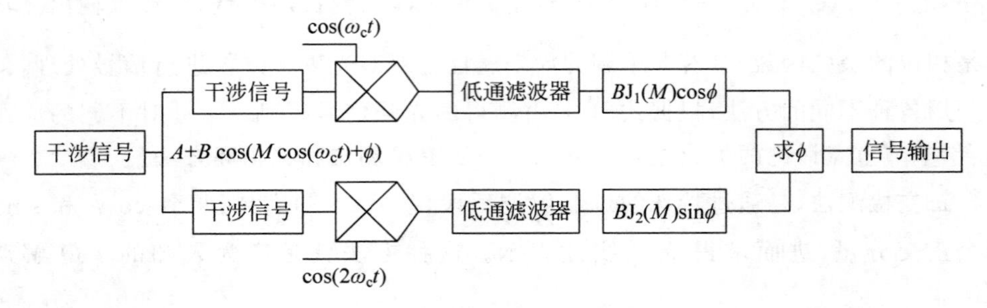

图 4-3　PGC 解调算法框图

对式(4-4)的右侧进行贝塞尔展开为

$$A + B\left(\left[J_0(M) + 2\sum_{k=1}^{\infty}(-1)^k J_{2k}(M)\cos(2k\omega_c t)\right]\cos\phi - 2\left\{\sum_{k=0}^{\infty}(-1)^k J_{2k+1}(M)\cos[(2k+1)\omega_c t]\right\}\sin\phi\right) \tag{4-5}$$

式(4-5)与本振信号 $\cos(\omega_c t)$和 $\cos(2\omega_c t)$分别混频，并且经过低通滤波器得到

$$BJ_1(M)\sin\phi,\quad BJ_2(M)\cos\phi \tag{4-6}$$

至此，只要设法保证 $M=2.63$，使 $J_1(M)=J_2(M)$，就能从式(4-6)的两个正交表达式得到待测信号 ϕ。

2）外差法

与零差法为基础的 PGC 方法不同，在外差法方案里，进入干涉仪两臂的激光，采用固定频差的两个不同频率。其原理如图 4-4 所示。

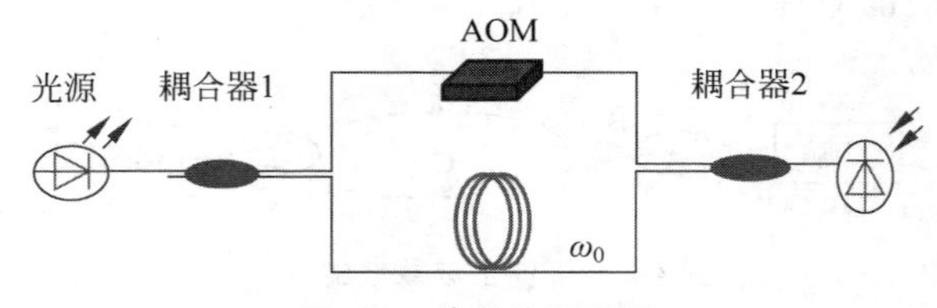

图 4-4　外差法原理图
（请扫Ⅴ页二维码看彩图）

图 4-4 中，光源的输出光经过耦合器 1 分为两束，其中一束为 MZ 信号臂，经过电光调制器（electro-optic modulator，eOM）或声光调制器（acousto-optic modulator，aOM）在原始光频 ω_0 上产生一个固定频移 ω_c。随后两束光在输出耦合器 2 处形成干涉，经光电探测器产生如式(4-7)所示干涉信号：

$$I_{\text{out}} = A + B\cos(\omega_c t + \phi) \tag{4-7}$$

外差法的输出是调频信号，载波频率由两臂光波的拍频产生。式(4-7)的调频信号带宽为 ω_c，远小于如式(4-5)所示的 PGC 调相信号。为了得到两个正交分量，采用如图 4-5 所示的信号处理方案。

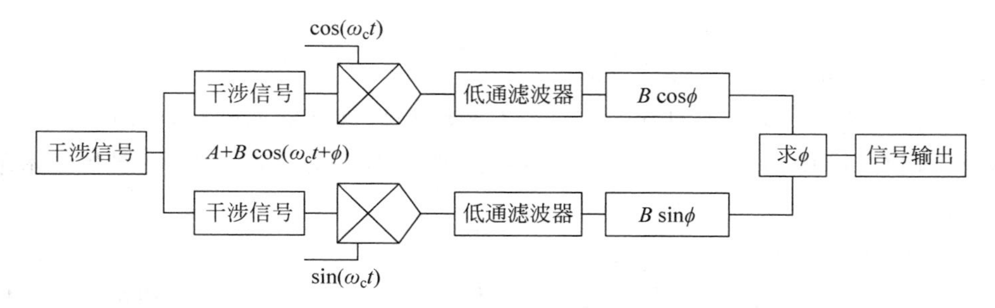

图 4-5　外差法解调算法框图

其中，本振信号 $\cos(\omega_c t)$ 和 $\sin(\omega_c t)$ 与 I_{out} 混频后，经低通滤波器滤除 ω_c 及更高频率分量后得

$$I = \frac{1}{2}B\sin\phi, \quad Q = \frac{1}{2}B\cos\phi \tag{4-8}$$

从式(4-8)看出，和 PGC 方法相比，外差法得到的两个正交分量幅度一致，消除了对贝塞尔函数的依赖，更利于后续的信号处理；同时干涉仪输出信号带宽降低，也降低了对数据系统参数指标的要求。

3）3×3 耦合器方法[1-2]

3×3 耦合器方法的基本思想是在不对干涉仪进行调制的情况下，得到两个正交分量。图 4-6 为 3×3 耦合器解调方案原理图。

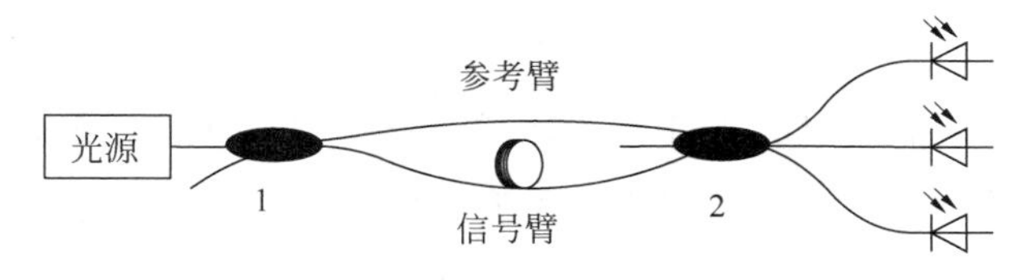

图 4-6　3×3 耦合器解调方案原理图

光源发出的连续光，从耦合器 1 进入光纤干涉仪，从 3×3 耦合器 2 出射，进入三个光电探测器。考虑完全对称的理想 3×3 耦合器，三路输出信号表达式为

$$
\begin{cases}
I_1 = I_0[M + N\cos\phi] \\
I_2 = I_0\left[M + N\cos\left(\phi + \dfrac{2\pi}{3}\right)\right] \\
I_3 = I_0\left[M + N\cos\left(\phi - \dfrac{2\pi}{3}\right)\right]
\end{cases}
\tag{4-9}
$$

式中，I_0 是激光器的输出光强；N 为干涉对比度。为了得到两个正交分量 I-Q，由式(4-9)中的三路输出光强两两相减($I_1 - I_2$，$I_1 - I_3$)可以消除直流项，对余下的交流分量进行幅度归一化后即可得到所需正交分量：

$$
Q = \sin\phi, \quad I = \cos\phi \tag{4-10}
$$

上述幅度归一化可由数字计算完成。

上述方法适合于完全对称的 3×3 耦合器，如果耦合器不满足对称性要求时，需要采用合适的算法(如椭圆拟合法)进行处理后，这种方法依然有效，具体技术细节可以参考相关文献[1]-[2]。

4) 三种正交检测方法的比较

前述三种方法已广泛应用于光纤干涉仪的正交检测。三种方法的优缺点对比见表 4-1。

表 4-1　三种正交检测方法的比较

解调方法	优　　点	缺　　点	适用范围
PGC	光路简单、调制方便	干涉信号处理所需带宽大； 两路正交信号幅度依赖于贝塞尔函数； 解调结果与调制深度相关	均可用于多传感器阵列； 均可采用数字算法、稳定性好
外差法	带宽小、两正交信号幅度相同	移频器/频率调制成本高	
3×3 耦合器法	无需调制，增加系统的带宽	需要 3 路探测器；对 3 路对称性要求高，补偿算法较复杂	

2. 锁相环方法[3]

和前述正交检测法不同，光纤锁相环方法通过把干涉仪锁定在正交工作点附近，使输出信号和干涉仪相位保持线性关系，如式(4-11)所示：

$$
I_{\text{out}} = A + B\cos\left(\frac{\pi}{2} + \phi\right) \tag{4-11}
$$

当 ϕ 保持小信号工作（注意：信号本身未必很小），干涉仪处于正交工作点时，输出信号从余弦函数的非线性形式变为近似线性形式：

$$I_{out}=A-B\phi \tag{4-12}$$

随着两臂相位的随机漂移，干涉仪偏离正交工作点，造成输出信号的衰落。当$\frac{\pi}{2}+\phi$等于π的整数倍时，已无法探测到信号。因此，为了实现高灵敏度测量，需要将干涉仪锁定至正交工作状态，这就是光纤锁相法名称的由来。这种方法结构简单、电路复杂性低、信号畸变小，干涉仪工作于线性状态，对单个传感器信号的解调是一种优选方案。

为了将干涉仪锁定至正交工作状态，利用干涉仪参考臂上PZT的压电效应，引入相位反馈，通过在PZT上施加反馈电压V_f使其产生形变，待此形变传递到干涉仪参考臂而引起光程改变，从而改变干涉仪的输出相位。如何控制加到PZT上的电压使正交工作条件得到满足，以及其后系统如何稳定工作，是光纤锁相环系统实现的重点。图4-7是光纤锁相环方法的原理框图。

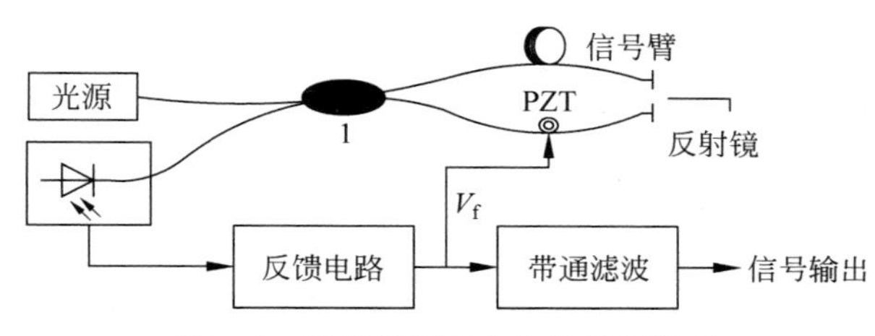

图4-7　光纤锁相环方法的原理框图

光纤锁相环的工作过程包括三部分：相位锁定、相位跟踪和系统维稳。

1）相位锁定：非线性系统分析

观察图4-7，设干涉仪输出信号初始相位为ϕ_0，将式(4-11)改写为

$$I=A+B\cos[\phi(t)+\phi_0] \tag{4-13}$$

式中，$B=kA$，$k<1$。这是因为干涉仪中存在：①偏振态起伏；②两臂光强差异；③光源有限相干长度等因素，均造成干涉对比度的降低。经光电转换后，直流项和交流项的幅度都会有变化。在光纤锁相环系统中，需要去除干涉仪的直流项，此时$A\approx 0$。

干涉仪信号通过线性反馈系统，输出后作为PZT的控制信号。设反馈电路脉冲响应函数为$h(t)$，根据线性系统理论，加到PZT上的信号为

$$v_{FB}(t)=h(t)*I(t)=h(t)*\{A+B\cos[\phi(t)+\phi_0]\} \tag{4-14}$$

式中，$*$表示卷积运算。PZT电压变化所引起的干涉仪相位改变为

$$\begin{aligned}\phi_{FB}(t)&=K_{PZT}\nu_{FB}(t)\\&=K_{PZT}h(t)*\{A+B\cos[\phi(t)+\phi_0]\}\end{aligned} \tag{4-15}$$

式中，K_{PZT}为PZT电压响应。干涉仪输出信号总相位为

$$\begin{aligned}\phi(t) &= \phi_0 + \phi_{FB}(t)\\ &= \phi_0 + K_{PZT}h(t) * \{A + B\cos[\phi(t) + \phi_0]\}\end{aligned} \tag{4-16}$$

为满足干涉仪正交条件，选择 $h(t)$ 为一积分环节，式(4-16)写为

$$\phi(t) = \phi_0 + K_{PZT}\int_0^t \{A + B\cos[\phi(\tau) + \phi_0]\}\mathrm{d}\tau \tag{4-17}$$

这是一个非线性积分方程，很难求得其解析解，将式(4-17)两端对时间 t 求导：

$$\phi'(t) = K_{PZT}A + K_{PZT}B\cos[\phi(t) + \phi_0] \tag{4-18}$$

式(4-18)表示干涉仪相位和其时间变化率的关系。尽管没有表示相位差 $\phi(t)$ 是怎样随时间变化的，它却完全可以描述反馈控制过程中 $\phi(t)$ 的变化情况，可用于研究锁相环路的相位锁定过程。

据式(4-18)画出 ϕ'-ϕ 曲线。不失一般性，设初始相位 ϕ_0 为零，如图 4-8 所示。

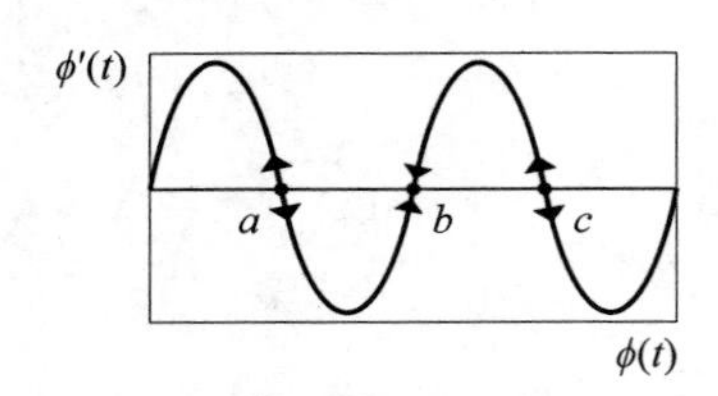

图 4-8　光纤锁相环相位锁定过程示意图($A<B$)

图 4-8 上任一点表示系统的一个状态。横坐标为光纤干涉仪的相位差 $\phi(t)$，纵坐标为相位差随时间的变化率 $\phi'(t)$。图 4-8 中箭头代表方向性。在横轴上方，$\phi'(t)>0$ 表示相位差的值将随时间的增加而增加。在横轴的下方，$\phi'(t)<0$ 表示相位差的值将随时间的增加而减小。在曲线与横轴的交点处 $a, b, c, \cdots$ 处，$\phi'(t)=0$，表示系统达到平衡，相位不再变化。

对于平衡点 b，当有一正扰动时，由于 $\phi'(t)>0$，$\phi(t)$ 将继续增加直到 c 点。若 $\phi(t)$ 再增加，则 $\phi'(t)<0$，使 $\phi(t)$ 向减小的方向变化，又回到 c 点。类似地，当在 b 点有一负扰动时，由于 $\phi'(t)<0$，则 $\phi(t)$ 将减小，直到 a 点。若 $\phi(t)$ 再减小，则 $\phi'(t)>0$，使 $\phi(t)$ 向增加的方向变化，又回到 a 点。因此 b 点是系统的不稳定平衡点，a、c 是系统的稳定平衡点。

曲线与横轴相交的情况取决于 A、B 的值。当 $|A|<|B|$ 且 $A>0$ 时，其 ϕ'-ϕ 曲线如图 4-8 所示。这时无论起始 $\phi(t)$ 为何值，环路总能达到稳定点。例如，当起始 $\phi(t)$ 位于 b 和 c 之间时，环路最终将稳定在 c 点。这就是说，只要满足 $|A|<|B|$，环路就能进入锁定状态。

在环路锁定过程中，干涉仪输出相位单调地趋向稳定点，从起始 $\phi(t)$ 值到达稳定点，$\phi(t)$ 值的变化不会超过 2π。在某一起始 $\phi(t)$ 值确定时，状态点将沿箭头所指方向移动至稳定点。随着 $\phi(t)$ 变化，$\phi'(t)$ 也变化，所以状态点向稳定点移动的速度是变化的，越接近稳定点，移动速度越慢。在实际应用时，只要相差 $\phi(t)$ 小

于某一给定的值后，即可认为系统已达到稳定。稳定点可令式(4-18)左端置零而取得

$$\phi_s = \pi - \arccos\frac{A}{B} + 2m\pi, \quad m = 0, \pm 1, \pm 2, \cdots \tag{4-19}$$

此即式(4-18)的稳态解，即光纤锁相环路进入锁定状态后，输入信号与 PZT 反馈信号叠加所形成的干涉仪稳态相差。如果满足 $|A| \approx 0$，则

$$\phi_s \approx \frac{\pi}{2} + 2m\pi, \quad m = 0, \pm 1, \pm 2, \cdots \tag{4-20}$$

这正是正交工作点的表达式。当 $|A| > |B|$ 且 $A > 0$，也就是干涉仪对比度很低，远小于干涉仪输出直流量时，没有 $\phi'(t) = 0$ 的稳定点，环路永远不能进入锁定状态。

A 和 B 的相对大小与干涉仪的干涉可见度有关，在锁相环相位锁定过程中起着重要作用。对系统进入稳态之后的信号失真，以及系统的稳定程度都起着关键的作用。到此，已经解决了系统如何能够稳定在正交工作点的问题，下面将讨论系统进入稳定状态之后的工作情况。

2）相位跟踪：稳态分析

式(4-17)所示环路方程为一非线性方程，在分析环路的某些特性，如频率特性、跟踪特性、稳定条件时，系统锁定于正交工作状态，可将环路作为一个线性系统分析。

图 4-9 为光纤锁相环线性模型示意图，各部分功能如下所述。

K_1 表示干涉仪输出信号经光电转换的系数，单位是 V/rad，取负号(参照式(4-12))是为了抵消后面积分器的负号，使系统满足负反馈。K_2 表示经负反馈系统输出到 PZT 后引起参考臂相位改变的转换系数，单位是 rad/V。

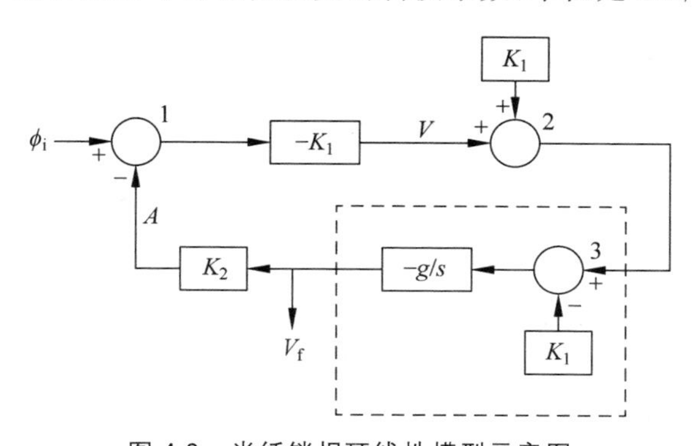

图 4-9　光纤锁相环线性模型示意图

图 4-9 中右上角的加法器 2 示意干涉仪输出信号中的直流项。左上部的减法器 1 表示干涉仪两臂光程相减的过程。虚线框中的减法器 3 表示消除干涉仪输出

信号直流项的过程，减法器的理想程度决定了 A、B 的值（A 为零最理想）。该减法器既可以是一个减法器，也可以是一个平衡探测器，但不能是高通滤波器，因为高通滤波器不可避免地会滤除低频端信号，从而让环路失去相位跟踪能力。$-g/s$ 为积分，用其拉普拉斯变换式表示，g 表示积分的幅度，负号代表电路接成反向工作。V_f 表示反馈系统输出信号，它同时被作为整个检测系统的输出信号。

从图 4-9 可得系统进入稳态之后的相位跟踪情况。设待测信号引起的信号臂光程变化致使光波相位变化 $\phi_i(t)$；PZT 上加电压 V_f 引起的参考臂光程变化致使光波相位变化 $\phi_f(t)$。则图 4-9 的闭环系统可表示为

$$\begin{cases}\phi(t)=\phi_i(t)-\phi_f(t)\\ \phi_f(t)=K_2V_f(t)=-K_2g\int[-K_1\phi(t)+K_1-K_1]\mathrm{d}t\end{cases} \tag{4-21}$$

整理并取拉普拉斯变换得

$$\frac{\phi(s)}{\phi_i(s)}=\frac{s}{s+K_1K_2g} \tag{4-22}$$

式(4-22)表示待测信号 ϕ_i 与干涉仪输出信号 ϕ 之间的关系，称为环路的误差传递函数，它表示一个截止角频率为 K_1K_2g 的一阶高通滤波器。当信号的角频率 ω 远小于 K_1K_2g 时，$\left|\frac{\phi(\mathrm{j}\omega)}{\phi_i(\mathrm{j}\omega)}\right|$ 近似为零，参考臂可以对信号臂引起的相位变化进行有效的补偿，即使信号臂存在大信号，依然可以维持干涉仪的小信号工作状态。

下面给出 ϕ_i 到 V_f 的转移函数：

$$\frac{V_f(s)}{\phi_i(s)}=\frac{K_1g}{s+K_1K_2g} \tag{4-23}$$

式(4-23)表示 PZT 信号 V_f 与待测信号 ϕ_i 之间关系，称为环路的闭环传递函数。它表示一个截止角频率为 K_1K_2g 的一阶低通滤波器，当信号角频率 $\omega\ll K_1K_2g$ 时，$\left|\frac{V_f(\mathrm{j}\omega)}{\phi_i(\mathrm{j}\omega)}\right|=\frac{1}{K_2}$，输出电压 V_f 与待测信号满足线性关系，将该电压作为输出，即可完成信号提取。

3）稳定性：失稳与维稳

光纤锁相环实际应用时，系统失稳的原因主要有两点。

（1）温度漂移和反馈信号上限。

对光纤干涉仪，在温度漂移很大时，为了保持干涉仪小信号工作，反馈信号忠实地反映实际信号的变化，则信号幅度也要相应增加。而反馈网络由运算放大器等电路元件组成，具有一定的工作电压范围。当温度漂移幅度使反馈系统超过幅度上限才能完全补偿时，系统饱和导致无法有效补偿。同时，由于温漂的频率往往

比信号频率小得多，在通过反馈系统的积分环节时，积分结果会持续地增加，进一步使系统饱和，后者往往更为严重，需要专门的复位装置。温度漂移和光纤干涉仪两臂长度成正比，光纤长度越长，干涉仪越灵敏，受温度影响也越大。在一定的光纤长度下，提高积分电路的工作电压范围，选用高电压工作的运算放大器搭建积分电路，能够有效解决温度漂移问题。

（2）光源功率波动。

光源功率波动主要是因为在实际工作环境中，光源的输出尾纤有可能出现弯曲而造成图 4-9 的消直流不理想，式(4-20)不能满足，系统锁定范围大大减小，这种情况必须通过对光纤仔细布线解决；也可以在输出端使用平衡探测器，直接消除输出信号中的直流项，从而始终保持$|A|\approx 0$的状态。

光纤锁相环方法简洁明了，适合实验室应用。由于系统工作于线性状态，可充分发挥干涉仪检测微弱信号的优点，在单个/少量传感探头情况下，可完全消除由光源波动引起的不稳定因素。

本节介绍的锁相环方法，主要用于处理低频的传感器信号（小于 1 MHz）；采用数字信号处理手段，锁相环方法可用于高频信号处理，例如在窄线宽激光器锁频应用中，结合快速傅里叶变换（fast Fourier transform，FFT），该方法可以将两个激光器的频率差异，从初始的数百 MHz 锁定至 1 MHz 以下，读者可参考相关文献。

至此我们讨论了激光干涉的相对测量方法，接下来讨论可用于绝对测量的宽谱干涉仪。

4.2.2　光纤宽谱干涉仪绝对测量

顾名思义，光纤宽谱干涉仪采用宽谱光源，对干涉仪两臂光程差进行绝对测量，通常用于光纤 F-P 干涉结构的传感器。宽谱光源，既可以采用低相干的宽谱光源，如放大自发辐射光源（amplified spontaneous emission，ASE）、超辐射发光二极管（superluminescent diode，SLED）、卤钨灯等；也可以采用扫描激光器，扫描整个设定波长范围（例如，C＋L 波段：1510～1590 nm），从而得到一帧完整的干涉光谱。不同的光源，对应不同的解调方法。本章介绍两种常用方法。

（1）光谱分析法。这种方法使用扫描激光器或具有一定相干长度的宽谱光源，当干涉仪臂长差小于相干长度时形成双光束干涉条纹，通过读取干涉仪的输出光谱，得到对应不同波长的干涉强度；再由干涉峰值对应的波长差-腔长关系，实现腔长的绝对测量。

（2）匹配干涉仪法。采用完全非相干白光光源，通过增加匹配干涉仪，使系统实现零光程差，然后读取预先标定好的匹配干涉仪腔长，得到待测腔长的绝对数值。

接下来分别介绍这两种得到广泛应用的方法。

1. 光谱分析法

以光纤 F-P 干涉仪为例，干涉仪的输出光强如式(4-24)所示：

$$I=1+\gamma(L)\cos\left(\frac{4\pi L}{\lambda}+\phi_0\right) \tag{4-24}$$

式中，$\gamma(L)$为考虑了光纤数值孔径以及其他衰减项的干涉对比度；ϕ_0 为两干涉光束间的初始相位差。传感器输出的信号光谱是余弦信号，由于干涉光谱是光程差(两倍腔长 $2L$)的函数，通过干涉光谱能够精确地计算出干涉仪绝对腔长。光源中波长为 λ_1 和 λ_2 的两个波长的光，它们到达干涉仪输出端的相位差为

$$\Delta\phi=\phi_1-\phi_2=\frac{4\pi L}{\lambda_1}-\frac{4\pi L}{\lambda_2}=\frac{4\pi(\lambda_1-\lambda_2)}{\lambda_1\lambda_2}L \tag{4-25}$$

由式(4-25)可得

$$L=\frac{\lambda_1\lambda_2}{4\pi(\lambda_1-\lambda_2)}\Delta\phi \tag{4-26}$$

得到干涉仪输出光谱后，任意选取两个不同波长，从两个波长对应的相位差，就可以得到传感器的绝对光程差。通常两个波长间的相位差不易测量，一般通过寻找一些相位关系固定的点，例如输出光谱的相邻峰值点相位差始终是 2π，通过探测峰-峰间的波长间隔，就可以测量出绝对光程差。

干涉仪输出光谱是光谱分析法的基础，主要有两种获取光谱的方法。

(1)“宽谱光源＋小型光谱仪”：使用宽谱光源，通过小型光谱仪直接获取相应波段的光谱信息。

(2)“宽谱光源＋波长扫描＋波长定标”：“宽谱光源＋波长扫描”，既可通过“宽谱光源＋可调谐滤波器”，也可以用扫描激光器快速扫描整个设定波长范围(例如 C＋L 波段：1510～1590 nm)。随后光(波长线性变化)通过 2×2 耦合器分路，一部分注入 F-P 干涉仪，另一部分作为定标参考光进入波长定标装置(例如“标准具＋光纤布拉格光栅”(fiber Bragg gratings，FBG)组合，或者是第 3 章介绍的迈克耳孙干涉仪)，两路均经光电转换、放大、模数转换后，形成可用于信号处理的干涉光谱。

通过上述方法得到的干涉仪光谱——以波长为横坐标，光功率为纵坐标。为了求得腔长(干涉仪两臂光程差的一半)，既可以通过计算光谱两相邻峰值间距对应的波长差，类似时域信号处理，只是横坐标不是时间而是波长；也可以通过对光谱进行傅里叶变换实现，类似于频域信号处理。

下面首先详细讨论得到光谱的两种方法，随后讨论对光谱进行处理的方法。

1)“宽谱光源＋小型光谱仪”[4]

这种方法实现简单，原理如图 4-10(a)所示。

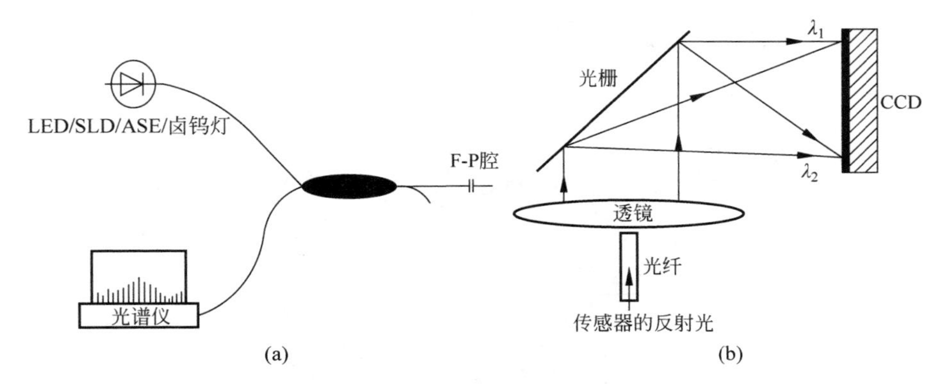

图 4-10　“宽谱光源＋小型光谱仪”
(a) 系统框图；(b) 小型光谱仪内部构造

使用宽谱光源，配合普通的光谱分析仪，即可完成干涉仪光谱的采集，但光谱仪体积大、价格高、不利于集成，也不便于信号分析。目前市场上，有一些小型便携式光谱仪器，尺寸小价格便宜，能和用户自己开发的仪器集成，便于仪器小型化。设使用一 1200 线全息光栅，将入射光衍射到图像传感器线阵，如电荷耦合器件(charge-coupled device，CCD)上，用 12 位的模数转换器，即可得到干涉仪的光谱，并将数据送至计算机处理，图 4-10(b) 给出了小型光谱仪内部构造。

从宽谱光源(如卤钨灯)发出的宽带光，进入干涉仪后，反射光经透镜准直，通过衍射光栅投射到 CCD 阵列，阵列的每个像素读取特定波长的光强。若 CCD 采样速率足够高，该系统还能测量动态信号。这种方法使用的宽谱光源，本身光谱不均匀，在测试时往往将反射光谱和光源光谱相除，来实现干涉仪光谱的归一化。

2)“宽谱光源＋波长扫描＋波长定标”[5]

这种获取干涉光谱方法的原理如图 4-11 所示。可调谐光源(“宽谱光源＋可调谐滤波器或者扫描激光器”)发出的扫描激光分为两路，一路进入干涉仪，其反射光由光电探测器 PD1 探测，作为传感信号；另一路通过 F-P 标准具后，经过一只 FBG，透射光作为波长校正定标信号，用 PD2 探测。信号处理系统控制锯齿波发生电路，输出线性电压加到波长调谐器；数据采集系统同时采集 PD1 和 PD2 探测器的输出信号，输入信号处理中心。

由此所得 PD1 输出信号，就是干涉仪的原始输出光谱，如图 4-12(a)所示。图 4-12 的横坐标是等时间间隔的采样点。从图 4-12 中可以看出，光谱在前半段(波长较短)信号稀疏，后半段(波长较长)信号密集，周期明显不同，无法准确判断 2π 相位对应的波长差。究其原因在于波长扫描器件的迟滞效应，扫描波长与外加锯齿波之间不是理想的线性关系，而数据则等时间间隔采样，因此采集到的光谱信号周期不均等。

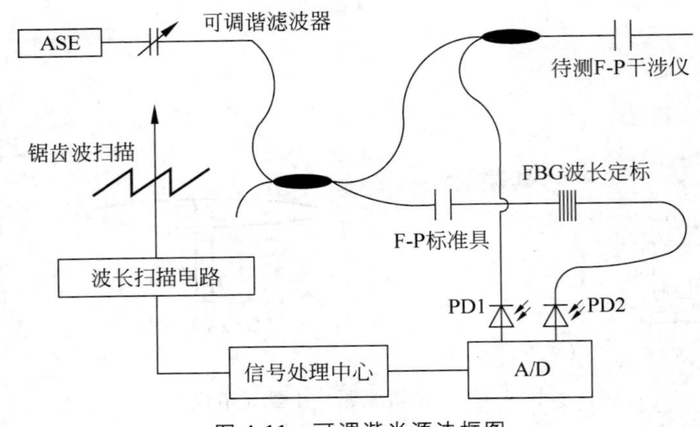

图 4-11　可调谐光源法框图

为了得到等波长周期的光谱信号，需要校正扫描波长的非线性。为此使用光纤 F-P 标准具作为波长标定器件，在标准具后串联一宽光谱的光纤光栅 FBG，中心波长为 λ_{FBG}，以抹除标准具对应该波长的谱线。这样标准具所有的峰，都能找到与之准确对应的波长。经过 F-P 标准具和 FBG 透射后的光谱，由 PD2 探测，如图 4-12(b)所示，PD2 和 PD1 一样，都是等时间间隔的采样点。

得到 PD1 和 PD2 后，就可以得到等波长周期的光谱，为此需要将图 4-12(a)的横坐标变成波长，而不是采样时间点。图 4-12(a)和(b)的横坐标相同，都是采样时间点；而图 4-12(b)的光谱峰峰值真实反映了相位相差 2π 的波长差。利用这关系，就可以从图 4-12(b)中，将真实波长映射为图 4-12(a)的横坐标，获得干涉仪输出和波长之间的关系，代替输出和采样点之间的关系。

设图 4-12(a)得到的实际数据系列为 $D(t)$，这里 t 为时间；图 4-12(b)得到的校准数据系列为 $R(t)$。因为已知 F-P 标准具的腔长和 FBG 的特征波长，则其对应 t 时刻的光谱波长 λ_t 可定量且准确。作 t 到 λ_t 的映射，可以得到在 t 时刻，$D(t)$对应的波长，从而得到一个新的数据系列，序列的序号默认是波长。显然图 4-12 的两个图，都不具有等周期特征，为了得到用波长表示的等周期光谱，我们通过内插法，拟合周期短(采样点少)的部分，最终使整个光谱呈现等周期，具体方法如下所述。

设图 4-12 中总的波长范围为 λ，以 $\Delta\lambda$ 为间隔，扩展为 N 个波长点，其中 $N=\lambda/\Delta\lambda$。在对应的图 4-12(a)光谱 $D(t)$中，原有波长点处保持原值，新增波长点补零。显然，在图 4-12(a)光谱密集处(周期短)，需要补零多；光谱稀疏处(周期长)，补零少。然后将整个光谱有限冲击响应(FIR)低通滤波，也就是将由补零造成的光谱高频突变滤除，使光谱得以平滑，经过这种内插算法的光谱，如图 4-13 所示，显然满足等周期的要求。其中图 4-13(a)是通过低通滤波器前的光谱，图 4-13(b)是通过

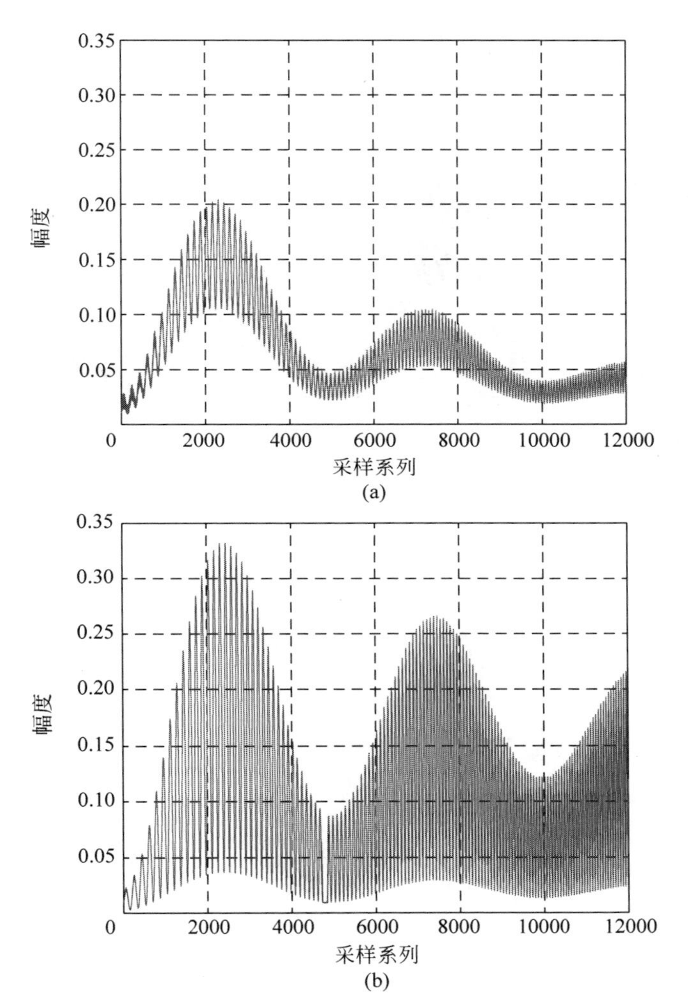

图 4-12　波长扫描法所得光谱图

(a) 干涉仪反射信号；(b) 标准具反射信号

(请扫Ⅴ页二维码看彩图)

低通滤波后的光谱。

如前所述，我们把光谱的波长间隔设置为 $\Delta\lambda$，设 $\Delta\phi=2\pi$：

$$L=\frac{\lambda_1\lambda_2}{4\pi(\lambda_2-\lambda_1)}\Delta\phi\approx\frac{\lambda^2}{2\Delta\lambda_{\mathrm{MM}}}\tag{4-27}$$

式中，$\Delta\lambda_{\mathrm{MM}}$ 为光谱中两峰值间波长间距；λ 为对应点的波长；L 为所求腔长。对式(4-27)两边求导，得腔长分辨率如下：

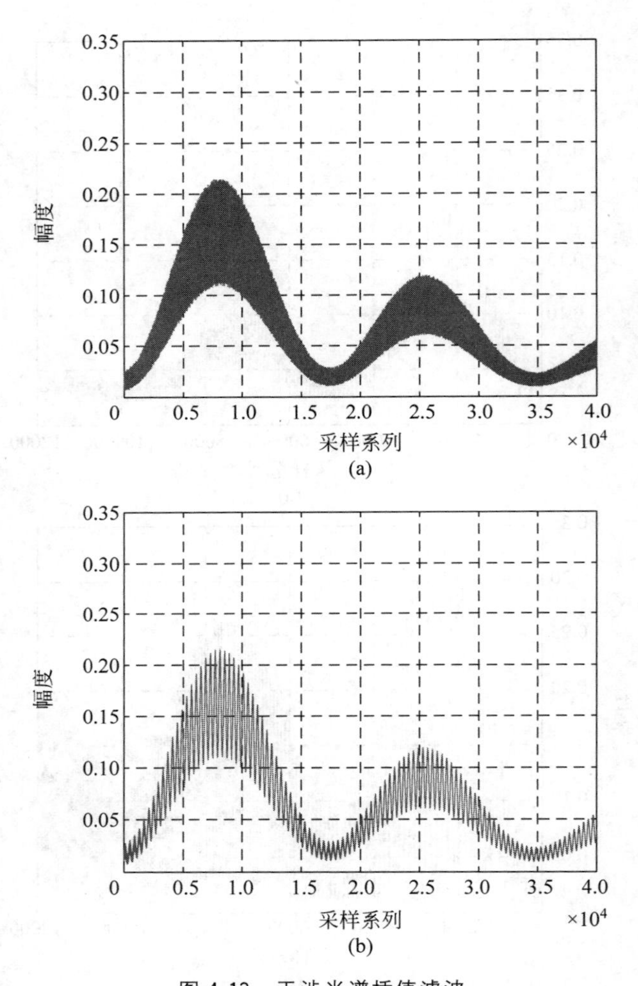

图 4-13 干涉光谱插值滤波

(a) 内插后未滤波的光谱；(b) 低通滤波后的光谱

(请扫Ⅴ页二维码看彩图)

$$\mathrm{d}L=\frac{1}{2}\left(\frac{\lambda}{\Delta\lambda_{\mathrm{MM}}}\right)^{2}\Delta(\Delta\lambda_{\mathrm{MM}})=\frac{1}{2}\left(\frac{\lambda}{\Delta\lambda_{\mathrm{MM}}}\right)^{2}\Delta\lambda \tag{4-28}$$

式中，$\Delta\lambda$ 即内插时设置的波长间隔。

3) 光谱信号处理

从式(4-24)可知，双光束干涉仪的输出光谱，是腔长的余弦函数，条纹的峰值位置平坦，在测量条纹间隔 $\Delta\lambda_{\mathrm{MM}}$ 时，不能准确定位峰值处的位置，因此很难判断峰值间波长间隔。但是余弦函数的傅里叶变换，是频域中的 δ 函数(冲激函数)，具有极窄频谱特性。如果对干涉仪光谱进行傅里叶变换，找到频谱中幅值最大的频率点，通过该频率点，就能求得干涉光谱的周期，也就是峰峰值对应的波长间隔，如式(4-29)所示：

$$f=\frac{1}{\Delta\lambda_{MM}}=\frac{2L}{\lambda^2} \tag{4-29}$$

以上用到式(4-27)中的求腔长公式，f 为傅里叶变换后 δ 函数对应的频率；$\Delta\lambda_{MM}$ 为光谱中两峰值间波长间距；λ 为对应点的波长；L 为所求腔长，求得 f，也就得到了腔长。

为了对干涉光谱进行傅里叶变换，我们先讨论两个有关问题。

(1) **腔长分辨率**：从式(4-29)看出，f 和 L 成正比，因此 $\Delta f\propto\Delta L$，腔长分辨率 ΔL 正比于傅里叶变换的频率分辨率 Δf。无论是用扫描法还是直接用光谱仪，得到的实际光谱，都是在离散波长上的光谱，对其做傅里叶变换，也是离散傅里叶变换(discrete Fourier transform，DFT)，在实践当中采用 FFT 算法实现。离散傅里叶变换的频率分辨率，定义为

$$\Delta f=\frac{f_s}{N} \tag{4-30}$$

式中，f_s 为采样频率；N 为采样点数。在相同的采样频率下，要想取得更好的频率分辨率，就需要更多的采样点数。

当采用扫描光源的干涉光谱时，采样率正比于数据采集系统的采集速率，反比于波长扫描速率；采样点数正比于采集时间，在锯齿波扫描情况下，采集时间正比于光源谱宽，反比于扫描速率。

在使用光谱仪的情况下，采样率反比于所用 CCD 相邻像素点对应的波长间隔。如图 4-10(b)所示，CCD 离衍射光栅越远，采样率越高。采样点数正比于 CCD 像素数。

(2) **光谱加窗**：前述方法得到的光谱，都是有限长度的数组，若直接对其进行傅里叶变换，则因为截断效应，会产生频谱泄漏。通常在对有限长度数组进行傅里叶变换前，需要对数据进行加窗处理。将该数组和某个特定数组(窗函数的离散值)相乘，降低该数组边缘的变化速率，使加窗后数组的开头和结尾部分平缓过渡到零，避免因为大的跳变而在傅里叶变换后产生虚假的高频谱线。不同的应用情景下，有不同的窗函数。如果不加窗直接应用原始数据，则其结果等效于加矩形窗，傅里叶变换后的幅值误差很大。

选择合适的窗函数，在干涉光谱的信号处理中起重要作用，要精确定位主特征峰的峰值信息，就需提高幅值识别度。布莱克曼-哈里斯(Blackman-Harris)窗具有很好的幅值分辨率、旁瓣低。和原始光谱信号相比，加 Blackman-Harris 窗后的光谱旁瓣很低、主特征峰展宽，增强了主特征峰的频率分辨率，降低了谱峰识别误差。

实验证明，经加窗处理后的腔长误差降低了两个数量级[5]。

(3) **求腔长**：至此，我们介绍了傅里叶变换前，干涉光谱的加窗和腔长分辨率。接下来对加窗后的光谱采用非常成熟的快速傅里叶变换算法，在各种不同计算平台实现离散傅里叶变换，得到以腔长为横坐标的腔长谱，如式(4-29)所示。

为了从腔长谱获得干涉仪腔长，可以直接通过求频谱最大值得到，这种方法原理直观、运算量小，但因为是求单点极值，对随机噪声非常敏感，在数百微米腔长情况下，能得到纳米级的测量精度。

为了进一步提高测量精度，理论上可以通过对光谱进行多次平均来降低每个谱峰处的随机噪声，这种方法实现难度小，但会大大降低系统的实时性。

波形相似度拟合法既能降低噪声对测量精度的影响，又能满足实时性的要求，而无需求解频谱的最大值，而是将频谱和预先存储的一系列频谱进行比较。每一个频谱都对应一个腔长，通过找出与实际频谱最相似的频谱，即可确定干涉仪的实际腔长[5]。

相似度拟合的方法，既可以通过对实际频谱和预存频谱做互相关，也可以采用最小二乘法。两者计算难度和测量精度相仿，相比直接求解频谱的极值，相似度拟合方法能够将误差降低一个数量级。在腔长数百微米的情况下，能够得到亚纳米测量精度。其中，互相关法的抗噪能力优于最小二乘法，而最小二乘法在信号信噪比高时误差更小。这是因为互相关方法更适合处理周期信号，而噪声对信号周期的影响小于幅度，因此互相关法的抗噪能力强。

在相似度拟合方法中，预存频谱的准确度是关键。实践中所用的方法通常以某个理论模型为基础构造 F-P 干涉仪的反射光谱谱型，如式(4-31)所示[5]：

$$I_{\mathrm{R}}=I_0\left[R_1+(1-R_1)^2R_2\eta^2(w_0,w)+2\sqrt{R_1R_2(1-R_1)}\,\eta(w_0,w)\cos\left(\frac{4\pi G}{\lambda}+\pi\right)\right] \tag{4-31}$$

式中，R_1，R_2 分别为入射端和反射端的端面反射率；G 是 F-P 腔长；$\eta(w_0,w)=\dfrac{2ww_0}{w^2+{w_0}^2}$是两束光的耦合系数；$w_0=a\left(0.65+\dfrac{1.619}{V^{1.5}}+\dfrac{2.879}{V^6}\right)$是光纤基模的模场半径，这里，$a$ 是纤芯半径，$V=\dfrac{2\pi aNA}{\lambda}$是光纤归一化频率。$w(l)=w_0\sqrt{1+\dfrac{l^2}{{l_{\mathrm{R}}}^2}}$是自由空间传播的高斯模场半径，计算时取 $l=2G$，这里 $l_{\mathrm{R}}=\dfrac{\pi w_0^2}{\lambda}$是瑞利距离。

对每一个 F-P 腔，在制作时监测 R_1、R_2 存入存储器。根据式(4-31)，固定 G，计算干涉对应腔长的光谱；然后以 G 为步长，逐次步进后计算下一个腔长对应的光谱，直到获得所有腔长对应的光谱，并将此光谱缓存于存储器中。这种方法的本质是把对测量光谱的多次平均分布到每一个频点上，以平滑随机噪声对单个频点的影响。预存波形一旦取得，即可固定于内存中，最小二乘或者互相关都可以实时进行，无需等待多次平均的结果，提升了实时性能。

至此，我们完整地介绍了使用光谱分析法进行干涉仪光程差的绝对测量。能够进行绝对测量的系统，原则上也可以进行相对测量，但是光谱分析法进行绝对测量的实时性较差，是否能够用于相对信号的动态测量，还要依具体情况而定。

2. 菲佐干涉仪方法[6]

菲佐(Fizeau)干涉仪原理如图4-14所示，与F-P干涉仪类似，由两块间距极小的光学平面组成，光线在两平面间反射形成干涉。

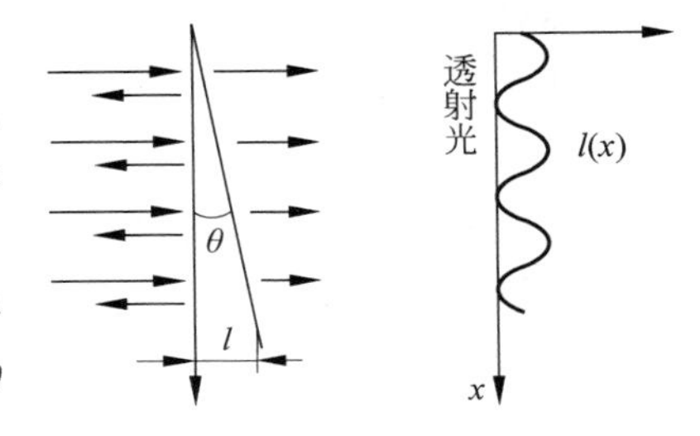

图4-14　菲佐干涉仪原理图

菲佐干涉与F-P干涉的差异在于组成干涉仪的两平面呈楔状结构，当两平面夹角为θ时，楔角内任意位置x处的间隙$l(x)$为

$$l(x)=x\cdot\tan\theta \tag{4-32}$$

在不同的x处，$l(x)$对入射光线产生不同的光程差。

菲佐干涉仪方法是一种匹配干涉仪方法，原理如图4-15所示。

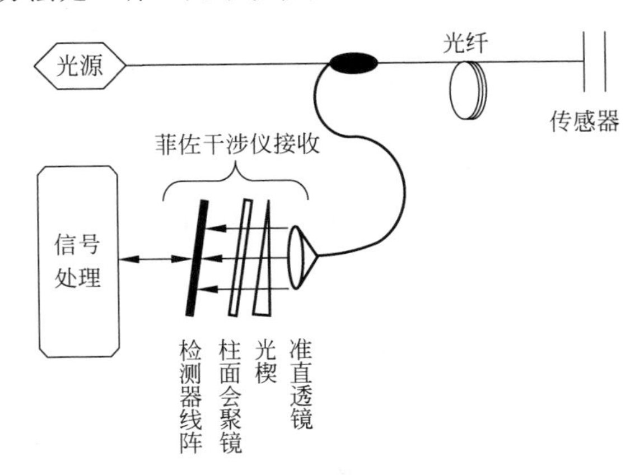

图4-15　采用菲佐干涉仪的F-P干涉仪解调系统原理图

采用菲佐干涉仪作为匹配干涉仪，与待测干涉传感器一起形成光学互相关器结构。低相干度(波长级的相干长度)的宽谱光源(如卤钨灯)发出的光，通过2×2耦合器注入腔长为L的待测干涉仪，返回的反射光在出射光纤处发散，图中的准直透镜将发散光准直以形成菲佐干涉仪的平行光入射条件。由于光电探测器CCD阵列的每个像素都远小于其与光楔对应位置处的宽度，因此采用柱面会聚镜将光楔宽度方向上的光能会聚至一个像素尺寸，以获得足够的光强度。光线通过

柱面透镜会聚为平行于光楔长度方向的线斑入射到菲佐干涉仪，两个干涉仪在菲佐干涉仪的楔形间距为 L 位置的整体光程差为零，互相关最大，光强最大。将菲佐干涉仪的输出投射到CCD阵列上得到白光干涉图样，在偏离零光程差的位置，待测干涉仪和菲佐干涉仪的互相关消失，光强迅速消失为零。通过标定菲佐干涉仪的楔形间距，读出CCD阵列上强度最大的峰，即可实现待测干涉仪光程差的绝对测量。

当外界扰动使干涉仪光程差发生变化时，菲佐干涉仪上相应的透光最强位置发生移动，CCD线阵接收到最大光强的像素位置也相应移动，因此，这种方法实现了对光程差的动态绝对测量。

和前述用扫描法获取光谱相比，这个系统的最大特点是没有运动部件，因此具有很好的理论长期稳定性。但另一方面，构成菲佐干涉仪的光楔是关键元件，也是难度所在。按照现有光电探测线阵的指标，干涉仪的楔角需在0.1°数量级，达到1′量级的加工精度；且对准直透镜、柱面镜、光电探测器阵列的装配精度，也有极高的要求。

除了光学器件的加工和装配外，CCD阵列也是系统的关键器件。系统测量的速率取决于CCD的线读出速率；测量精度取决于最大光强位置的测量精度；动态范围取决于CCD线阵总像素点数。截至目前，商用CCD线读出速率可达几十千赫兹，像素的灵敏度大于10 V/(μJ/cm^2)，单只传感器像素高达4096点，是动态应变绝对测量的理想器件[7]。

3. 亚波长厚度薄膜的白光频域干涉解调法

1）单峰值波长移动的白光频域干涉的理论基础

纳米级厚度薄膜的光程差非常小，导致其干涉光谱在光谱仪的测量范围内只有一个干涉峰。为此，需要讨论白光干涉光谱单峰值波长移动的解调方案。白光干涉的理论基础主要来自光的部分相干理论。根据光学干涉理论可知，经过迈克耳孙干涉仪的两束相干光的干涉光谱可以表示为

$$S(\lambda)=\frac{1}{2}S_0(\lambda)\left\{1+\mathrm{Re}[\mu_{12}(\lambda)]\cos\left(\frac{2\pi}{\lambda}\Delta L\right)\right\} \tag{4-33}$$

式中，$S_0(\lambda)$为光源光谱；ΔL 为干涉仪两臂的光程差；$\mathrm{Re}[\mu_{12}(\lambda)]$为频域干涉条纹的复光谱相干函数的实部，其值为常数。在零相位处，$\mu_{12}(\lambda)$的值为1。所以，式(4-33)又可以写成

$$S(\lambda)=\frac{1}{2}S_0(\lambda)\left[1+\cos\left(\frac{2\pi}{\lambda}\Delta L\right)\right]=\frac{1}{2}S_0(\lambda)[1+\cos(\Delta\phi)] \tag{4-34}$$

式中，$\Delta\phi$ 是干涉仪两臂的相位差。如果我们假设光源光谱 $S_0(\lambda)$为高斯分布，其中心波长=1550 nm，半高宽(full width at half maximum，FWHM)$\Delta\lambda$=50 nm，所

以光源的相干长度为

$$L_c = \frac{\lambda_0^2}{\Delta\lambda} \tag{4-35}$$

计算可得相干长度为 48.05 μm,光源光谱则可以表示为

$$S_0(\lambda) = \exp\left[-\frac{(\lambda - \lambda_0)^2}{2\Delta\lambda^2}\right] \tag{4-36}$$

所以,式(4-34)可以改写为

$$S(\lambda) = \frac{1}{2}\exp\left[-\frac{(\lambda - \lambda_0)^2}{2\Delta\lambda^2}\right][1 + \cos(\Delta\phi)] \tag{4-37}$$

式(4-37)即白光频域干涉的理论基础。

在频域干涉中,当干涉光程差(optical path difference,OPD)超过光源相干长度的时候,仍然可以观察到干涉条纹。出现这种现象的原因是白光光源的光谱可以看成是许多单色光的叠加,每一列单色光的相干长度都是无限的。当使用光谱仪来接收干涉光谱时,由于光谱仪光栅的分光作用,将宽光谱的白光变成了窄带光谱,从而使相干长度发生变化。此时,即便是两干涉光束之间的光程差超过了光源的相干长度,仍然可以产生干涉条纹,如图 4-16 所示。

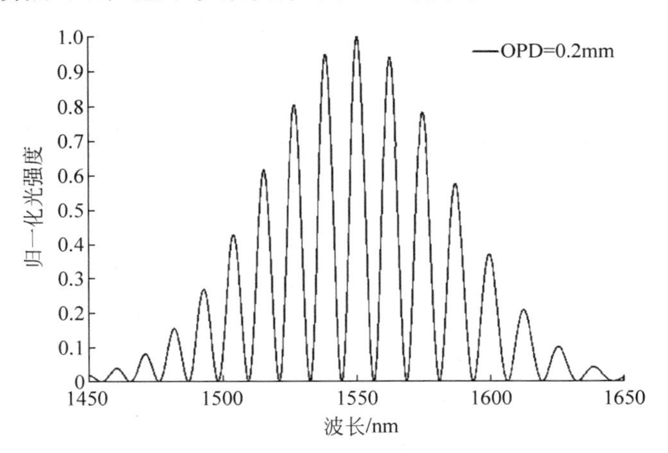

图 4-16　白光干涉光谱(光程差大于相干长度)

2) 单峰值波长漂移的白光频域干涉仿真分析

根据前述分析,当迈克耳孙干涉仪的两个干涉臂之间的光程差为 0 时,输出的干涉光谱与光源的光谱分布一致,即峰值波长位于 λ_0 处。图 4-17 表示光源干涉光谱随光程差的变化关系。

从图 4-17 中可以看出,当光程差从 $\Delta L = 0$ nm(图 4-17(a)中的实线)逐渐增加时,干涉光谱的干涉峰将向长波长方向移动,即红移(如图(a)中光程差为 400 nm

与 600 nm 曲线)，同时，其干涉的峰值强度会不断下降直至为 0(图中星号标记蓝色曲线)。继续增大光程差，干涉光谱重新出现，干涉峰值强度不断增加的同时峰值波长向短波长移动，即蓝移(三角和圆标记曲线)。光程差的增加将导致干涉光谱强度出现周期性的上升和下降，同时其峰值波长出现周期性的红移和蓝移，直到干涉光谱出现两个干涉峰(图 4-17(b))。此时我们定义具有更高强度的干涉峰的波长为中心波长。从图 4-17(b)中可以看出，随着光程差的不断增大，干涉主峰的强度不断下降，而另一个干涉次峰的强度则不断增加，但是两峰的峰值波长都不断地向长波长方向移动。当这两个峰的强度相等时，此时两干涉光束的相位差为 π。当光程差再次增加时，干涉光谱的峰值波长会突然从红移变成蓝移，这个点称为光谱开关。此后，如果继续增加光程差，将导致干涉峰值波长蓝移，直到两个干涉峰

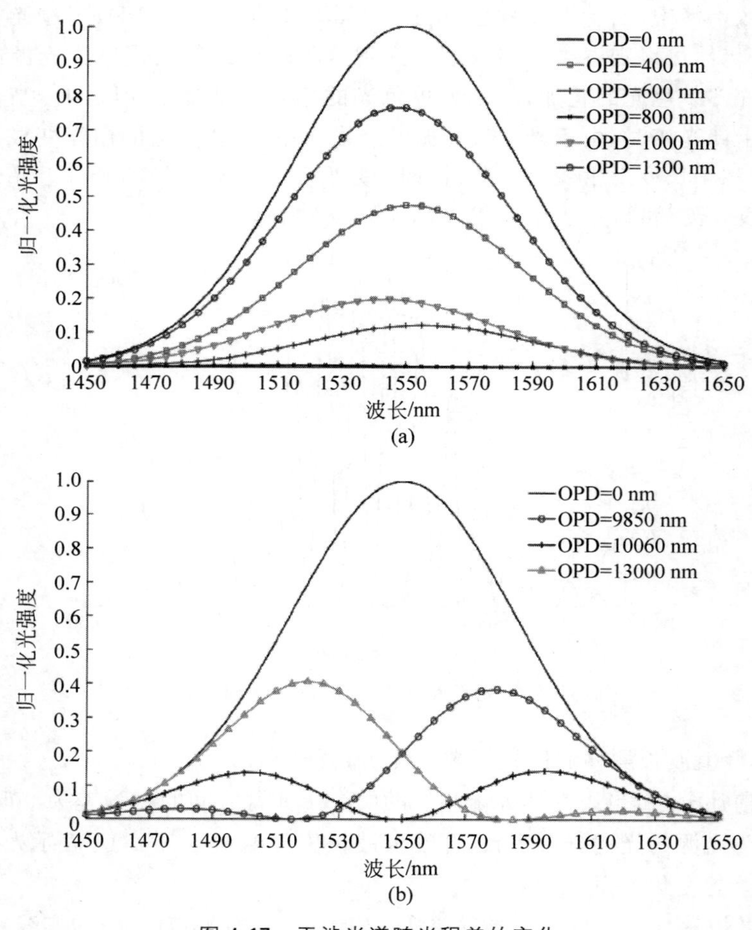

图 4-17　干涉光谱随光程差的变化

(a) 只有 1 个干涉峰；(b) 出现 2 个干涉峰

(请扫Ⅴ页二维码看彩图)

合成一个干涉峰并且和光源光谱完全重合。

图 4-18 给出归一化的干涉峰值强度与光程差之间的关系曲线。可以看到，其干涉峰值强度随着光程差增加而先逐渐减小然后增大，呈周期性变化。在一个变化周期内，总是存在一个特定的光程差，使干涉峰值强度最小，即处于波谷的位置。

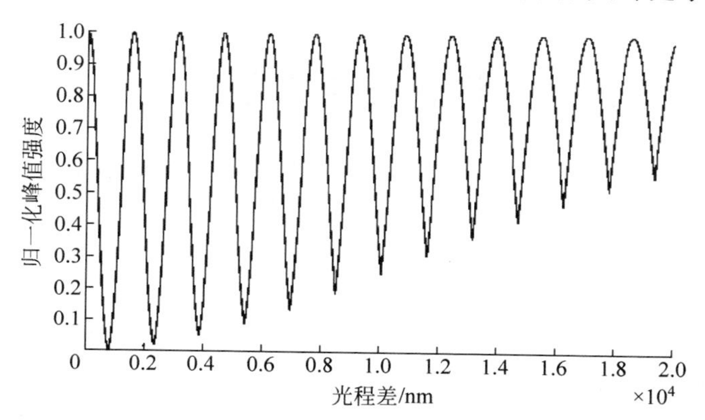

图 4-18　归一化的干涉峰值强度与光程差的关系曲线

为了简单理解归一化的谱移(the normalized spectral shift，NSS)，定义式(4-38)：

$$\mathrm{NSS}=\frac{\delta\lambda}{\lambda_0}=\frac{(\lambda-\lambda_i)}{\lambda_0} \tag{4-38}$$

式中，λ_0 是光源的中心波长；λ_i 代表干涉光谱的峰值波长。当 NSS=0 时，干涉光谱与光源相同。从图 4-19 中我们可以看出，当 NSS 为负值时，代表峰值波长红移；反之为正值时表示峰值波长蓝移。这个干涉光谱峰值波长由红移到蓝移的跳变点便是光谱开关，它发生在光程差对应于频谱峰值强度最小时的位置，也就是图 4-19 中所示波谷的位置。

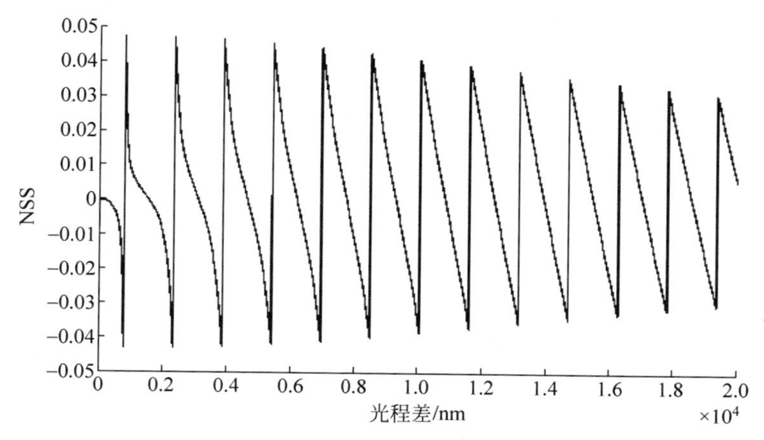

图 4-19　NSS 与光程差关系曲线

从图 4-18 与图 4-19 中可以发现，当光程差在某一很小的范围内变化时，干涉谱的峰值波长与光程差之间存在线性关系。该现象可用于实现对光程差的解调，进而实现对薄膜厚度、温度等与光程差变化相关的物理量的测量。对锗膜的测量结果表明，当光谱仪的分辨率为 4 pm 时，薄膜厚度测量分辨率可以达到 0.4 nm。

4.3 多光束光纤干涉仪信号处理

光纤干涉仪可检测极其微弱的信号，主要归因于光波长通常在亚微米尺度，而干涉仪的输出相位反比于光波长，正比于光程差。因此，极微小的光程差变化（如一个波长）都会产生很大的相位波动（2π）。在实际应用中，为了提高灵敏度，常采用增大干涉臂长以增加信号对干涉仪的作用强度。

在双光束情况下，为了增加干涉臂长通常是直接增加两臂光纤的长度，这在 MZ、迈克耳孙、赛格纳克等结构中很好实现。但是，对双光束工作的 F-P 干涉仪，光程差增加会大幅增加信号光的衰减，极大地降低了干涉信号的对比度，甚至根本没有干涉效应。

为了实现小尺寸、高灵敏度的干涉传感器，则利用多光束干涉的原理，通过增加两个干涉端面的反射率，使光线多次反射后再参与干涉，相当于变相增加干涉仪臂长。在尺寸相同时，多光束干涉仪具有比双光束干涉仪更高的灵敏度。图 4-20 是多光束 F-P 干涉仪的原理图。

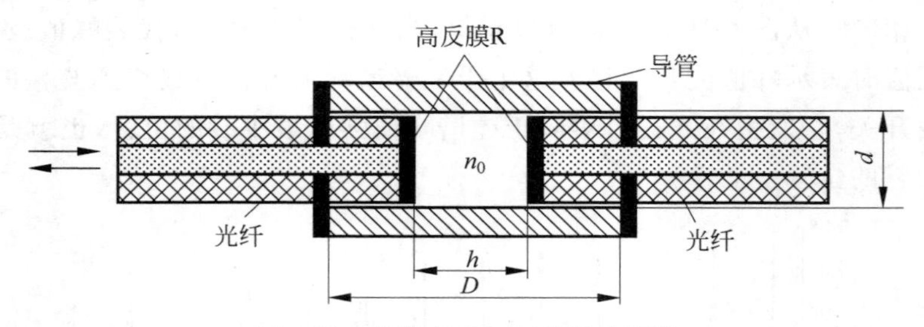

图 4-20 多光束 F-P 干涉仪的原理

镀膜法常用来增加光纤端面的反射率。其干涉特性如式（4-39）所示，参看式（1-24）和式（1-25）：

$$I_{\mathrm{T}}=\frac{1}{1+F\sin^2\left(\dfrac{\delta}{2}\right)},\quad I_{\mathrm{R}}=\frac{F\sin^2\left(\dfrac{\delta}{2}\right)}{1+F\sin^2\left(\dfrac{\delta}{2}\right)} \tag{4-39}$$

式中，I_{T}、I_{R} 分别为干涉仪透射光强和反射光强；$F=4R/(1-R)^2$ 为精细度；

$\delta=\frac{4\pi}{\lambda}n_0 h\cos\theta$，是由干涉仪光程差产生的相位差。$R$ 为干涉仪两端面的反射率，可见随着 R 增加趋近 1，精细度 F 迅速增加。图 4-21 给出 I_T、I_R 在不同 F 条件下，随着 δ 的变化曲线。

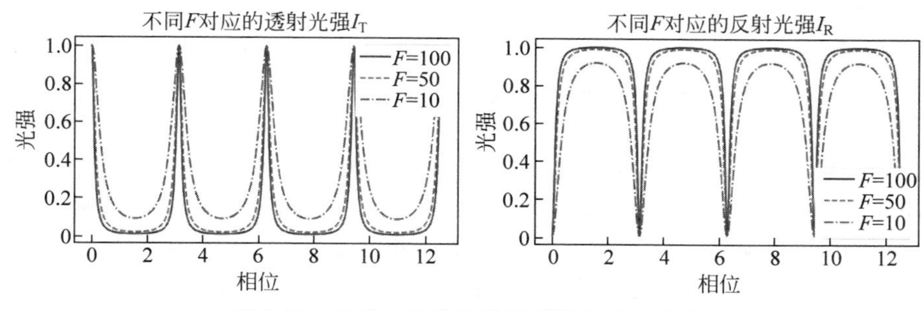

图 4-21　多光束干涉仪透射光谱和反射光谱

（请扫 V 页二维码看彩图）

与双光束干涉仪一样，多光束干涉仪既可以进行绝对测量，也可以实现相对测量。

4.3.1　绝对测量

由图 4-21 可知，随着精细度 F 的增大，参与干涉的光束变多，透射光谱谱峰变尖锐，光谱的其余部分接近 0 且非常平坦。这和呈正弦变化的双光束干涉光谱形成鲜明对照。

回顾在 4.2.2 节双光束 F-P 干涉仪的信号处理中，因为双光束干涉仪近似正弦变化的光谱峰值过于平坦而不易探测，需要通过傅里叶变换将光谱从波长域转换到腔长域，利用窄而清晰的腔长谱线求得腔长。在多光束干涉的信号处理中，当干涉仪精细度高时光谱在波长域是窄而清晰的谱线，可以直接用于探测峰值间隔的波长差，实现对腔长的绝对测量，避免了傅里叶变换的环节。光谱的获取和双光束干涉仪是类似的，既可以采用图 4-10 的光谱仪方法，也可以采用图 4-11 的扫描波长方法，在 4.2 节已经详细讨论过，这里不再赘述。

4.3.2　相对测量

在相同尺寸条件下，多光束干涉仪可探测到比双光束干涉仪更微弱的信号，这一点体现在对弱信号的相对测量上。如图 4-21 所示，高精细度的多光束干涉仪在尖锐的谱峰位置附近，腔长的微小波动即会引起干涉光强的急剧变化。通过探测这种变化，多光束干涉仪可以测量极微弱的信号。图 4-22 给出一种利用多光束干涉仪实现高精度测量的实验方案。

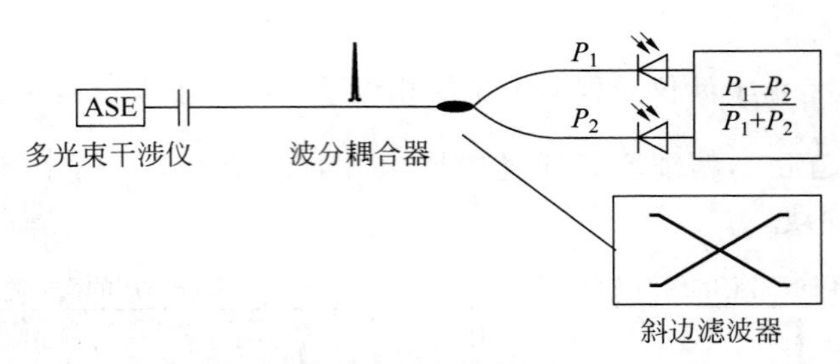

图 4-22　使用波分复用耦合器的多光束干涉解调系统

图中 ASE 光源的线宽为 35 nm（1529～1565 nm），功率 20 mW，在多光束干涉仪前向输出谐振尖峰，干涉仪由 SMF-28 单模光纤构成，腔长设计足够短，以保证光源光谱范围内只有一个谐振峰存在，也就是干涉仪的自由光谱区（free spectral range，FSR）宽度大于系统的谱线宽度，这可以通过在光纤熔接过程中使用光谱仪进行监视。应变或温度的微小变化，将导致谐振峰波长漂移。设空气隙腔长 20 μm，FSR＝52 nm，大于光源线宽（40 nm）。光纤端面镀多层介质膜后反射率 $R=97\%$，干涉仪的输出光送入波分耦合器（wavelength division coupler，WDC），WDC 的两个通道波长分别为 1520 nm 和 1580 nm，在 1525～1565 nm 的光源波长范围内，其耦合度随波长快速地线性变化，具有几乎恒定的耦合比 0.23 dB/nm（例如，1520 nm 通道在波长增加时，耦合入该通道的光按照耦合比曲线的斜率线性下降；1580 nm 正好相反，随波长增加而线性上升），因此，WDC 实际上起到斜边滤波器的作用。透射峰的中心波长在熔接时用低功率熔接电流调整。最佳中心波长为 WDC 两个通道耦合率-波长变化曲线的交点，如图 4-23 所示。

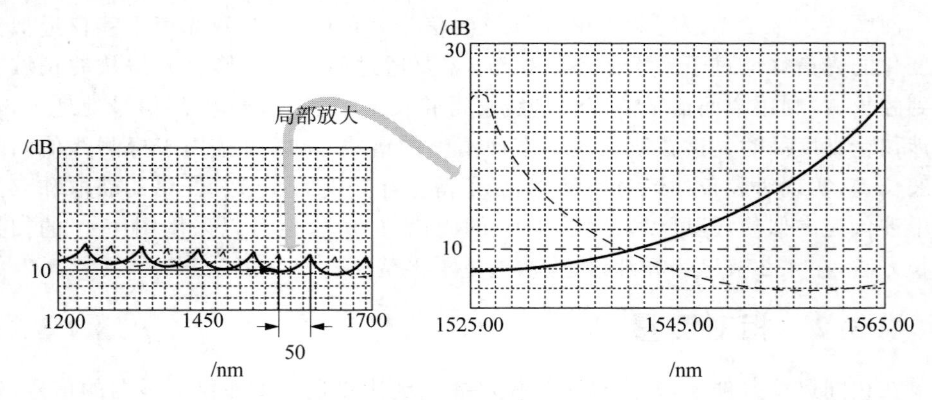

图 4-23　WDC 双通道耦合率-波长变化曲线及交点

（请扫Ⅴ页二维码看彩图）

WDC 两输出端口的光强度随着波长变化，变化趋势相反，分别接入光电探测器 PD1、PD2 后，如式（4-40）所示处理：

$$P=\frac{P_1-P_2}{P_1+P_2} \tag{4-40}$$

式(4-40)对输出取归一化的比例计算,消除光强波动的影响。当中心波长选择在靠近图 4-23 中交点位置时,系统具有最高的灵敏度。

该方案电路简单、成本低。系统灵敏度取决于边缘滤波器性能和电路检测精度;动态范围取决于干涉仪的自由光谱区,以及光源的谱宽。自由光谱区越宽、光源谱宽越宽,动态范围越大。

该方案精度高,能够测量高频动态信号,一般用于高频、低振幅信号的动态测量,因为斜边滤波器是无源器件,系统的工作频率仅受电路限制。

4.4　长程光纤干涉仪信号处理

长程光纤干涉仪信号处理,本质上是光纤双光束干涉仪信号处理,其特殊之处在于干涉仪的两臂臂长非常长,可达几千米甚至几十千米。这类干涉仪通常用于光纤分布式传感。在一根完整的光纤上实现成千上万个传感器的功能,而整个传感环节为无源工作、抗腐蚀、抗电磁干扰,既能感受环境信号,也能传送环境信号,是光纤传感应用的精华。

长程光纤干涉仪最广为人知的两种形式为:基于 MZ 方案的高灵敏度传感器结构和基于分布式方案的连续多点传感器结构。基于 MZ 方案的信号处理方法已在第 3 章介绍,现介绍基于分布式方案的两种信号处理方法:基于光程差检测的相位光时域反射仪(phase-optical time domain reflectometer,Φ-OTDR)和基于光频差检测的光频域反射仪(optical frequency domain reflectometer,OFDR)。

4.4.1　Φ-OTDR

Φ-OTDR 又称相位光时域反射仪,结合了光纤干涉和光时域反射两种技术,早期仅利用背向散射曲线的强度信息进行振动事件定位,称分布式振动传感(disctributed vibration sensor,DVS);随着干涉解调技术的发展,分布式相位信息提供了更高的传感灵敏度,可用于频率更丰富、信号更微弱的声音传感,因此统称为分布式声传感器(distributed acoustic sensor,DAS)技术。

1. 基本方案

Φ-OTDR 利用窄线宽激光脉冲在光纤中传播时,光纤中不同位置的背向瑞利散射信号在接收端的干涉效应,感知光纤沿线发生的物理量变化。采集到的干涉信号结合光时域反射技术,即可得到光纤沿途的所有振动信号。图 4-24 是 Φ-OTDR 的典型结构示意图。

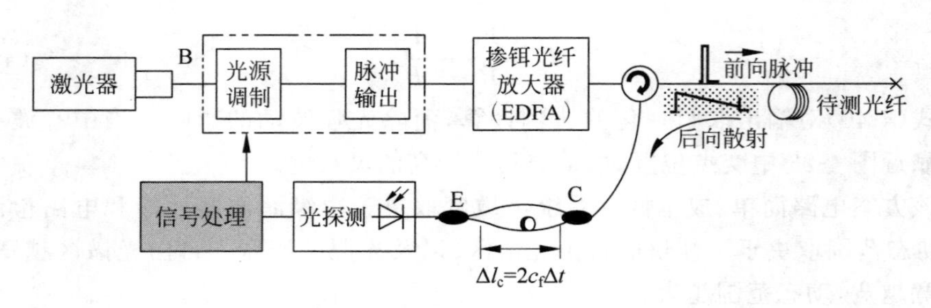

图 4-24　Φ-OTDR 典型结构

与前面章节所讨论干涉仪的不同在于：在图 4-24 的结构里，光源不再是连续光，而是脉冲式工作。高相干度的窄线宽激光脉冲的脉宽设为 ΔT，每一时刻在光纤中占据 $\Delta l=c_f\times\Delta T$ 的光纤长度，这里，c_f 为光纤中光速。光脉冲经环形器注入待测光纤后，犹如一只长度为 Δl 的探针沿着光纤向前行进，并探测每一时刻对应的光纤位置信息，经由背向瑞利散射的方式，将信息传送回接收端 C。接收端 C 通过一个非平衡的 MZ 补偿干涉仪，将整个系统变为一个初始光程差为零的干涉结构。

光脉冲的工作方式类似传统的光时域反射仪（optical time domain reflectometer，OTDR）技术，不同之处在于它使用了高相干度激光光源，因此 Φ-OTDR 探测信息的方式也不同于普通 OTDR 的强度探测方式。Φ-OTDR 的光脉冲从出射到接收，在整个光路中等效为一个双光束干涉仪，利用相位进行检测，这也是其名称中 Φ 的由来。图 4-25 说明其中的干涉是如何发生的。

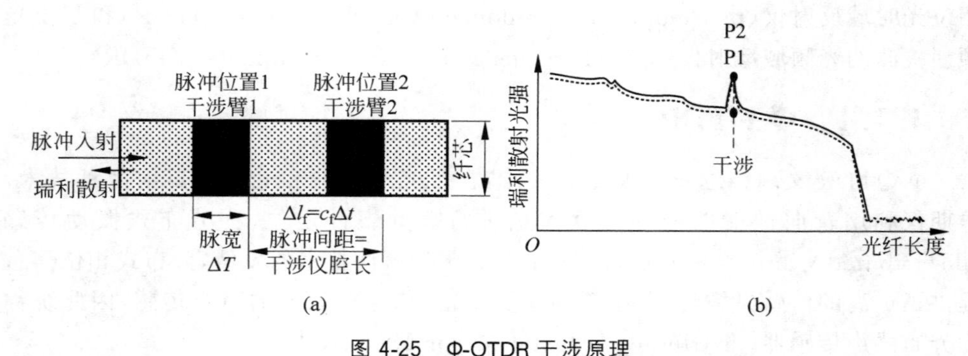

图 4-25　Φ-OTDR 干涉原理

(a) 干涉原理；(b) 散射光强

讨论图 4-25(a)在光纤中脉宽为 ΔT 的一个脉冲，以光速 c_f 向前传播，沿途不断地进行瑞利散射，形成背向散射的瑞利曲线。脉冲位置 1 和脉冲位置 2 对应光纤中两个不同的点，时间相隔 Δt，位置相隔 $\Delta l_f=c_f\Delta t$。脉冲位置 1 处的散射光

P1，回到图4-24的C处，经过MZ补偿干涉仪中的长臂；脉冲位置2处的散射光P2，回到图4-24的C处，经过MZ补偿干涉仪中的短臂，两个散射光脉冲正好在E处进行干涉会合，两条瑞利散射曲线在时间上重合，如图4-25(b)所示，因此两束光的光程差为零。从直观看，就是同时从激光器出射的光脉冲，同时回到接收器。两个脉冲充当干涉仪两个臂，如果在脉冲位置1和脉冲位置2之间出现扰动，也即是在干涉仪腔中出现扰动，此扰动传回接收端，进行实时采集，可记录每个位置处的实时扰动情况。如前所述，补偿干涉仪的两臂光程差，决定了零差干涉仪在传感光纤敏感区的长度；脉冲宽度，决定了参与干涉的两个臂携带的能量。

至此，简述了脉冲工作的分布式长程光纤干涉仪原理，其中把脉冲分为P1、P2两部分，是一种简化的叙述。实际脉冲在光纤中传播时，应该分成无数个宽度极小的片段，干涉效应是这些小片段共同作用的结果。光在光纤中产生瑞利散射具有一定的随机性，因此参与干涉的瑞利散射光各自位置也有随机性，为了得到一个简单的图像，通常采用的P1、P2是前后两部分各自的平均位置。

在4.2.1节讨论双光束干涉仪信号处理时，介绍了正交检测法(4.2.1节1.)和锁相环方法(4.2.1节2.)；在分布式长程干涉仪的技术方案里，由于光纤沿长度方向被分割为大量的独立干涉仪，锁相环方法所需的负反馈难以实现，所以实践中均采用正交检测技术。4.2.1节1.讨论的三种方法都适用于分布式长程干涉仪的应用，下面依次讨论。

2. 相位生成载波(PGC)方法[7]

PGC方法是在图4-24中的补偿干涉仪中，增加一种光程差调制措施(如PZT压电陶瓷)，如图4-26(a)左边虚线框所示。干涉仪一臂缠绕在PZT上，并在其上施加正弦载波调制，得到如式(4-41)所示的干涉信号：

$$I = A + B\cos[M\cos(\omega_c t) + \phi] \tag{4-41}$$

式中，$\cos(\omega_c t)$为施加的调制信号；M为调制深度，取2.63，使$J_1(M)=J_2(M)$，M正比于加在PZT上的调制电压幅度。

从光纤返回的瑞利散射脉冲，分为P1、P2前后两部分，P1时间上领先P2Δt，经过2×2耦合器进入补偿干涉仪，P1、P2从干涉仪出射后，短臂中的P2部分和长臂中的P1部分时间重叠，光纤中的等效干涉仪和接收端的匹配干涉仪形成一个零光程差的平衡干涉仪，减少了由激光器有限相干长度导致的相位噪声。PZT加在任意一臂，不改变系统工作原理。干涉仪输出信号经过光电转换后，数据采集系统以光脉冲为同步触发信号，采集整条OTDR曲线并存储留待处理。

在一次光脉冲注入光纤并完成n点OTDR信号采集后，系统发出后续一个脉冲，连续两个脉冲之间的间隔，取决于工作光纤的长度。设光纤总长度L_{total}，则两

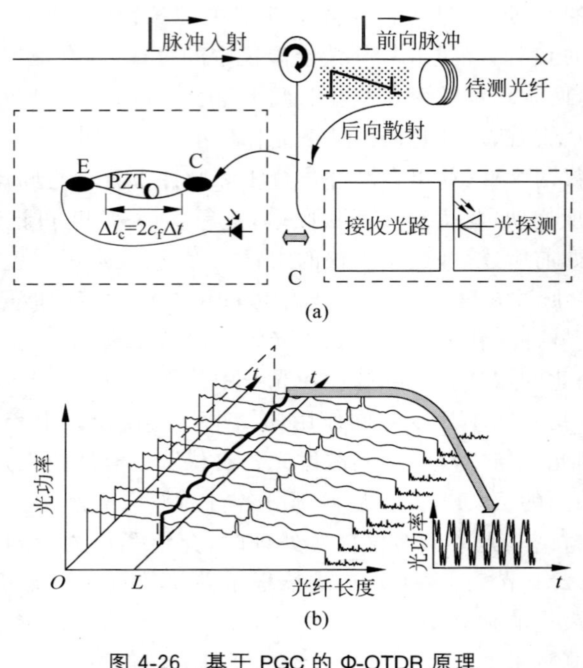

图 4-26　基于 PGC 的 Φ-OTDR 原理

（a）系统框图；（b）散射阵列

（请扫Ⅴ页二维码看彩图）

次脉冲时间间隔为 $T_S=2\dfrac{L_{\text{total}}}{c_f}=n\Delta T$，即光脉冲在光纤中走一个来回的时间，也是光纤沿线每点所检测时域信号的奈奎斯特周期，决定了该点振动信号带宽。脉冲发出后再次采集 n 点瑞利散射信号，重复 m 次，将 m 次数据存为一个 m 行 n 列的矩阵，每行代表一条 OTDR 散射曲线；在后续 4.4.1 节 5.，通过对该矩阵进行处理，得到由外界物理量变化而在光纤对应点产生的光程差变化。图 4-26(b)给出了上述讨论的示意图。

3. 外差法[8]

PGC 方法中是对匹配干涉仪进行光程调制而产生载波，外差法则是通过对干涉仪一臂或两臂的激光进行调频，在干涉信号中产生拍频，并以拍频作为载波而获得正交检测所需的调制信号。在图 4-24 中体现在对 B 部分进行特殊处理。实验系统如图 4-27 所示。

窄线宽光源发出的连续激光的中心频率为 f_0，通过 2×2 耦合器 OC1 分为两路，第一路通过声光调制器 AOM1，变为中心频率为 $f_1=f_0+\Delta f_1$ 的光脉冲 P1；第二路通过声光调制器 AOM2，变为中心频率为 $f_2=f_0+\Delta f_2$ 的光脉冲 P2。第二路信号经过一段光纤延时线后，与第一路信号通过耦合器 OC2 汇合，注入待测光纤中。光脉冲 P1 和 P2 在光纤中向前传播，分别通过背向瑞利散射，传送到接收端产生干涉。

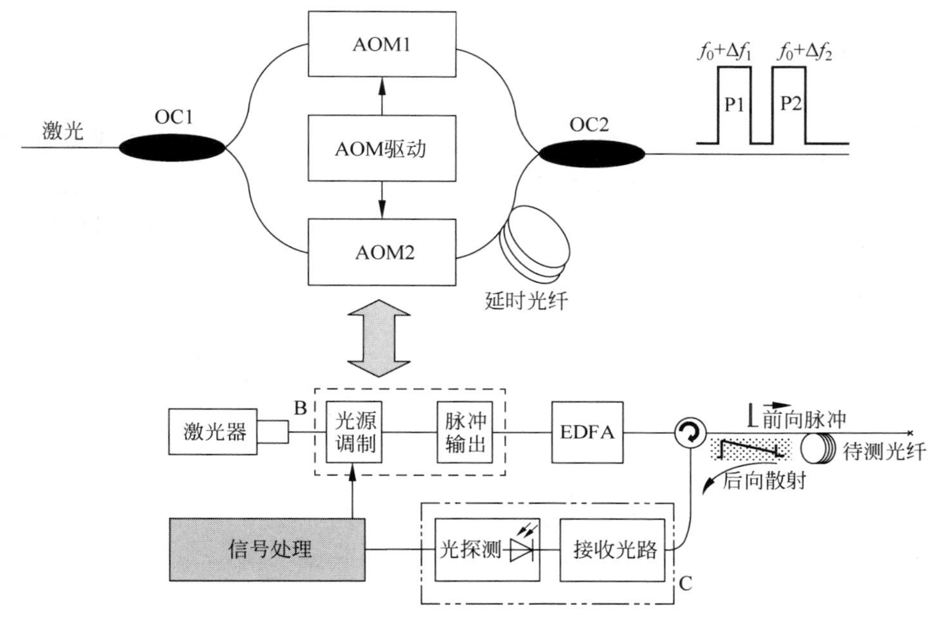

图 4-27　基于外差法的 Φ-OTDR 干涉原理

由于两个脉冲光频不同，因此干涉信号中出现差拍频率 ω_c，如式(4-42)所示：

$$I = A + B\cos(\omega_c t + \phi) \tag{4-42}$$

式中，$\omega_c = 2\pi(f_1 - f_2)$；$\phi$ 为两脉冲所处区域内的被测物理量改变导致的光程差变化而产生的相位变化。

得到式(4-42)所示信号后，即可利用 4.2.1 节 1. 介绍的方法进行处理，数据的获取和存储与 PGC 方案类同。

读者可能已经发现，基于外差法的光路的接收端没有使用补偿干涉仪对返回脉冲进行延时。这是因为外差法在光脉冲输出端进行了延时，由于两个脉冲同时从光源发出，因此必然同时回到接收端，只是其中一个脉冲会在光纤中多走一段，这段长度正好等于脉冲输出端延时线的一半，整个光路依然是一个零光程差的干涉仪，而两个脉冲在光纤中的距离就构成了干涉型传感器的敏感区域。

图 4-27 的方案中，参与干涉的两路光都经过声光调制器进行调频，干涉产生的拍频信号频率是两个声光调制器调制频率之差。实践中，还有另外一种外差法方案，参与干涉的两路光之一和图 4-27 一样，来自于待测光纤的瑞利散射，另一路

来自从光源直接分光的连续光，来自光源的参考光和来自瑞利散射的信号光进行干涉，拍频信号频率是单个声光调制器的调制频率。因为参考光强度大，且不随待测光纤长度增加而衰减，可以放大干涉信号的幅度，是这种方案的优势。由于参考光和信号光的光程差随着待测光纤长度增加而增加，在长距离测量中，对激光器相干长度的要求更高。

4. 3×3 耦合器法[2,9]

3×3 耦合器法无需在干涉信号中引入载波，对信号处理的速率要求最低，在相同采集速率下，信号处理的计算量比 PGC 方法和外差法小，由于没有相位或者频率调制所产生的频谱搬移，电路 $1/f$ 噪声影响较大。图 4-28 给出用 MZ 作为匹配干涉仪的系统结构示意图。

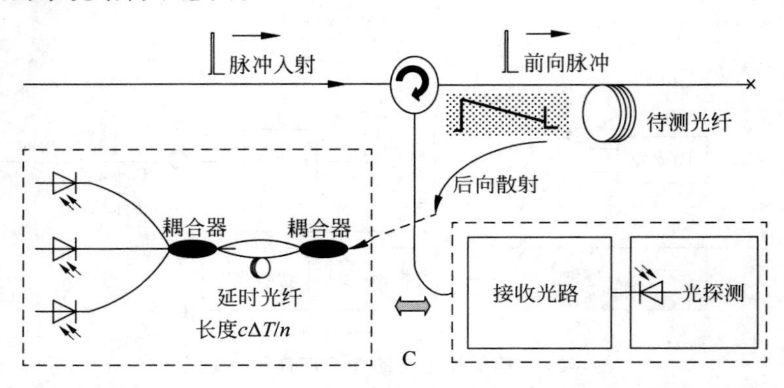

图 4-28　基于 3×3 耦合器的 Φ-OTDR 解调原理示意图

3×3 耦合器方法和 PGC 方法基本相同，只是在接收端 C，匹配干涉仪无需 PZT 引入载波。干涉信号经对称的 3×3 耦合器输出到 3 个不同的光电转换器，每个光电转换器的输出经数据采集后保存为单独的一行，3 个转换器存成三行。因此，对应于 PGC 方法的 m 行 n 列的矩阵，3×3 耦合器的方法需要 $3m$ 行 n 列的矩阵。

以上按照之前论述的顺序，讨论了正交检测的三种方法。此外，也有一些其他的方案，例如，直接通过 90°移相的方式产生正交的两个分量[10]，读者可以根据自己的实际情况，选择不同的实现方案。

与普通的光纤干涉仪相比，长程干涉仪构成了一个干涉仪阵列，在实践中就是一个传感器阵列。为了得到干涉仪阵列的信号，需要有特定的处理方法。

5. 阵列信号处理

如前所述，脉冲工作的长程光纤干涉仪，相当于一个传感器阵列，激光器每发送一次脉冲，接收端通过连续采集背向瑞利散射对传感器阵列的每个单元进行一次采集，得到一个长度为 N 的向量，$N=\frac{T_s}{\Delta T}$，这里，T_s 是两次脉冲发送时间间隔，ΔT 是采集系统的数据采集速率。激光器发送 M 个脉冲后，系统采集到 M 个长度为 N 的向量，形成一个 M 行 N 列（对 3×3 耦合器，是 $3M$ 行 N 列）的矩阵，如式(4-43)所示：

$$I=\begin{Bmatrix} I_{11} & \cdots & I_{1N} \\ \vdots & \vdots & \vdots \\ I_{M1} & \cdots & I_{MN} \end{Bmatrix} \tag{4-43}$$

矩阵 $\boldsymbol{I}$ 中的元素 I_{ij} 对应第 i 次脉冲注入时，在光纤中第 j 点$\left(共\ N=\frac{T_s}{\Delta T}点\right)$的瑞利散射所产生的干涉信号。

I_{ij} 和 $I_{i+1,j}$ 的时间间隔为 T_s，对应光纤每一点的数据采样频率为 $f_s=\frac{1}{T_s}$。根据奈奎斯特采样定理，干涉信号的频率最高为$\frac{1}{2T_s}$。在 PGC 和外差法引入了载波信号，而载波频率 ω_c 一般远高于 f_s（三个数量级以上），式(4-43)中的第 j 列向量$[I_{1j},I_{ij},\cdots,I_{Mj}]$是从频率为 ω_c（指外差法，若是 PGC 方法则频率更高）的连续信号系列中，按照 $N:1$ 的比例抽取得到，相当于用 f_s 的采样率去采集频率为 ω_c 的信号，必然会产生频谱的混叠，因此需要将式(4-43)矩阵的每一行，先和本振信号按图 4-3 或者图 4-5 的形式进行混频（PGC 中本振信号为 $\cos(\omega_c t)$，$\cos(2\omega_c t)$；外差中，本振信号为 $\cos(\omega_c t)$，$\sin(\omega_c t)$）；然后低通滤波，将式(4-41)或者式(4-42)的信号，变为 $I=\cos\phi$，$Q=\sin\phi$ 的形式，也即是原信号的一行变为两行，矩阵式(4-43)变为矩阵 I 和矩阵 Q。然后通过 I、Q 矩阵对应的每一列，求出该列对应的 ϕ 向量，即所求的扰动信号。

M 的选择决定了系统的频率分辨率。根据信号处理理论，数据采集系统的频率分辨率为 $f_\delta=\frac{f_s}{M}$，M 越大，传感器阵列能分辨的最小频率间隔越小，频谱测量更精细。当然 M 越大，在同样的数据转换速率和光纤长度情况下，所需的存储空间也越大。

脉冲宽度，决定了传感器阵列的空间分辨率，一般大于或者等于数据采集系统的采样间隔。在脉冲宽度等于采样间隔 ΔT 的情况下，设空间分辨率为 ΔL，有 $\Delta L=c_f\times\Delta T/2$，这里 c_f 为光纤中的光速，通常取 2×10^8 m/s，除以因子 2 是因为光在光纤中折返时光程加倍。ΔT 越小，空间分辨率越高，以 10 ns 脉宽为例，对应的空间分辨率为 1 m。ΔT 不能无限减小，由于光脉冲相当于恒定频率的直流光和一个窄脉冲相乘，在频域上相当于用 sinc 函数对近似单频的激光进行卷积，从而展宽激光的频谱，展宽程度和脉冲宽度成反比，因而减小光脉宽降低了激光器的频率特性，增加干涉仪的相位噪声。同时，ΔT 的减小，要求数据采集系统有更高的采集能力，增加采集系统的复杂性。

模数(AD)转换器的有效位数，决定了传感器阵列探测信号的动态范围。众所周知，激光在光纤中传输时，沿着传播方向强度会逐渐衰减，当光纤足够长时，从光纤近端和远端返回的光，强度差别很大，在 AD 转换器有效位数一定的情况下，接收系统灵敏度很高，那么大信号可能会出现饱和；如果接收系统灵敏度很低，则无法检测小信号。因此 AD 转换器的有效位数，是决定系统动态范围的因素之一。

系统动态范围还取决于光电转换电路的满量程范围和噪声本底。量程越大，噪声本底越低，系统动态范围越大，可测光纤越长。为了扩大量程，在光电转换前端引入增益控制，通常单级增益控制可扩展 20 dB 的功率动态范围，在采用图 4-27 的技术方案中，构成干涉仪的两束光，在光纤中具有相同衰减特性。对 0.2 dB/km 的光纤衰减而言，干涉信号的损耗相当于 0.8 dB/km(两束光各自一来一回)，20 dB 可以扩展超过 20 km 的测量范围。图 4-27 的技术方案，干涉仪相干噪声不随光纤长度增加，因此通过增大电信号增益，可以提高系统的动态范围，而不增加相位噪声。

在长程光纤干涉仪应用中，噪声本底主要来自光放大器的 ASE 噪声、跨导运放的宽带噪声和热噪声，以及分布式工作的频带混叠噪声。ASE 噪声对光电接收端而言，是一个共模噪声，在使用光学滤波器的同时，通常采用平衡探测的方法进行消除(4.6.2 节会介绍平衡探测器的设计)。跨导运放因为工作在高频模式，容易受到电磁干扰、发热大，其宽带噪声和热噪声通常决定了系统的最小可探测光强。分布式工作的混叠噪声源于空间分辨率与光纤总长度之间的矛盾：空间分辨率越高，光脉冲越窄，混频低通后的 I、Q 分量频带越宽；光纤总长度越长，最终的采样率越低；在 40 km 光纤长度，10 m 空间分辨率的条件下，I、Q 分量最低频率 10 MHz，但是最终采样率为 2.5 kHz，相当于直接从 10 MHz 降采样为 2.5 kHz，不可避免地会产生频谱混叠效应，基于混叠后的 I、Q 信号所求相位，也会有更高的噪声本底。

系统动态范围的决定因素还包括注入光纤的光强，光强太小则返回的瑞利散射信号太弱，光强太大又会引入非线性效应，需要综合考虑，选择合适的参数。

分布式光纤传感数据量大，以 10 km 光纤，100 Mbps 采样率，每个点 16 bit 为例：每个脉冲的瑞利散射曲线，数据量为 10000 点，采集 1024 个脉冲的数据，单次缓存总的数据量为 $10000\times1024\times16\approx160$ Mbit。在很多场合，需要对数据进行实时处理，这就需要对数据采取乒乓存储的方式，将存储器分为两部分，一部分往里实时写入，一部分往外读取实时计算处理。在这种情况下，所需的存储空间是单次缓存的2倍，如前例中，实际所需存储空间为640 Mbit。当采用3×3耦合器时，所需的存储空间还要增大3倍，达到2 Gbit左右。

在实际应用中，为了满足高速(提高空间分辨率)、大容量(提高频率分辨率，提高信号动态范围)的实时计算要求，通常采取两种途径：第一种是采用现场可编程门阵列(FPGA)结合大容量计算缓存的形式，实现嵌入式高速实时运算，这种方案成本低、体积小、功耗低，但是开发难度大。第二种是采用"GPU显卡+计算机"的形式，这种方式成本高、体积大、功耗大与光电转换部分的接口不够友好，但是程序开发方便，直接在计算机上即可完成。

4.4.2 OFDR

顾名思义，OFDR是在频域处理反射信号，结合了调频连续波(frequency modulated continuous wave，FMCW)技术和双光束光纤干涉技术，对光纤中的背向瑞利散射信号进行频域分析，解调光纤各位置处的瑞利散射频移。采用可调谐波长干涉技术的OFDR系统，对分布式温度和应变的测量具有高灵敏度和高距离分辨率，在几十米长的标准光纤上，具有毫米级别的空间分辨率；应变和温度的测试精度分别可达到1 $\mu\varepsilon$和0.1℃。这里先介绍基本方案，随后讨论具体的信号处理方法[11-12]。

1. 基本方案

OFDR的系统结构如图4-29(a)所示，图4-29(b)描述了OFDR的工作原理。

OFDR的光路采用迈克耳孙干涉仪结构。线性扫频的窄带连续光，经2×2耦合器送入干涉仪的参考臂和信号臂。信号臂(即待测光纤)中的瑞利散射信号和菲涅耳端面反射信号，与参考臂的菲涅耳端面反射信号，在2×2耦合器处发生干涉后混频，通过光电转换后得到的拍频信号是一个线性调频信号，拍频信号的频率正比于散射点(或最后的反射端面)在传感臂中位置，幅值反映了该点的散射强度，该点瑞利散射的频谱移动反映了该点光纤长度方向的伸缩，与外界物理量(温度、应力等)呈线性关系。通过获取干涉信号频谱，即可获得整个传感阵列的散射分布信息。图4-29(b)表示了扫描周期T、扫频范围$\Delta\nu$、拍频f_{b}、延时差τ，以及传感臂和参考臂光程差ΔL之间的关系。

这种方法和前述检测相位差的Φ-OTDR不同，在光的相位表达式$\mathrm{i}(2\pi\nu t+kr)$中，Φ-OTDR利用的是有关光程的$\mathrm{i}kr$部分；OFDR利用的是有关光频的$\mathrm{i}2\pi\nu t$部分，通过两臂拍频信号生成遍布频域的探针，用于指示干涉仪信号臂每点的位置。式(4-44)表示了OFDR方法的原理。

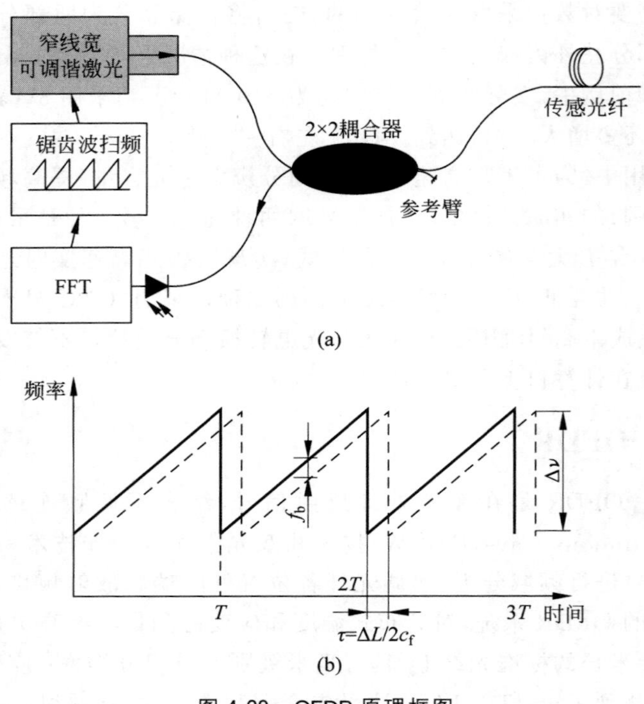

图 4-29　OFDR 原理框图

(a) 系统结构；(b) 工作原理

$$\begin{cases} \nu = \nu_0 + \gamma t \\ E(t) = E_0 \exp[\mathrm{i}(2\pi\nu_0 + \pi\gamma t^2 + \phi_t)] \\ \tau = 2\left(\dfrac{\Delta L}{c_{\mathrm{f}}}\right) \\ f_{\mathrm{b}} = \gamma t = \dfrac{2\gamma \Delta L}{c_{\mathrm{f}}} \end{cases} \tag{4-44}$$

式中，ν_0 为激光器扫频的初始频率；γ 为激光器频率扫描的速率；$E(t)$为激光器时刻 t 时电场矢量；ϕ_t 为光源在 t 时刻的瞬时相位；ΔL 为信号臂中某点和参考臂的长度差；c_{f} 为光纤中的光速；τ 为信号臂中待测点散射信号和参考臂端面反射信号之间延时差；f_{b} 为信号臂中待测点散射信号和参考臂端面反射信号之间的拍频。

2. 信号处理方法

OFDR 的信号处理方法，是对干涉仪的输出信号进行频域分析，方法的核心是傅里叶变换。用锯齿波对光源进行线性调频后注入干涉仪，干涉仪的输出信号，包含了从直流(对应信号臂最近端)到最大拍频(对应信号臂最远端)的所有拍频成分。为了求得信号臂每点的信号,通常采用如下步骤。

(1) 分别采集两组时域数据,一组为光纤无扰动的原始信号作参考信号 a,另一组为实测信号 b。

(2) 对 a、b 两组信号分别做快速傅里叶变换得到 A、B,建立信号频谱和光纤位置的关系。

(3) 在 A、B 两组数据的相同位置 P 两侧分别选取以 P 为中心,长度为 N 的数据窗口。

(4) 将 A、B 各自长度为 N 的数据窗口分别做快速傅里叶逆变换得到一组新的数据 a′、b′。

(5) a′和 b′包含了光纤 P 点的散射光谱频移信息,对 a′和 b′做互相关得到实测信号 b 相对于参考信号 a 的频移。由于频移大小与外部应力/温度成正比,从而得到所测外部信息。

下面讨论在 OFDR 的信号处理中的几个基本概念:测量距离、空间分辨率、测量精度,这些概念彼此关联。

(1) 测量距离。在开始搭建一个 OFDR 系统前,首先要决定测量距离,也即是信号臂长度,为简化分析,设参考臂长度为零,因此信号臂长度 L,就是迈克耳孙干涉仪光程差的一半。确定了信号臂长度后,从式(4-44)出发,可得系统最大拍频,如式(4-45)所示:

$$f_{\mathrm{B}}(\max)=\frac{2L}{c_{\mathrm{f}}}\gamma \tag{4-45}$$

式中,γ 为激光器频率扫描的速率,单位为 Hz/s; c_{f} 为光纤中的光速。得到系统最大拍频,就得到了 AD 转换速率,按照奈奎斯特采样定理,系统采样率 f_{s} 由式(4-46)所示:

$$f_{\mathrm{s}}=2f_{\mathrm{B}}(\max)=\frac{4L}{c_{\mathrm{f}}}\gamma \tag{4-46}$$

(2) 空间分辨率。由式(4-46)的采样频率,从 N 个时域采样点转换到 N 个频域频率点,对应的频率分辨率为

$$\Delta f=\frac{f_{\mathrm{s}}}{N}=\frac{f_{\mathrm{s}}}{T/\Delta T}=\frac{1}{T} \tag{4-47}$$

式中,T 为 N 个采样点对应的时长; $\Delta T=\dfrac{1}{f_{\mathrm{s}}}$ 为 AD 采样间隔。频谱的相邻两条谱线对应着光纤中相邻两点的空间位置,因此频率分辨率就对应了 OFDR 的空间分辨率。二者关系如式(4-48)所示:

$$\frac{\Delta L}{\Delta f}=\frac{L}{f_{\mathrm{B}}(\max)} \Rightarrow \Delta L=\frac{L\Delta f}{f_{\mathrm{B}}(\max)}=\frac{L\,\dfrac{1}{T}}{\gamma\,\dfrac{2L}{c_{\mathrm{f}}}}=\frac{c_{\mathrm{f}}}{2\gamma T}=\frac{c_{\mathrm{f}}}{2\nu} \tag{4-48}$$

右边最后一个等式里，c_{f} 为光纤中的光速；$\nu=\gamma T$，为在数据采样时长里光源扫频的总频宽。式(4-48)是 OFDR 的理论最高空间分辨率，可以达到亚毫米量级。

(3) 测量精度。决定精度的因素，包括光源光强、光源相位噪声、调频线性度、数据采集系统电路噪声。

光源光强太弱，则瑞利散射信号弱，干涉信号也弱。OFDR 系统测量的是干涉信号的强度而非相位，如果光强太弱，则系统精度会大为下降；如果光强过大，则由于光纤中的非线性会在瑞利散射信号中引入其他频率分量，形成新的误差，因此要综合考虑光强因素。

在对光源进行线性调频时，由于调制系统的非理想特性，实际的调频特性偏离线性，使得干涉信号频率和距离之间偏离线性关系，为了克服调频的非线性，人们提出了一些用以补偿的光路结构。OFDR 两臂光程差极大，因为参考臂通常很短，所以两臂光程差几乎是整个信号臂长度，通常达到几十米甚至几百米，对光源的相干长度，提出了非常高的要求[13]。

数据采集电路，通常存在的噪声包括前端光电转换电路的热噪声，用于给电路供电的电源工频噪声，用于给数字芯片供电的开关电源噪声，AD 转换器的时钟抖动，AD 转换器热噪声，以及数字电路的地弹噪声等，电路噪声叠加在干涉信号上，降低了测量精度。为了降低电路噪声，在电路原理图阶段，多加电源去耦电容，以此降低地弹噪声和电源噪声；增加光电转换电路跨导电阻(噪声$\propto\sqrt{R}$，信号$\propto R$)降低热噪声；使用高稳定度温补时钟降低时钟相位噪声(必要时增加时钟稳定芯片)。在印刷电路板的布局和走线上，充分考虑电磁兼容性；给 AD 转换器芯片增加散热装置，实践证明可以大大降低热噪声。

4.5 光源光谱的影响

作为光纤干涉仪的能量来源，光源在干涉系统中起到至关重要的作用，很多情况下也是系统的主要成本所在。光源的好坏，很大程度上决定了整个系统的性能。因此，有必要针对干涉仪讨论影响其性能指标的光源因素。本节将分别讨论激光光源和宽谱光源。

4.5.1 激光光源

这里从信号处理的角度，对激光光源相干性和干涉仪噪声之间的关系，做一个初步的讨论。

激光因其卓越的单色性，成为干涉仪最常用的光源。理想的单色光是一个无头无尾、无穷无尽的正弦波。用它产生的干涉条纹具有无穷大的干涉级次，干涉仪的光程差可以无穷大，这当然只是实际光源的理想化。

第 1 章介绍光的相干性时，可知实际光源由于原子发光时间有限，原子的能级具有一定的范围，在跃迁产生激光时光谱谱线便会展宽，这种由于发光时间有限的展宽称为自然展宽；同时，参与发光的原子处于无规则的热运动之中，不同速度的原子，其发光光谱受多普勒效应调变而展宽，称为多普勒展宽；除此之外，原子之间的碰撞会中断发光波列而形成碰撞展宽。自然展宽、多普勒展宽和碰撞展宽是光谱展宽的三种主要形式。自然展宽的谱型由 sinc 函数表示，多普勒展宽以高斯分布表示，碰撞展宽以洛伦兹分布表征。实际的光谱多种展宽同时存在，自然展宽几乎观察不到，光谱介于高斯分布和洛伦兹分布之间。

本书第 1 章介绍在干涉仪的应用中，为了衡量光源的单色性而引入相干时间和相干长度的概念。将光源看作有限长度的多个波列的总和，则相干时间是这些波列的持续时间。正如前述，每个波列幅度、频率、相位均有差异，相干时间是光源有限长度波列的平均持续时间。而相干长度则是在相干时间内，光波以光速行进所走过的路程，是一个统计平均值。

干涉仪检测的是相位差，光路中的某一点，在作一次观测所需时间内，大量波列无序通过，如果波列之间光程差小于相干长度，参与干涉的波列具有固定的相位关系，干涉效应明显，干涉信号对比度高；反之，如果波列之间光程差比相干长度大，参与干涉的波列相位关系随机变动，或者说不具相关性。非相干叠加后的光，其平均能量是彼此的算术和，不具有干涉效应，对比度降低甚至为零。从信号检测的角度体现为有用信号下降甚至消失，信噪比恶化。

因此，光源的相干长度是决定干涉仪对比度的关键因素，历史上很多著名科学家都曾深入研究过光源的相干长度和干涉仪对比度的关系，例如迈克耳孙曾经基于迈克耳孙干涉仪对大量光谱线的光绘制了对比度曲线，即条纹对比度随光程差的变化曲线。在他的实验数据表里，对于单一峰值的光谱，随着光程差增加对比度近似指数下降；对于多个峰值的光谱，随着光程差增加对比度呈现指数衰减的正弦振荡。

今天人们在设计光纤干涉仪时，通常考虑的是相干长度和相位噪声的关系。决定光源相干长度 ΔL 的因素是波列持续时间 Δt，而激光器厂家提供的参数通常是线宽，有的用频率 $\Delta\nu$ 表示，有的用波长 $\Delta\lambda$ 表示。这些参数的关系如式(4-49)所示：

$$\Delta L = c\,\Delta t \approx \frac{c}{\Delta\nu} = \frac{\bar{\lambda}_0^2}{\Delta\lambda} \tag{4-49}$$

式中，ΔL 为相干长度，单位 m；c 为光速，单位 m/s；Δt 为相干时间，单位是 s；$\Delta\nu$ 为光源频宽，单位 Hz；$\bar{\lambda}_0$ 为平均波长，通常以 nm 为单位。

光程差为 nl 的干涉仪，设光源光谱为中心波长 λ_0，方差为 σ^2 的高斯分布，如式(4-50)所示：

$$f(\lambda)=\frac{1}{\sqrt{2}\,\pi\sigma}\exp\left[\frac{-(\lambda-\lambda_0)^2}{2\sigma^2}\right]=\frac{1}{\sqrt{2}\,\pi\sigma}\exp\left[-\frac{(\Delta\lambda)^2}{2\sigma^2}\right] \tag{4-50}$$

光程差 nl 对应的相位差为$\frac{2\pi}{\lambda_0}nl$，展宽谱线 $\Delta\lambda'$处的相位噪声如式(4-51)所示：

$$\Delta\phi=\frac{2\pi nl}{\lambda_0^2}\Delta\lambda' \tag{4-51}$$

对应的相位噪声 RMS 为

$$\Delta\phi=\frac{2\pi nl}{\lambda_0^2}\sigma=\frac{2\pi nl}{c}\frac{\nu_{\mathrm{FWHM}}}{2.355} \tag{4-52}$$

式中，ν_{FWHM} 为激光器通常给出的半高宽(FWHM)指标，对高斯谱型通常取 $\nu_{\mathrm{FWHM}}\approx 2.355\sigma$，在实际工作中，可以简单地取 $\nu_{\mathrm{FWHM}}\approx\sigma$，对相位噪声进行数量级的估算。

在以上讨论中，选择高斯谱型是为了简化问题，实际的光谱介于高斯分布和洛伦兹分布之间，洛伦兹谱型较高斯谱型下降慢，且不存在方差。在实际工作中，采用半高宽作为方差的估计值代入式(4-52)，对相位噪声进行数量级的估算。

以丹麦 NKT Photonics 公司工业级光纤激光器 BASIK X15 为例[14]：线宽 Hz 量级，相干长度$\frac{c}{\Delta\nu}$约为 10^5 km。使用光程差 10 km 的光纤干涉仪，其相位噪声在 mrad 量级。使用光程差 10 m 的光纤干涉仪，相位噪声 μrad 量级。

在本书讨论的光纤干涉仪中，点式光纤传感器的两臂光程差很小，相应的相位噪声也很小。而分布式干涉仪 Φ-OTDR 虽然光纤长度长，但如前所述，通过适当的光路，可实现零光程差结构，对光程差引起的相位噪声不敏感，相当于在光的相位表达式 $\mathrm{i}(2\pi\nu t+kr)$中，有关光程的 $\mathrm{i}kr$ 部分为零；但是由于分布式干涉仪的光源采用脉冲光工作，不同于点式传感器的连续光工作。窄线宽光源被脉冲调制后，从频域上是窄线谱和 sinc 函数卷积，原有的线谱相应展宽为 sinc 函数图样，展宽后的光谱分量之间产生拍频，相当于在光的相位表达式 $\mathrm{i}(2\pi\nu t+kr)$ 中，有关光频的 $\mathrm{i}2\pi\nu t$ 部分不为零，由于参与差拍的光频之间彼此接近，差频信号体现为低频噪声，从而影响传感器的低频响应。如果发射的光脉冲具有随机的时域抖动，该抖动将进一步增加干涉信号的相位噪声，严重时甚至无法解调出信号。

OFDR 是对相位噪声最敏感的干涉仪结构，其光程差是整个信号臂的光程。

设激光器的线宽在 Hz 量级，信号臂长 100 m，则相位噪声为 10μrad 量级；而通常线宽在 MHz 量级的半导体激光器，当信号臂长为 10 m 时，相位噪声高达 rad 量级，信噪比过低，几乎看不到干涉图样。

4.5.2　宽谱光源

这里讨论的宽谱光源，主要是指用于绝对测量的光纤 F-P 干涉仪的光源。在实践中，宽谱光源的功率、谱型、谱宽是需要重点考察的因素，根据使用的光路和探测器灵敏度确定光源所需光功率，根据探测器的工作窗口选择光源的工作窗口，根据不同的指标要求，选择不同谱宽的光源。如果采用扫描法或可调谐滤波法，还需要考虑扫描的线性度。

常用的宽谱光源很多种，包括发光二极管（LED）、超辐射发光二极管（SLD/SLED）、放大自发辐射光源（ASE）和卤钨灯光源。表 4-2 比较了目前主流的商用宽谱光源。

表 4-2　目前主流商用宽谱光源对比

光源类型	光功率/mW	光谱范围/nm	3 dB 谱宽/nm	光纤耦合
LED	>20	245～1050	20	是/多模
SLD/SLED	>40	830～1550	20～110	是/单模
ASE	>30	1530～1920	40	是/单模
卤钨灯	>10 光纤耦合 >1000 自由空间输出	360～9000	>600	是/多模

从式(4-24)和式(4-25)可知，在干涉仪的输出信号中，构成相位波动项的光程差 L 和谱宽 $\Delta\lambda$ 是相乘关系，类似于时间函数 $\sin(\omega t)$ 里的频率和时间。在对光谱做傅里叶变换，从波长域变换到腔长域时，光谱分辨率和腔长分辨率满足不确定性原理，如式(4-53)所示：

$$\Delta L \cdot \Delta\lambda \geqslant C \tag{4-53}$$

式中，C 为常数。光源的光谱越宽，$\Delta\lambda$ 越大，所得到的光谱峰值的个数越多，即光谱的周期数越多。在变换到腔长域后，ΔL 越小，即腔长分辨越精细。可以想象光谱被矩形窗截断，矩形窗越长截断效应越小，变换后的频谱泄漏小，能量集中于主特征峰，旁瓣受到抑制，腔长分辨越精细。

宽谱光源的光谱，其谱型大致呈现为钟型结构，与实际期望的平谱有很大差异。通常有两种方法降低谱型差异对干涉仪输出光谱的影响。一种是采用几个不同波长范围的光源同时照明，通过仔细调试后，可以获取平坦的光谱；另外一种方法是同时采集光源的光谱，用以对干涉仪光谱做归一化处理。第一种方法成本较高，实践中常用后一种方法。

最后讨论光源的光功率，双光束 F-P 干涉仪，其端面不镀膜的情况，入射端反射率为 4%。反射端面由于衍射效应，反射率随两个端面距离的增加而衰减，通常对其镀膜增加反射率，使总的干涉光功率近似为 8%。使用商业级光电二极管(positive-intrinsic-negative diode，PIN)采集干涉仪光谱时，具有纳瓦级的探测灵敏度，在不考虑光路传输损耗的情况下，毫瓦级的光源光功率完全可以满足需求。多光束干涉仪中参与干涉的光更强，所需光功率相比双光束干涉仪更低。

在使用 CCD 作为探测器的方案中，情况稍有不同。因为 CCD 每个像素的响应度 R，通常以 $\mathrm{V/(\mu J/cm^2)}$ 或 $\mathrm{V/(lx\cdot s)}$ 为单位，为了换算出光源所需光功率 P，我们需要知道：CCD 的暗电压 V_d，饱和电压 V_S；CCD 每个像素的尺寸 $A=L\cdot W$，CCD 线阵像素总数 N，以及每个像素的曝光时间 T。如式(4-54)所示：

$$\frac{P\cdot T}{A}\cdot R>V_\mathrm{d} \tag{4-54}$$

式(4-54)的物理意义是：在曝光时间内，输入光照射每个像素所产生的电压大于暗电压，这是输入光功率的最低要求；同时应低于饱和电压——即输入光功率的最高要求。式(4-54)对光源光功率做数量级的估算。

以美国 Dalas 公司的某高品质线阵式图像传感器为例[15]，每线阵 $N=4096$ 像素，每个像素尺寸为 $A=10\ \mu\mathrm{m}\times 10\ \mu\mathrm{m}$，响应度 $R=13.8\ \mathrm{V/(\mu J/cm^2)}$，暗电压典型值 1 mV，饱和电压 900 mV，曝光时间 40 ns，根据式(4-54)可得式(4-55)：

$$\begin{cases}\dfrac{P\ \mathrm{W}}{10^2\ \mu\mathrm{m}^2}\times 40\times 10^{-9}\ \mathrm{s}\times 13.8\ \mathrm{V/(\mu J/cm^2)}>10^{-3}\ \mathrm{V}\\[2ex] \dfrac{P\ \mathrm{W}}{10^2\ \mu\mathrm{m}^2}\times 40\times 10^{-9}\ \mathrm{s}\times 13.8\ \mathrm{V/(\mu J/cm^2)}<0.9\ \mathrm{V}\end{cases} \tag{4-55}$$

式中，光功率 P 单位为 W；时间 T 单位为 s，面积 A 单位为 $\mu\mathrm{m}^2$；电压 V 单位为 V；响应度 R 单位为 $\mathrm{V/(\mu J/cm^2)}$。

通过式(4-55)可知，本例中每个像素最少需要 2 nW 的光，4096 个像素需要至少 8 μW 的光功率，才能等于 CCD 自身的暗电压。每个像素最大不能超过 2 μW，4096 像素不得超过 8 mW，确保 CCD 不会工作在饱和状态。

从上面的讨论可知，高品质的 CCD 和 PIN 一样，单个像素都具有纳瓦级探测灵敏度。在实际工作中，除了考虑接收器的灵敏度外，需要在干涉仪制作完成后，测试整个光路的光损耗，再结合本节的讨论，确定所需光源的实际光功率，实现系统的可靠设计。

4.6 光纤传感器中的光电转换

光电转换是光纤传感应用的基本环节，处于信号处理前端。光电转换电路的设计质量，对信号的带宽、信噪比、失真度都有关键性影响。按照不同的应用场景，光电转换通常有单路探测和双路平衡探测（balanced photodetector，BPD）两种结构，使用的光电转换器件主要是 PIN 光电二极管和雪崩二极管（avalanche photodiode，APD）。4.6.1 节讨论单路探测结构，先讨论使用 PIN 光电二极管的单路探测结构，再讨论使用 APD 的单路探测结构。4.6.2 节讨论双路平衡探测结构。

4.6.1 单路探测结构

单路探测有 PIN 光电二极管和 APD 雪崩二极管两种器件方案，使用的 PIN 光电二极管通常有如图 4-30 所示的三种结构。

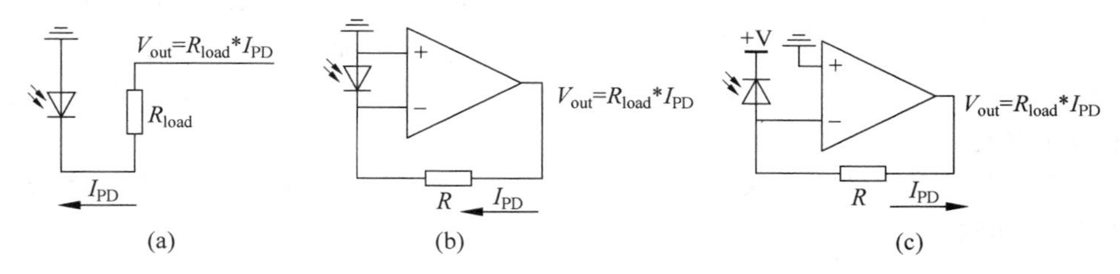

图 4-30　PIN 光电二极管常见的三种应用结构

(a) 无源结构；(b) 光伏模式；(c) 光导模式

图 4-30(a)是一种无源结构，PIN 光电二极管相当于一个恒流源，其输出光电流 I_{PD} 正比于输入光强，流至负载电阻产生光电压 $V_{out}=R_{load}\cdot I_{PD}$，通过测量 V_{out} 即可得到光强的变化特性。该结构无需供电，整个电路只有一个元件，在观察光强动态变化时，可以直接用示波器探头夹住 PIN 光电二极管的正负极管脚，利用示波器的输入电阻(1 MΩ 左右)，完成光电转换，使用非常方便，适用于实验室中，对低频变化的光信号进行简单观察。在高频应用下，由于 PIN 光电二极管内部电容影响，随着频率升高内阻变小，PIN 光电二极管在外接大电阻情况下，不再满足恒流源假设，输出电压失去与 I_{PD} 的线性正比关系。

图 4-30(b)是光伏模式，PIN 光电二极管相当于一个光伏电池，由于在 PIN 光电二极管电流输出端口连接运算放大器，和电阻 R 组成跨阻运放（trans-impedance amplifier，TIA），此结构中，从 PIN 光电二极管阴极管脚往右看进去的输入阻抗用式(4-56)表示：

$$R_{in}=\frac{R}{1+A_O} \tag{4-56}$$

式中，A_O 为运放的开环增益，通常为 10^5 以上。因此 R_{in} 近似为零，远小于 PIN 光电二极管内阻，从而 PIN 光电二极管在 R 很大、频率很高时，依然可以满足恒流源工作条件。

在图 4-30(b)的结构下，电路带宽主要受到运放开环增益的限制，A_O 具有随着频率增加而下降的特性。从式(4-56)可见，R 不变的情况下，A_O 随频率增加而下降，R_{in} 随频率增加而增加；在频率等于运放增益带宽积(GBW)时，A_O 降至 1，$R_{in}=0.5R$，在 R 较大情况下 PIN 光电二极管已经不能作为恒流源使用，也即 $V_{out}=I_{PD}R$ 的关系不再成立，从频率响应的角度看，就是高频端的增益急剧下降。另一方面，在电路工作频率不变的情况下，R 也不能无限增加，因为 R 的增加同样会造成 R_{in} 的增加，从而破坏 PIN 光电二极管的恒流源假设。

图 4-30(c)在 PIN 光电二极管的负极加上反向偏置电压，降低了 PIN 光电二极管的结电容，从而可以提高 PIN 光电二极管高频工作时的内阻，从前所述，相当于扩展了 PIN 光电二极管的恒流源工作范围。也即增加了电路的带宽。在进行高频工作时，对图 4-30(c)是常用结构。除此之外，对图 4-30(c)和图 4-30(b)可以用同样方式进行分析。

除了采用 PIN 光电二极管作为光电转换器，还有用 APD 作为光电转换器件的结构，如图 4-31 所示。

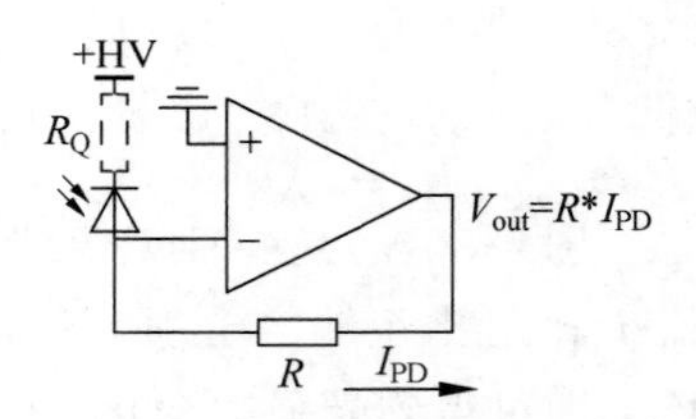

图 4-31　采用 APD 的光电转换结构

APD 电路和 PIN 光电二极管电路的不同之处在于 APD 需要增加直流高压反向偏置(HV)。该电压在硅(Si)材料下通常为 100～200 V，用于可见光探测；在铟镓砷(InGaAs)材料下通常为 50 V 左右，用于近红外光探测。当 APD 偏置电压略低于雪崩电压时(HV～(HV－3V))，APD 工作于线性状态，此时 APD 由于雪崩效应，其增益增加一个数量级且与反向偏置电压成正比，比例系数依赖于工作温度。因此，通常辅以温度控制电路保持 APD 的增益恒定。当 APD 偏置电压高于雪崩电压时，APD 工作于盖革模式，可用于单光子计数。单个光子吸收即可使 APD 输出电流达到饱和，并始终处于大电流状态，此时需要在 APD 阴极和反向偏置电压之间接入一个猝灭电阻(图 4-31 中 R_Q，线性模式下该电阻短路)，在大电流情况下，通过猝灭电阻分压降低加到 APD 上的电压至小于雪崩电压，重新回到待雪崩状态。从输出观察，就是一个光子产生一个脉冲，实现单光子计数。除此之外，基于 APD 的 TIA 电路可采用与 PIN 管类似的方法分析，在光纤干涉仪大多数应用中，APD都是工作在线性模式。

前面介绍了光电转换电路的几种不同结构，以及这些电路的工作带宽。在光纤传感器的应用中，不仅关注电路工作带宽，对电路的弱光检测能力、噪声和稳定性，也应同样重点关注。

电路的弱光检测能力，体现在两个方面：首先是PIN管或者APD的光电转换效率。其中APD因为具有雪崩效应，转换效率比PIN管高一个数量级，因此在输入光非常微弱的情况下，优先选择APD作为光电转换器。在增加了转换效率的同时，APD噪声也会随着偏压增加而增加，在输入光较强的情况下，采用PIN管更加合适。

电路的弱光检测能力，除了光电转换管自身转换效率，还取决于TIA电路中运算放大器的输入偏置电流I_{Bias}。理想的运算放大器中，I_{Bias}假设为零，光电流全部通过跨阻而转变为光电压，并且没有其他电流流过跨阻。但实际的运算放大器，偏置电流不可能为零，这部分电流就是运算放大器的最小可检测电流，商用化的运算放大器I_{Bias}可低至飞安量级，远低于通用光电管暗电流（纳安量级），所以TIA最小可检测电流通常由光电管暗电流决定。运放I_{Bias}小意味着输入阻抗大，在具备优异的弱光检测能力的同时，高阻抗的运放输入端容易拾取噪声电流，主要体现为电路板的漏电流，如潮湿的环境、封装焊接时的污染、过密的引脚排列、高阻抗路径过长、静电和电磁效应等。例如对一个高阻抗电路，一个人从旁经过，其携带的静电荷就足以产生100fA级别的干扰，这时需要在电路设计中，对反相输入端进行特殊设计：降低高阻抗走线（PIN管或APD电流输出端到运放反相输入端）长度；空间受限情况下在高阻抗路线附近开槽；禁止在高阻抗路线底下放置电源层；采用地线（同相输入端，和反相输入端等电势）对反相输入端进行等电势屏蔽，消除高阻抗路线上杂散电容干扰；陶瓷电容漏电流可达皮安量级，所有电容滤波环节都必须放置于跨阻后端。

信号带宽，弱光检测能力，噪声和稳定性，是光电转换电路的四个主要关注点，弱光检测的能力越强，噪声拾取能力也越强；带宽越高，噪声频谱也越宽；所有功能都很强的情况下，电路复杂度也越高，从而稳定性相应就会下降。彼此是相互关联，折中妥协的关系。在维持信号带宽，弱光检测能力达标的情况下，降低噪声水平，提高稳定性有如下方法：

（1）在TIA输出端进行滤波；

（2）空间允许情况下，尽量使用较大封装的运放，增加高阻抗信号节点和其他线路的距离，降低杂散电容，从而减小杂散电流；

（3）为了增加稳定性，跨阻并联一个pF量级的电容（该电容的使用，要综合权衡反相端漏电流），消除可能的运放自激；

(4) 运放的电源管脚采用适当的电容去耦；

(5) 输出如果接有容性负载(如同轴电缆)，则在高带宽情况下，容易产生振荡，注意阻抗匹配。

至此，介绍了单路探测方法，接下来讨论双路平衡探测方法。

4.6.2 双路平衡探测

从式(3-5)和式(3-6)可知，从光纤干涉仪的输出可得两路差分光信号，重新写为

$$\begin{cases} I_{\text{out}} = A + B\cos\phi \\ I_{\text{outb}} = A - B\cos\phi \end{cases} \tag{4-57}$$

其中 A 由两部分组成：干涉仪输出的直流分量和光路噪声。尤其在分布式应用时，通常光路中会采用掺铒光纤放大器(erbium-doped optical fiber amplifier，EDFA)等光放大手段，在放大光信号的同时，也会产生大量的 ASE 噪声，这部分噪声体现为白噪声，同时存在于式(4-57)的 I_{out} 和 I_{outb} 之中。在光放大倍数较大时，ASE 噪声比信号要大 2～3 个数量级，在这种情况下，采用单管的 PIN 管或 APD 都很难实现有效探测。

组成式(4-57)中 A 项的噪声，对式(4-57)中上下两部分近似相同，是为共模噪声，因此人们提出了差分检测的共模探测手段，如图 4-32 所示。

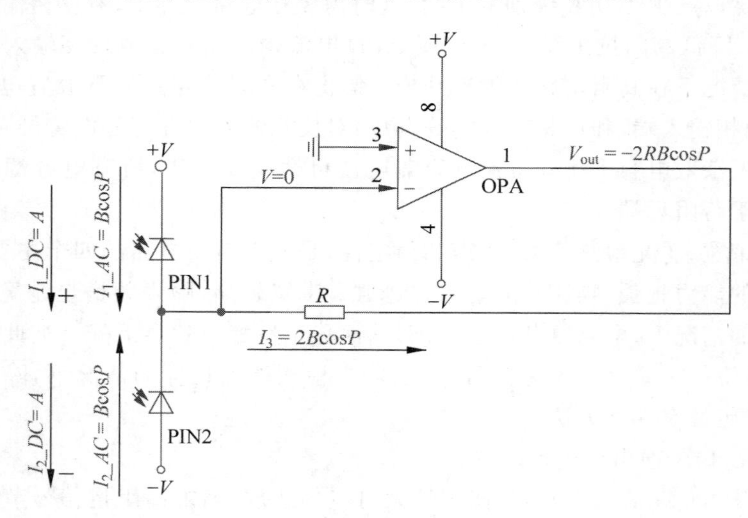

图 4-32　平衡探测器原理示意图

(请扫Ⅴ页二维码看彩图)

图 4-32 中，PIN1，PIN2 这两只光电二极管的同相分量 A（包括了直流分量和 ASE 分量）相减后衰减，反相的交流分量 $B\cos P$ 相减而增强，通过跨阻 R 完成光电转换，在两只光电二极管特性一致的条件下，输出端电压 V_{out} 已经消除了同相分量，同时信号分量得到倍增，同相分量的消除直接在光电转换环节完成，避免了 TIA 因为同相分量光强太大而饱和，进而降低有用分量的放大倍数。通过平衡探测的方法，提高了接收端的信号动态范围和信噪比。

双路平衡探测器，主要应用于干涉仪输出信号的差分检测，前述对单路探测的讨论，包括信号带宽，弱光检测能力，噪声与稳定性，都适用于双路平衡探测器的设计。同时由于平衡探测器的差分检测方式，通常选用参数相近的 PIN 管作为光电转换器，实践证明，在长距离数十千米的 Φ-OTDR 应用场景，用 PIN 管组成的平衡探测器，灵敏度完全可以满足要求，同时噪声得到了极大的抑制。

参考文献

[1] 梅泽，吕海飞，文晓艳，等. 改进的椭圆拟合算法及振动传感相位解调[J]. 光学学报，2021，41(24)：2412001.

[2] 张华勇. 基于匹配干涉仪结构的光纤水听器时分复用技术[D]. 北京：清华大学，2011.

[3] 匡武. 光纤干涉型传感器若干关键问题的研究[D]. 北京：清华大学，2005.

[4] 喻乐. 高精度光纤法布里-珀罗腔传感器的设计和消用[D]. 北京：清华大学，2015.

[5] 江毅，唐才杰. 光纤 Fabry-Perot 干涉仪原理及应用[M]. 北京：国防工业出版社，2009.

[6] 靳伟，阮双琛. 光纤传感技术新进展[M]. 北京：科学出版社，2005.

[7] BAO X，CHEN L. Recent progress in distributed fiber optic sensors[J]. Sensors，2012，12(7)：8601-8639.

[8] FANG G S，XU T W，FENG S W，et al. Phase-sensitive optical time domain reflectometer based on phase-generated carrier algorithm[J]. Journal of Lightwave Technology，2015，33(13)：2811-2816.

[9] HE X G，XIE S R，LIU F，et al. Multi-event waveform-retrieved distributed optical fiber acoustic sensor using dual-pulse heterodyne phase-sensitive OTDR[J]. Optics Letters，2017，42(3)：442-445.

[10] MASOUDI A，NEWSON T P. High spatial resolution distributed optical fiber dynamic strain sensor with enhanced frequency and strain resolution[J]. Optics Letters，2017，42(2)：290-293.

[11] WANG Y N，ZHANG L，WANG S，et al. Coherent Φ-OTDR based on I/Q demodulation and homodyne detection[J]. Optics Express，2016，24(2)：853-858.

[12] SONG J. Optical frequency domain reflectometry：sensing range extension and enhanced temperature sensitivity[D]. Ottawa Canada：University of Ottawa，2014.

[13] 付彩玲，彭振威，李朋飞. OFDR 分布式光纤温度/应变/形状传感研究进展[J]. 激光与光

电子学进展，2023，60(11)：1106007.

[14] QIN J, ZHOU Q, XIE W L, et al. Coherence enhancement of a chirped DFB laser for frequency-modulated continuous-wave reflectometry using a composite feedback loop[J]. Optics Letters, 2015, 40(19): 4500-4503.

[15] KOHERAS BASIK X. Ultra narrow band fiber laser, product datasheet[M]. NKT Photonics, 2019.

[16] Teledyne DALSA IT-P1-4096E-R Image Sensors. Product datasheet[M]. Teledyne DALSA Inc., 2008.

第5章

光纤干涉仪的典型应用

作用于光纤上的压力、温度等物理量，可以直接引起光纤中光波相位的变化，从而构成相位调制型的光纤振动/声传感器、光纤压力传感器、光纤温度传感器以及光纤转动传感器（光纤陀螺）等。其中，光纤陀螺和光纤水听器是光纤传感器发展史上最具代表性的，且成功商品化的两种产品。

某些物理量通过敏感材料的作用，也可转化为光纤中应力、温度的变化，从而引起光纤中传输光波相位的变化。例如，利用粘接或涂敷在光纤上的磁致伸缩材料，可以构成光纤磁场传感器；利用涂敷在光纤上的金属薄膜，可以构成光纤电流传感器；利用固定在光纤上的电致伸缩材料，则可构成光纤电压传感器；利用固定在光纤上的质量块则可构成光纤加速度计。另外，在光纤上镀以特殊的涂层，则可构成作为特定的化学反应或生物作用的光纤化学或生物传感器。例如，在单模光纤上镀 10 μm 厚的钯，就可构成光纤氢气传感器，等等。

各类光纤干涉仪的工作机理和分析模型已在前面章节中详细介绍，本章重点讨论几类典型传感应用中的问题和可能的解决方案。

5.1 光纤水声传感器

光纤水声传感器，通常称为水听器，是一种重要的光纤压力传感器。通过水下声波对光纤的应力作用改变光纤中传播光束的强度、相位或偏振态等参数，并检测出这些参数的变化量，即可反推得到水声信息。

光纤水听器不仅可以克服压电陶瓷/PVDF（聚偏二氟乙烯）水听器在构成拖曳阵中的不足，还具有独特的优点[1]。①适用频带宽（几赫兹至几十千赫兹）。压电水听器上限工作频率受敏感元件谐振频率及波尺寸限制，而且压电元件的低频灵敏度偏低又限制了其下限频率(20 Hz～10 kHz)。②声压灵敏度高。比最好的压电陶瓷水听器高2～3个数量级，且不受流体静压力和频率的影响，可工作于高静水压(300 atm，1 atm=101325 Pa)。③不受强电磁场干扰、体积小而轻，可设计成任意形状。④兼传感和信息传输于一体，易于构成传感网络。因此，光纤水听器已成为当前海洋技术中最理想的声信号接收器件。

自问世以来，已报道的光纤水听器多达数十种，根据声-光调制机理可分为强度型、偏振型和相位型(亦称干涉型)三大类。强度型光纤水听器虽已进入应用，但噪声大、稳定性差、灵敏度低，并不适合拖曳阵使用。当前研究和应用最广的是干涉型光纤水听器。

光纤干涉型水听器又可分为两类——双光束干涉和多光束干涉型。进一步细分，双光束干涉型又包括迈克耳孙型、MZ型和干涉型赛格纳克；而多光束干涉型又包括F-P型和谐振赛格纳克型[2]。其中，迈克耳孙干涉型(图5-1)水听器拖曳阵应用最为成功。下面主要讨论此类型水听器的研究和应用[3-7]。

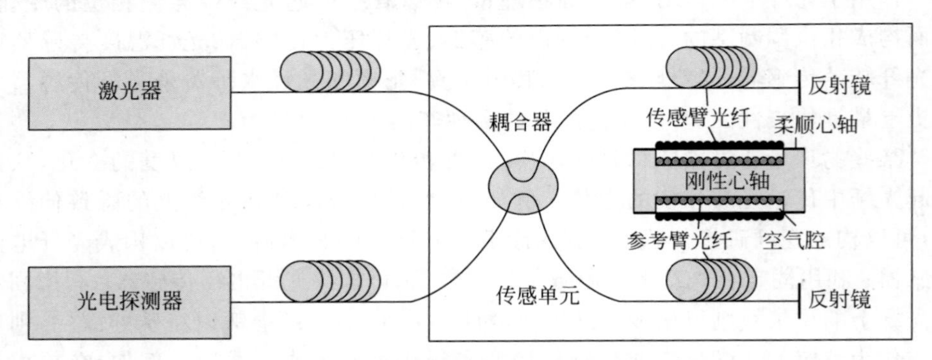

图5-1 迈克耳孙干涉型光纤水听器系统示意图
(请扫V页二维码看彩图)

5.1.1 光纤水听器传感单元设计与制备

光纤水听器传感单元即干涉仪的信号臂和参考臂应具有良好的对称性，以保证传感单元具有较好的抗噪能力。常用有两种结构：多层共芯结构(图5-2(a))和串接同轴结构(图5-2(b))。光纤水听器传感单元设计中主要涉及以下4个关键问题。

1. 光纤的增敏与去敏

为提高光纤水听器的相移灵敏度(对应最小可检测声场压力阈值)，在对传感臂光纤增敏的同时，需对参考臂光纤去敏。例如，传感臂选用对声压敏感的光纤，

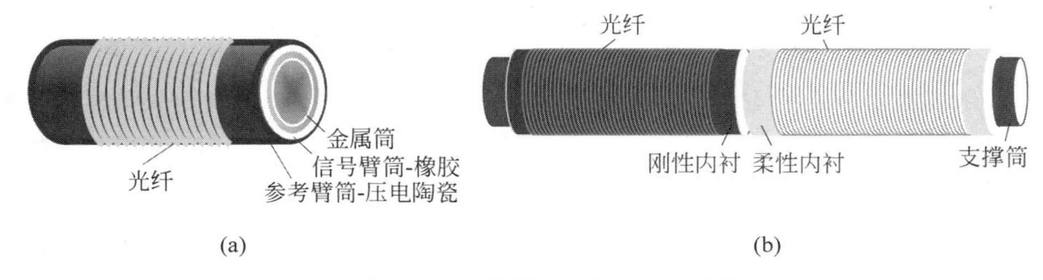

图 5-2 两种常用光纤水听单元的结构
(请扫Ⅴ页二维码看彩图)

且光纤的涂层材料利于提高相移灵敏度,如使用聚四氟乙烯作为涂覆层;而参考臂光纤则涂覆金属膜(如铝膜)。此外,干涉仪两臂光纤长度的设计须既满足灵敏度需求,又尽可能短以减小体积和噪声。

2. 传感单元的支撑筒、干涉仪两臂的内衬层及外保护层的选取

为保证传感单元的耐压与抗拉能力,通常其主结构内部设计有一个支撑筒作为支架。支撑筒选择硬质材料,如铝合金或硬质胶木。支撑筒外依次套接两个内衬筒,分别缠绕不同光纤作为传感臂和参考臂。

内衬材料的选取应考虑:材料与光纤之间的黏合性、与支撑筒间的配合满足灵敏度及信号处理需要。对于参考臂,为了配合 PZT-相位补偿或调制解调方案,可选用压电陶瓷材料。而为增强传感臂的相移灵敏度,需使用声敏内衬,如橡胶、尼龙和高分子聚合物等。虽然理论计算显示,聚四氟乙烯提高相移灵敏度效果好,但过于光滑,不适合作为信号臂的内衬。

外保护材料的选取:传感臂光纤可直接与能无损传递水声的液体(如某些油类)接触或与声阻抗匹配的透声橡胶接触。参考臂光纤的外保护层则采用对声压去敏的隔声材料或金属铝、镍作为保护层,在外保护层和参考臂光纤之间保留一层薄空气层,效果更好。

3. 干涉光纤的绕制

为减小光的传输损耗等,光纤的缠绕应使光纤排布紧密而平行,单层或双层缠绕。参考臂光纤的绕制应施加一定预应力,可缠绕在压电陶瓷上,供补偿或相位调制所需。随着光纤陀螺和水听器技术的工程化,已有成熟的商用光纤环绕制机,可用于保偏和非保偏光纤环的自动绕制。

4. 光纤传感单元与信号处理单元的分离

与传统拖缆检波器的工艺类似,为了便于安装及检修,光纤传感单元和信号处理单元应分离,亦称湿端和干端。传感单元置于拖缆内,而光源和信号处理单元集成于数字包中。封装完成的传感单元与外界的连接只要有必要的传输光纤即可。

5.1.2 复合结构光纤水听器的相移灵敏度

灵敏度是水听器的重要性能参数。因为工作原理不同，所以光纤水听器的灵敏度指标与压电水听器也不尽相同。下面介绍描述光纤水听器灵敏度的几个主要参数。

1. 相移灵敏度与归一化灵敏度

光纤干涉型水听器采用干涉仪灵敏度的表征参数——相移，来描述水听器的灵敏度，称为光纤水听器的相移灵敏度 M_p，可表示为：$M_p=\frac{\Delta\phi}{\Delta P}$，其单位为 rad/Pa，即在单位压力变化下光纤水听器产生的相位变化量，是直接反映光纤本身及探头复合结构灵敏度的参数。为消除光源波长和光纤长度的影响，通常使用定义参数——归一化相移灵敏度 M_0，表示为

$$M_0=\frac{\Delta\phi}{\phi\Delta P}=\frac{M_p}{\phi}=\frac{M_p}{2\pi nL/\lambda} \tag{5-1}$$

式中，λ 表示光源波长；n 为纤芯折射率；L 为敏感光纤长度。M_0 的单位为 Pa，表示单位长度的光纤在单位压力下产生的相位变化，是衡量传感器声-光转换效率的一个参数。

2. 最小可检测声场压力阈值 P_{min}

最小可检测声场压力阈值是指光纤水听器所能探测的最低声压。设 ϕ_{min} 为系统的相位检测精度，单位为 rad，则可探测最低声压 P_{min} 可表示为：$P_{min}=\frac{\phi_{min}}{M_p}=\frac{\lambda\phi_{min}}{2\pi nLM_0}$。常用最小可检测声压级表示 P_{min}，单位为 dB・μPa。0 dB・μPa 对应 1 μPa，换算公式为 $P_{min}(\text{dB}\cdot\mu\text{Pa})=20\lg\frac{P_{min}}{P_0}$，其中，$P_0=1\ \mu\text{Pa}=10^{-6}\ \text{Pa}$。

3. 声接收电压灵敏度

声接收电压灵敏度简称声压灵敏度。传统水听器的声压灵敏度定义为单位声压变化所产生的水听器系统输出电压值 M_p（V/μPa），单位为 dB，对应基准为：1 μPa 声压变化产生 1 V 输出电压时为 0 dB。类似地，对光纤水听器定义同样的参数 M_V，则 $M_V=M_p\cdot G\cdot R\cdot I_0\cdot Q$，式中，$G$ 为光电检测器的响应度（A/W），R 为光电检测器的负载电阻（Ω），I_0 为光纤干涉仪输出的平均光功率，Q 为干涉条纹的对比度。可见，声压灵敏度参数虽然引入了电路转换及放大的因素，不能直接反映干涉仪的性能，但继承了传统压电水听器灵敏度概念，其测量方法与传统的压电水听器相同，可以直接对比。

M_V 的单位也是dB，换算公式为 $M_V(\text{dB})=20\lg\frac{M_V}{M_{V_0}}$，式中 $M_{V_0}=1\ \text{V}/\mu\text{Pa}$。常见的压电水听器的声压灵敏度为−200～−180 dB。

为提高水听器的灵敏度，需要对传感光纤涂覆或嵌入特殊材料以增敏，增敏的光纤传感单元即复合结构水听单元。声传感光纤具有对声压敏感的涂覆层，同时内衬层和外保护层亦采用聚四氟乙烯、聚氨酯等声敏材料，以下以此类复合结构光纤传感单元为例，计算相移灵敏度。

例 5-1　复合结构光纤水听器的相移灵敏度计算。

根据光纤水听器相移灵敏度和归一化灵敏度的概念和定义式(5-1)，对复合结构光纤水听器在声压作用下的相位变化进行计算。

首先，根据弹光效应，无涂覆层的熔融石英单模光纤的相移灵敏度可类似式(3-68)表示为

$$\frac{\Delta\phi}{\Delta P}=\frac{L\beta}{E}(1-2\mu)\left[\frac{n^2}{2}(2p_{12}+p_{11})-1\right] \tag{5-2}$$

式中，$\Delta\phi$ 为在声压变化 ΔP 作用在长度 L 的光纤上时，干涉仪输出光的相位变化；$\beta=2\pi n/\lambda$ 为光的传播常数；E 为光纤的杨氏模量；μ 为光纤的泊松比；n 为光纤纤芯的折射率；p_{11}、p_{12} 为光纤的弹光系数。对单模熔融石英光纤，E、μ、p_{11}、p_{12} 是常数，分别将 $n=1.456$，$E=7.3\times10^{10}\ \text{N/m}^2$，$p_{11}=0.121$，$p_{12}=0.27$，$\mu=0.17$ 代入式(5-2)，计算可得 $\frac{\Delta\phi}{\Delta P}=2.48\times10^{-11}L/\lambda$。而实际应用的单模光纤的芯径为4～9 μm，包层直径125 μm，涂覆层直径为250 μm，即涂覆层厚度为62.5 μm。如图5-3所示为理论计算所用简化的光纤横截面结构[14]。

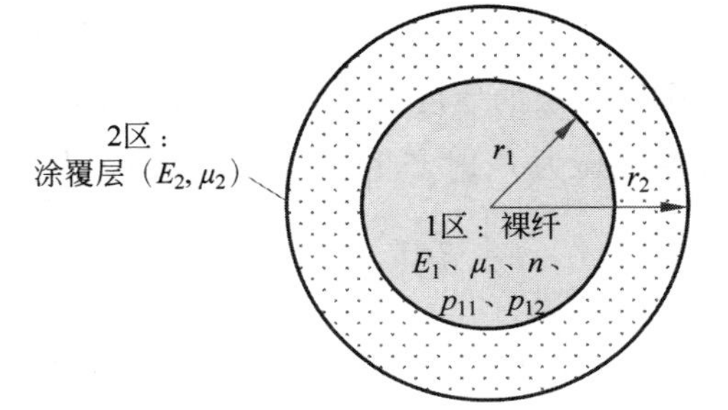

图5-3　光纤截面图
（请扫V页二维码看彩图）

在图5-3中，当外界压力 P 作用在复合结构上时，分别考虑1区和2区的径向与轴向应力以及其产生的位移。施加一定的边界限制条件，并代入 r_1、r_2、E_1、E_2、n_1、n_2 和应力、应变表达式，即可列出5个线性方程组，并求得其数值解。

在圆柱坐标系中，圆对称截面的径向应力可写为

$$\sigma_r=\frac{A}{r^2}+B(1+2\lg r)+2C$$

$$\sigma_\theta=-\frac{A}{r^2}+B(3+2\lg r)+2C$$

其中，在 1 区：$\sigma_r=\sigma_\theta=2D$，$\sigma_z=G$；在 2 区：$\sigma_r=\dfrac{A}{r^2}+2C$，$\sigma_\theta=-\dfrac{A}{r^2}+2C$，$\sigma_z=F$。$A$、$C$、$D$ 均为常数，$B=0$。

针对图 5-3 所示的结构所应用的 5 个边界条件分别为：$r=r_2$ 处的径向应力等于外力 P；在 $r=r_1$ 交界面处，1 区和 2 区的径向应力相等；径向位移必须匹配；在远离末端处，1 区和 2 区的轴向应变相等；作用在复合结构的轴向压力等于通过 1 区和 2 区的轴向压力 σ_z 的积分。即

$$\sigma_{r_2}(r_2)=-P,\quad \sigma_{r_1}(r_1)=\sigma_{r_2}(r_1),\quad u_{r_1}(r_1)=u_{r_2}(r_1)$$

$$\varepsilon_{z1}=\varepsilon_{z2},\quad -\pi r_2^2P=\pi r_1^2\sigma_{z1}+\pi(r_2^2-r_1^2)\sigma_{z2}$$

式中，轴向位移 $u=\int\varepsilon_r\cdot\mathrm{d}r$，而 $\varepsilon_i=\dfrac{1}{E}[\sigma_i-\mu(\sigma_j+\sigma_k)]$。$i,j,k=r,\theta,z$。

则可以得到一组方程组，用矩阵表示为

$$\begin{bmatrix}1 & 2 & 0 & 0 & 0\\ R^2 & 2 & -2 & 0 & 0\\ -E(1+\mu_2)R^2 & 2(1-\mu_2)E & -2(1-\mu_1) & -E\mu_2 & \mu_1\\ 0 & 0 & 0 & R^2-1 & 1\\ 0 & 4E\mu_2 & -4\mu_1 & -E & 1\end{bmatrix}\begin{bmatrix}X\\Y\\Z\\V\\W\end{bmatrix}=\begin{bmatrix}-1\\0\\0\\-R^2\\0\end{bmatrix} \tag{5-3}$$

式中，

$$X=A/Pr_2^2,\quad Y=C/P,\quad Z=D/P,\quad V=F/P$$

$$W=G/P,\quad R=r_2/r_1,\quad E=E_1/E_2$$

根据涂覆层的厚度及材料参数即可计算出 X、Y、Z、V、W 的数值。长度 L 的光纤在受到压力 P 时产生的相位变化 $\Delta\phi$ 为

$$\Delta\phi=\beta\Delta L+L\Delta\beta\cong\beta\varepsilon_zL+Lk_0\Delta n=\beta\varepsilon_zL-\frac{1}{2}Lk_0n^3\Delta\left(\frac{1}{n^2}\right) \tag{5-4}$$

式中，$\Delta\left(\dfrac{1}{n^2}\right)$是光纤折射率的变化。因光纤内无切向应变，则

$$\Delta\left(\frac{1}{n^2}\right)_i=\sum_{j=1}^{3}p_{ij}\varepsilon_j \tag{5-5}$$

设光纤材料是均匀、各向同性，则其弹光系数张量可以写成

$$p_{ij}=\begin{bmatrix}p_{11} & p_{12} & p_{12}\\ p_{12} & p_{11} & p_{12}\\ p_{12} & p_{12} & p_{11}\end{bmatrix} \tag{5-6}$$

则对于 x 或 y 向极化并沿 z 轴传播的光，光纤的折射率变化为

$$\Delta\left(\frac{1}{n^2}\right)_{x,y}=(p_{11}+p_{12})\varepsilon_r+p_{12}\varepsilon_z \tag{5-7}$$

可以得到相移灵敏度的表达式：

$$\frac{\Delta\phi}{\Delta P}\frac{E_1}{\beta L}=W\left\{1+\frac{n^2}{2}[(p_{11}+p_{12})\mu_1-p_{12}]\right\}+$$
$$Z\{-4\mu_1-n^2[(p_{11}+p_{12})(1-\mu_1)-2\mu_1 p_{12}]\} \tag{5-8}$$

计算典型石英光纤复合结构，可得

$$\left.\frac{\Delta\phi}{\Delta P}\frac{E_1}{\beta L}\right|_{\text{融石英}}=0.784W-1.173Z \tag{5-9}$$

对于无涂覆层的熔融石英光纤，其应力各向同性且等于压力，即 $G=-P$，$2D=-P$；则有 $W=-1$，$Z=-1/2$，代入式(5-9)，得

$$\left.\frac{\Delta\phi}{\Delta P}\frac{E_1}{\beta L}\right|_{\text{无涂覆层光纤}}=-0.198\left.\frac{\Delta\phi}{\Delta P}\frac{E_1}{\beta L}\right|_{\text{硅树脂}}=-0.20 \tag{5-10}$$

式(5-10)与式(5-2)的计算结果完全相符，说明无涂覆层的情况只是式(5-10)的一个特例。当光纤存在涂覆层时，代入 r_2、E_2、μ_2 可计算出 W 和 Z 的数值，再代入式(5-9)即可得到复合结构的相移灵敏度。

标准通信光纤软涂层材料为硅树脂，其杨氏模量为 $3.5\times10^6\ \mathrm{N/m^2}$，泊松比为 0.499；标准无外套管单模光纤的包层直径为 125 μm，涂覆层外径为 250 μm，则 $R=2$。计算可得

$$\left.\frac{\Delta\phi}{\Delta P}\frac{E_1}{\beta L}\right|_{\text{硅树脂}}=-0.20 \tag{5-11}$$

可见，硅树脂涂覆的光纤与裸石英光纤的相移灵敏度几乎相等，说明标准通信光纤的涂层不影响其相移灵敏度。若涂覆层材料换为聚四氟乙烯(杨氏模量为 $3.06\times10^9\ \mathrm{N/m^2}$，则 $E=23.86$，泊松比 $\mu_2=0.317$)，计算可得 W 和 Z 的值为 $W=-2.0372$ 和 $Z=-0.6128$。则

$$\left.\frac{\Delta\phi}{\Delta P}\frac{E_1}{\beta L}\right|_{\text{聚四氟乙烯}}=-0.8784 \tag{5-12}$$

4. 相移灵敏度与涂层厚度、材料参数的关系

与式(5-10)相比，聚四氟乙烯涂层光纤的相移灵敏度约为无涂层石英光纤的4倍。多种材料的对比计算显示，在薄涂层情况下，聚四氟乙烯涂覆层能获得较高的相移灵敏度。此外，根据式(5-3)和式(5-9)，用数值计算方法可得相移灵敏度随 E、μ_2 和 R 的变化关系，如图5-4和图5-5所示。图5-4表示当 $\mu_2=0.317$ 时，相移灵敏度随 E、R 变化的关系曲线。可以看出，对于薄涂层（如 $R=2$），E 较小时

相移灵敏度就已趋于饱和；而当涂层较厚时，相移灵敏度随 E 近似线性变化。

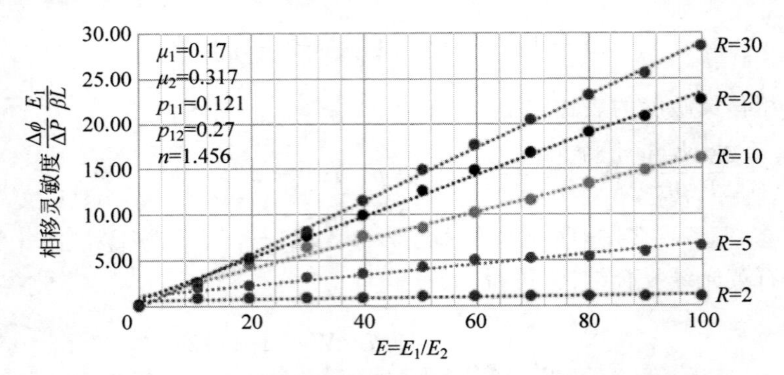

图 5-4　不同涂层厚度时相移灵敏度随 E 的变化关系图

（请扫Ⅴ页二维码看彩图）

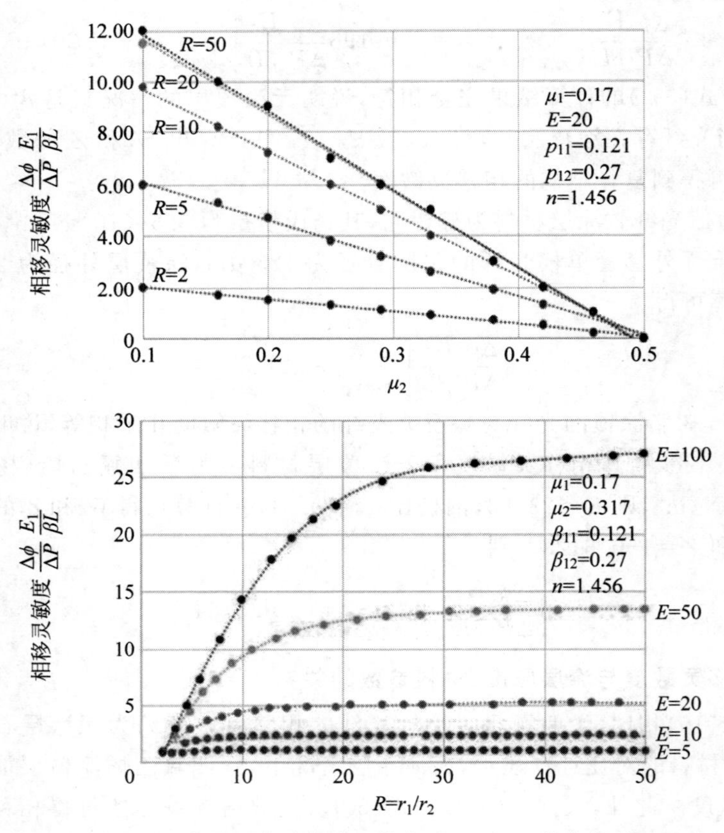

图 5-5　不同涂层厚度时相移灵敏度随 μ_2 和 R 的变化关系图

（请扫Ⅴ页二维码看彩图）

当涂层材料确定时，存在一个极限涂层厚度，即当涂层厚度增加到某个值（如对于石英光纤 $R=30$）之后，相移灵敏度随厚度的增加趋于零。

由图 5-5 可以看出，当 E 不变（$E=20$）时，相移灵敏度随 μ_2 的变化非常明显，μ_2 越小时其相移灵敏度越大，且涂层厚度确实存在一个极限值（$R=30$）。当超过此厚度时，涂层厚度的增加对灵敏度没有贡献。利用这个特性，可以对参考光纤及引导光纤进行去敏处理。其合适的涂覆材料有玻璃、铝、镍等，同时需要考虑涂层材料的厚度控制。很多橡胶材料的 $\mu_2 \sim 0.5$，由图 5-5 可知，用橡胶作为光纤复合结构的涂层，对提高相移灵敏度的作用并不大。对某些杨氏模量的橡胶，甚至会出现随着涂层厚度的增加相移灵敏度会先减小后反向增加。

5.1.3　光纤水声传感器的光源与噪声

1. 对光源的要求

频率高度稳定：光源本身频率不稳，所引入的相位噪声将大大增加，且随着干涉仪光程差的增大而线性增加。半导体激光器的频率稳定性一般不高，粗略估算，光程差 1 m 时的相位噪声大约比零光程差时高 3 个数量级，这意味着为获得 10^{-6} rad 的检相精度，必须要保证 MZ 等双光束干涉型的两臂间光程差小于 1 mm，对于光纤臂长在 10 m 到几十米的水声传感器而言，往往需要复杂的调节结构、步骤以及精密的长度控制仪器，如低相干反射仪等。

强度波动小：否则 PGC 解调技术本身所引入的伴生调幅会被大大放大，使得振幅噪声严重时无法区分声场信号和干扰信号。

窄线宽、足够的相干长度。对于采用 PGC 解调的光纤水听器系统而言，光源的稳定性和调频特性，是一对矛盾因素，需折中考虑。如采用相位差调制或 PZT 反馈电路相位漂移补偿等方法，则不利于实现复用。

2. 噪声控制

当探测极低幅度信号时，光纤水听器系统的噪声控制显得异常重要。可能造成影响的环境噪声源包括以下几种。

(1) 随机相位漂移：由环境温度变化等因素引起，通常为低频。选择温度不敏感的涂覆层材料，可以提高系统的抗环境干扰能力。

(2) 偏振噪声。对于双光束干涉，当干涉仪两臂因双折射存在延迟时，会产生偏振噪声。抑制偏振噪声的方法有法拉第旋转镜、分时补偿等。

(3) 水流的无规则运动，如湍流等也会引入系统噪声。

3. 光纤水听器的信号处理

光纤水听器的信号处理是指将水听器的光学输出转换成正比于声场振幅的电

信号的过程。针对工作环境中存在产生随机相移的因素，抗衰落的小相位信号处理是关键问题。目前水听器共发展了五种基本检测系统：

(1) 被动无源零差检测(HOM)技术；

(2) 基于锁相环方法的直流相位跟踪零差检测(PTDC)技术；

(3) 基于PGC方法的交流相位跟踪零差检测(PTAC)技术；

(4) 基于外差法的外差检测(HET)技术；

(5) 合成外差检测(SHET)技术。

它们各有优缺点，实验中存在如何选择的问题。

4. 多水听器的复用和一致性

实际应用的拖缆需要组成多检波器阵列，这对光源、探头和检测电路的复用提出了要求，当前已有很多种复用方案[1-4]，但如何针对实际应用选择合适的复用方案却并不简单。若要保证多个检波器的一致性，除了在单个探头制作的过程中要保证工艺的一致性外，还需要针对每个探头适当控制光检测和信号处理电路的增益等。

5.2 光纤矢量/加速度传感器

干涉型光纤水听器可以分为标量传感器和矢量传感器两种。标量光纤水听器的测量参数——声压为标量(反映传感器处的水密度)，是最常见的一类水听器，因此一般所说的光纤水听器是指标量光纤声压传感器。而另一类矢量传感器，又称光纤加速度计[5]或矢量水听器，检测参量则是声压梯度或质点加速度，故其传感器有矢量特性。光纤水听器和光纤加速度传感器的物理模型和动力学模型类似，仅仅是系统的激励元不同，因此相比于干涉型光纤水听器，光纤加速度传感器的相移灵敏度和归一化灵敏度的定义有所改变(表5-1)。

表5-1 干涉型光纤加速度传感器的性能参数

性能参数	定义	单位
相移灵敏度	传感器传感元(光纤干涉仪)中的光程差对于所感知的加速度的灵敏度(g为重力加速度)	rad/g
谐振频率/带宽	反映传感器的频响特性，直接影响传感器的工作频率范围	Hz
最小可检测加速度	传感器系统的噪声极限；当系统信号和系统噪声大小相等时，检测到的加速度值；大小为频率的函数	$g/\sqrt{\text{Hz}}$
最大可检测加速度	传感器输出干涉调制信号的解调极限；当系统解调后信号不失真时，所能测量的最大加速度值；大小为频率的函数	g/Hz

续表

性能参数	定　　义	单　　位
动态范围	系统能检测的加速度范围，其大小也是频率的函数	dB/Hz
交叉灵敏度/交叉串扰比	作为矢量传感器，交叉串扰比反映加速度传感器的方向性	

相位调制型加速度传感器的检测精度高、动态范围大，特别适合于要求高性能加速度传感的领域。与其他干涉型传感器类似，相位型加速度计也涵盖了光纤干涉仪的主要类型。

MZ 型加速度传感器的典型结构如图 5-6(a)所示。传感系统中 MZ 干涉仪的两臂分别作为参考臂和传感臂，缠绕光纤的顺变柱体和惯性质量一起构成"质量-弹簧系统"传感单元。加速度信号最终引起光纤(即传感臂)中光相位的变化。干涉仪的输出光经第二耦合器由光电探测器接收，并通过相位信号的解调得到被测加速度值。然而，MZ 型传感器传感探头的设计难度高，不利于探头的小型化；且干涉仪中参考臂的隔离是一个难题。

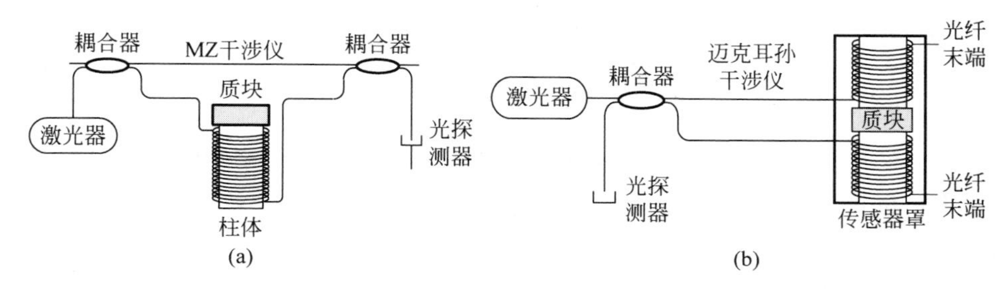

图 5-6　(a)MZ 型加速度传感器结构和(b)迈克耳孙型光纤加速度传感系统

迈克耳孙型传感器可以有效解决以上不足，也是最常用的相位调制型加速度传感器类型。如图 5-6 所示的光纤加速度传感器干涉仪两臂的光纤末端镀反射膜，并同时缠绕在顺变柱体上，构成一个推挽式结构(push-pull)。当加速度信号作用在传感探头上时，干涉仪两臂的相位变化等幅反相；而对于环境温度等参量的变化，干涉仪两臂的相位变化完全相同，由此产生一个差分信号。通过解调该差分信号可得被测加速度。这种推挽式结构有很强的噪声抑制能力，后续分析将集中于此结构的加速度传感器。

F-P 型光纤加速度传感器的类型非常多，如图 5-7 所示为一种典型的 F-P 型光纤加速度传感单元示意图。传感器基于质量-弹簧系统，在质块端面贴有一个反射镜 M2，它和光纤端面 M1 一起形成一个 F-P 腔。当加速度信号作用时，惯性质块和光纤之间产生相对位移，改变 F-P 腔长，进而引起光波相位的变化。测量相位变化即可知被测加速度值。F-P 型加速度传感器的动态测量精度可以达到 $10^{-7}g/\sqrt{\text{Hz}}$ 量级，测量频带则可至 kHz。

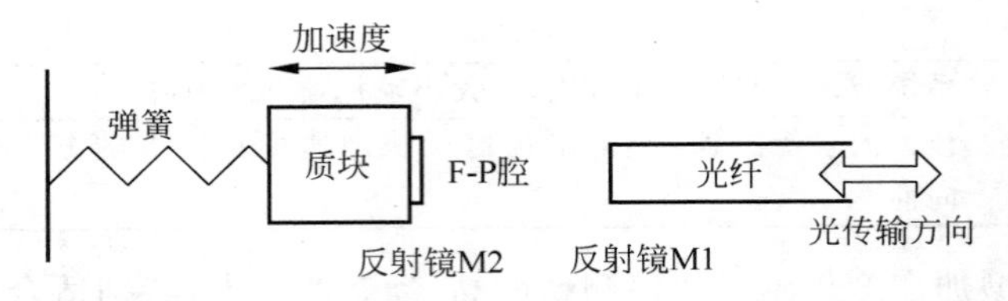

图 5-7 F-P 型光纤加速度传感器探头原理图

在 3 类高灵敏度的干涉型光纤加速度传感器结构——顺变柱体、膜片和 F-P 腔中，F-P 型传感器将质块相对于基底的位移直接作用于 F-P 腔上，因此不存在传统意义上的换能器，但灵敏度受 F-P 干涉原理的限制。基于顺变柱体和基于膜片结构的干涉型加速度传感器，其换能器分别为顺变柱体和膜片，换能器将基底加速度引起的质块相对于基底的微小位移转变为光纤光程的位移，从而提高了传感器的相移灵敏度。表 5-1 列出了干涉型光纤加速度传感器的主要性能参数。基于顺变柱体的干涉型光纤加速度传感器灵敏度高达约 10^4 rad/g，设系统相移分辨率为约 10 μrad/$\sqrt{\text{Hz}}$，则传感系统的最小可检测加速度达约 1ng/$\sqrt{\text{Hz}}$的水平。

5.2.1 膜片式加速度传感器

作为矢量传感单元需要具有高方向性响应。传感单元的结构可设计用常见的振动敏感材料（如顺变性橡胶、聚合物）构成弹性体，最简单的结构是柱体，但必须设计特殊的横向限振结构（如复合顺变柱体结构）。膜片型弹性体无需任何附加结构，且具有两个既有优点：

(1) 膜片的面积远大于厚度，该几何特征决定其具有本征方向性响应，即垂直于膜片方向的响应最强，而平行于膜片方向的响应最弱；

(2) 同材料和外形尺寸条件下，膜片式结构的刚度系数比柱体小，即更灵敏，因此膜片式结构广泛用于各种振动测量仪表。

膜片式光纤加速度传感方案用薄敏感膜片作为弹性元件，在膜片的上下两面固定传感光纤，膜片的中央固定惯性质块（图 5-8）。膜片在外界加速度场的作用下产生挠曲，并通过传感光纤转换为相位变化。通过对相位的测量获得外界加速度信号的大小。

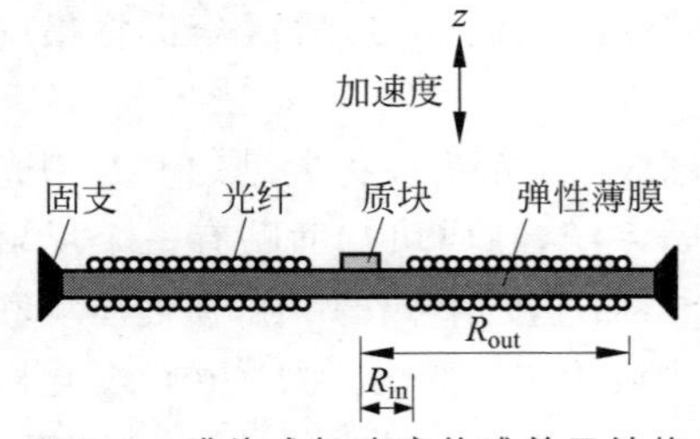

图 5-8 膜片式加速度传感单元结构

沿图(5-8)所示 z 方向的加速度作用下，惯性质量和膜片之间发生相对运动，导致弹性膜片发生挠曲，膜片上不同位置产生不同的 z 向形变，即挠度。根据弹性力学理论，膜片上的

挠度分布是中心对称的，距中心 r 处的膜片挠度为

$$w(r)=w_0\left[1-\frac{r^2}{R_{\text{out}}^2}+\frac{2(1+\nu_{\text{膜片}})r^2}{(3+\nu_{\text{膜片}})R_{\text{out}}^2}\ln\left(\frac{r}{R_{\text{out}}}\right)\right] \tag{5-13}$$

式中，w_0 为膜片中心处的挠度；$\nu_{\text{膜片}}$ 是膜片材料的泊松比。不考虑传感光纤对敏感膜片力学特性的影响，对于膜片结构组成的质量惯性系统，系统的等效弹簧常数就是膜片的等效弹簧常数，可以写成

$$K_{\text{Diaphragm}}=\frac{ma}{w_0}=\frac{E_{\text{膜片}}}{1-\nu_{\text{膜片}}^2}\frac{4\pi H^3}{3C_R R_{\text{out}}^2} \tag{5-14}$$

式中，a 是被测加速度值；$E_{\text{膜片}}$ 是膜片材料的杨氏模量；H 为膜片厚度；$C_R=4\left[\frac{1-r_{\text{膜片}}^2}{4}-\frac{r_{\text{膜片}}^2(\ln r_{\text{膜片}})^2}{1-r_{\text{膜片}}^2}\right]$。$r_{\text{膜片}}$ 是膜片内外径比，这里的内外径指的是由于惯性质块的存在，使得膜片的弹性区对应的半径 R_{in} 和半径 R_{out}；设膜片和光纤之间接触均匀，膜片表面的应变分布即传感光纤上的应变分布，此时膜片式结构在振动下的应变响应是非均匀的，即不同位置的传感光纤所受应变调制不同，因此需用积分计算光纤长度的改变 Δl，可得传感光纤的相位变化量：

$$\Delta\phi=4nk_\lambda(1-p_c)\Delta l \tag{5-15}$$

式中，p_c 为光纤材料的弹光系数，对于掺锗光纤，p_c 约为 0.21。可推导出边缘支撑、夹钳固定、中心加载惯性质量的圆形膜片式结构应用于光纤加速度传感时，传感光纤中的相位调制量与被测加速度间的关系（详细的推导过程可参阅相关文献）[3]：

$$\Delta\phi=\frac{3nk_\lambda C_R m R_{\text{out}}^2(1-\nu_{\text{膜片}}^2)(1-p_c)}{D_S E_{\text{膜片}} H^2(3+\nu_{\text{膜片}})}\times \left[(\nu_{\text{膜片}}-1)(1-r_{\text{膜片}}^2)-2(\nu_{\text{膜片}}+1)r_{\text{膜片}}^2\ln r_{\text{膜片}}\right]\cdot a \tag{5-16}$$

图 5-9 为膜片式光纤加速度计测试系统示意图。

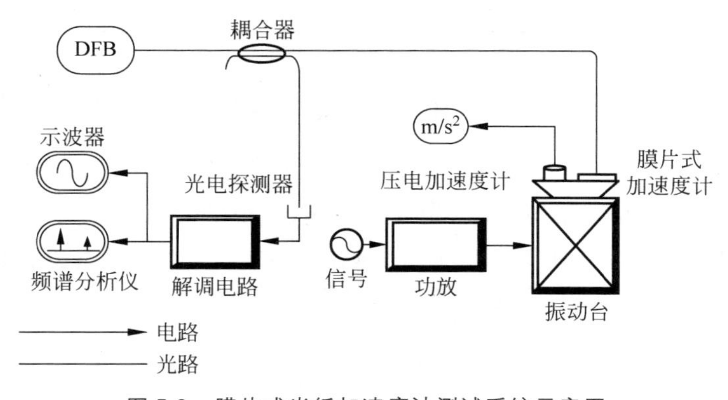

图 5-9　膜片式光纤加速度计测试系统示意图

值得注意的是，传感光纤本身在振动等物理量作用下，产生的轴向应变和横向应变对光纤中折射率的变化有影响。而光纤本身的折射率和长度的相对变化量差别很小，而且符号相反，这导致总相位变化小。需要通过设计传感单元的敏感材料/结构，使光纤的轴向应变增强（数个量级），而横向应变保持不变，此时光纤折射率变化的主因是轴向应变，且折射率相对变化量小于长度的相对变化量、符号相反，两者叠加后光纤中总的相位变化大大增加，即利用传感单元结构实现增敏。

设工作波长为 $\lambda=1550$ nm，光纤受均匀应变作用，对于单位长度的光纤，一个微应变（10^{-6}）对应的相移在 10 rad 这一量级。已有文献报道干涉仪的相位解调精度可以达到 10^{-6} rad[8]，那么相应地可以解调出 10^{-13} 量级的应变，可见相位型光纤传感器的高灵敏度。

弹性材料（聚合物膜片、不锈钢波纹膜片）、形状、支撑方式（中心支撑、边缘支撑）和固定方式（简支固定、夹钳固定）的膜片式光纤加速度传感结构都影响传感性能。对比显示：膜片式传感器的线性好，最小可检测加速度值优于 100 $\mu g/\sqrt{\text{Hz}}$。四种因素对加速度传感系统性能的影响如表 5-2 所示。表中利用“＞”来代表对比项目的因素 1 优于因素 2，用“≫”来代表因素 1 远优于因素 2，而用“＝”来表示在两个因素下的性能相当。

表 5-2　膜片式光纤加速度传感结构性能比较

	膜片材料		膜片形状		支撑方式		固定方式	
	聚合物	波纹	圆形	矩形	中心	边缘	简支	夹钳
灵敏度	>			>	≫		≫	
工作频带		>	>			>		>
交叉去敏度		≫	≫			≫		≫
线性度	=	=		≫		≫	=	=
实用性	≫		≫		=	=	=	=

5.2.2　基于顺变柱体的干涉型光纤加速度传感器

顺变材料对振动信号非常敏感，通常被做成顺变柱体用于振动传感。作为光纤加速度传感器的敏感元件，传感光纤以一定的张力紧密地缠绕在顺变柱体上。振动信号作用时，顺变柱体发生压缩和拉伸，引起光纤上相应的应变。以传感光纤作为干涉仪的信号臂，通过测量光相位漂移可以得到光纤应变变化量，进而测得加速度信号。

为提高灵敏度，光纤加速度传感单元的构架通常包括一个质量块和两个构成推挽结构的顺变柱体，如图 5-6 所示。迈克耳孙干涉仪的两光纤臂在一定的张力作用下分别缠绕在上下两个顺变柱体上。当传感器感受到加速度时，正比于加速度的附加力作用于顺变柱体的端面上；两顺变柱体一个被压缩，另一个被拉伸，从而构成推挽结构。顺变柱体沿轴方向上被压缩（或拉伸）时，必然导致柱体沿外径方向膨胀（或收缩），光纤随之产生形变。因此，顺变柱体外径的变化转化为干涉仪两臂光程差的变化。通过推挽结构的作用，传感器灵敏度是单个顺变柱体相移的2倍。由于迈克耳孙干涉仪的反射式结构，光在传感臂内往返经过2次，因此该传感器在谐振频率下灵敏度为单一传感臂的4倍。即 $\Delta\phi=4nk_{\lambda}l\left(\frac{\Delta l}{l}+\frac{\Delta n}{n}\right)$。在质量惯性系统中，由于有两个推挽的顺变柱体，系统的等效弹性系数为 $2K_{\text{eff}}$（K_{eff} 为单个缠绕光纤顺变柱体的等效弹性系数）。

通过建立顺变柱体的力学模型结合3.8节光纤受应力作用的分析，首先推导出顺变柱体在加速度作用下的长度变化，以及其所导致的顺变柱体的外径变化，进而得到顺变柱体的等效弹性系数和传感器的灵敏度。推导可得顺变柱体的外周长变化 Δc 和干涉仪光程差变化量 $\Delta\phi$ 的关系为

$$\Delta\phi=4\times\frac{2\pi n}{\lambda}N\Delta c\left\{1-\frac{1}{2}n^{2}\left[(1-\mu_{\text{f}})p_{12}-\mu_{\text{f}}p_{11}\right]\right\} \tag{5-17}$$

式中，n 为纤芯折射率；λ 为激光器波长；μ_{f} 为光纤的泊松比；p_{11} 和 p_{22} 为光纤芯材料的应变系数。则光纤加速度传感器的相移灵敏度表达式如式(5-18)所示：

$$\frac{\delta\phi}{a}(\omega)=\left(\frac{\delta\phi}{a}\right)_{0}\times\frac{1}{\sqrt{\left(1-\frac{\omega^{2}}{\omega_{n}^{2}}\right)^{2}+4\xi^{2}\frac{\omega^{2}}{\omega_{n}^{2}}}} \tag{5-18a}$$

$$\left(\frac{\delta\phi}{a}\right)_{0}=\frac{8\pi^{2}nb\nu N}{\lambda HX}\times\frac{m}{K_{\text{eff}}}\times\left\{1-\frac{1}{2}n^{2}\left[(1-\sigma_{\text{f}})p_{12}-\sigma_{\text{f}}p_{11}\right]\right\} \tag{5-18b}$$

式中，顺变柱体的外径 b，ω 和 ω_{n} 是谐振频率；K_{eff} 是顺变柱体的等效弹性系数；顺变柱体高度 $H=N\cdot d_{\text{f}}$；光纤直径 d_{f}；参数 X 反映了缠绕顺变柱体的光纤对顺变柱体的影响；σ 为应力。

推挽式结构非常有利于改善传感系统的性能。当加速度信号作用于传感单元时，构成推挽式结构的两个顺变柱体分别发生压应变和张应变，光纤干涉仪两臂的相位变化等幅反相，产生干涉相长效应；而在噪声作用下，如环境温度，所引起的干涉仪两臂相位变化完全相同，从而产生干涉相消，可很好地抑制噪声。因此，推挽式结构比传统的干涉结构显著改善了系统的信噪比。

通过复用如图5-10所示的3个单分量传感单元，可构成敏感轴相互垂直的三分量加速度传感器。可以同时探测加速度的三个分量，其结构如图5-11(a)所示。其中的S1，S2，S3即三个敏感轴相互垂直的单分量传感单元。

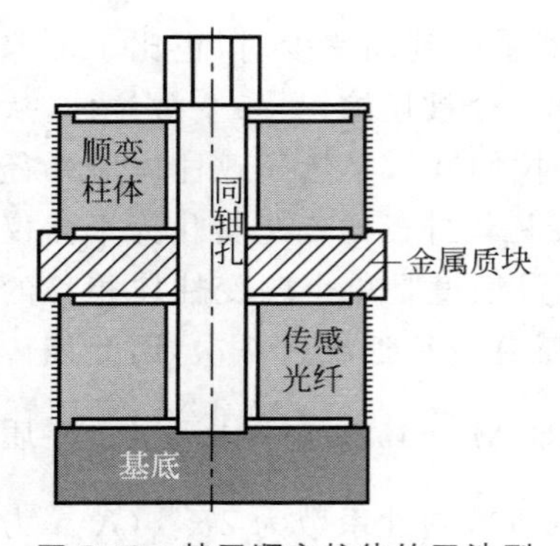

图 5-10　基于顺变柱体的干涉型光纤加速度传感器

由于纯顺变柱体在轴向和交叉向的刚度相当，因此制作的传感单元对交叉方向的振动响应难以抑制，单分量传感特性降低。为增加传感单元轴向和交叉向的振动敏感性差异，需要特殊设计复合顺变柱体结构。例如，将顺变材料蒙在一个波纹管结构外而构成复合敏感柱体。波纹管是一种轴向弹性极好而径向弹性极小的结构，对振动信号具有良好的单方向性响应，因此将其与顺变材料结合而制作的复合柱体在振动下的横向形变被有效抑制，从而保证每个传感探头仅对沿着中心轴方向的振动敏感。图 5-11(b)是单分量复合敏感柱体的剖面示意图，柱体在径向由外到内分别是光纤层、顺变材料层和波纹管。

图 5-11(c)为复合敏感柱体的等效振子模型。

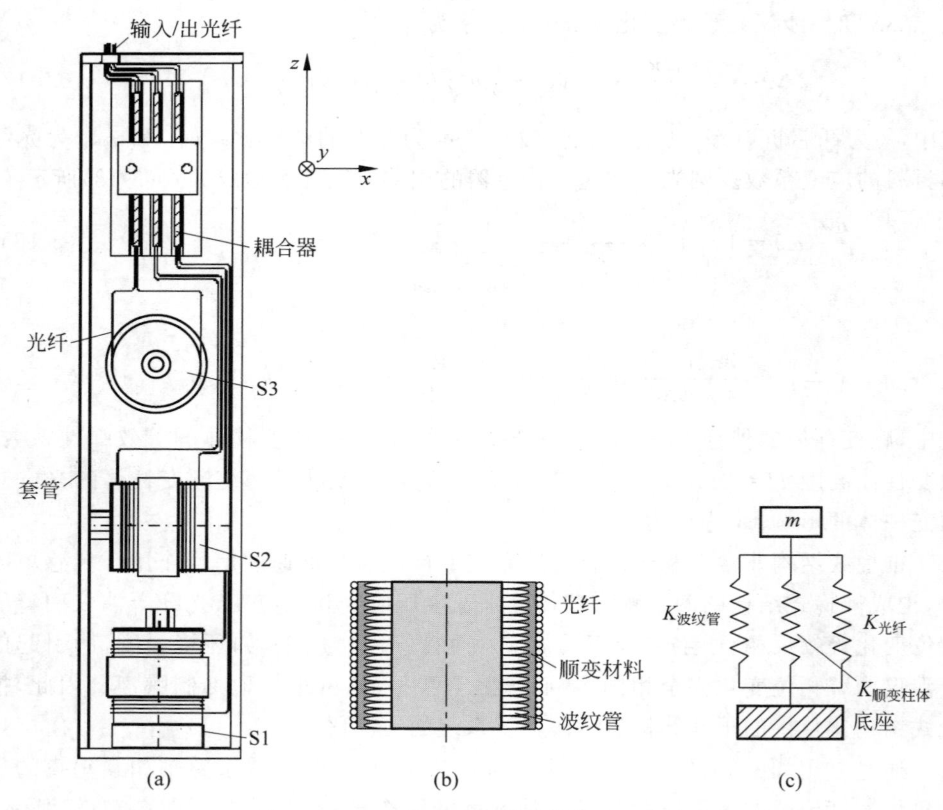

图 5-11　三分量加速度传感器结构示意图

(a) 三分量加速度传感器结构；(b) 单分量复合敏感柱体剖面图；(c) 复合敏感柱体等效振子模型

5.2.3　水听器矢量性的生成和分析

普通水听器又称声压水听器，拾取的信息为声场中某一位置声压信号 $p(R,t)$，单个声压水听器在简单的$\{p\}$空间进行信息处理，矢量信息被忽略。声压水听器也具有定位的功能，但是必须构成阵列。声压水听器定位的方法多样而复杂，已构成了一个独立的研究领域，这里从最简单、常用的相位定位法入手，进而讨论本节的重点——矢量水听器。

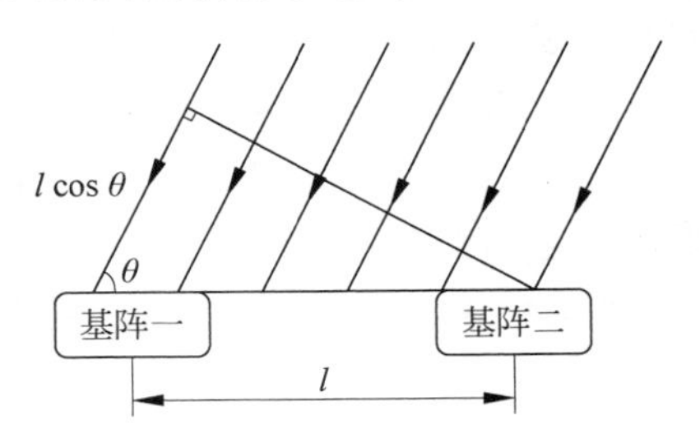

图 5-12　相位法定位的原理简图

相位定位法的基本原理如图 5-12 所示，系统由两个基阵组成，它们之间的距离为 l。当入射的平面声波信号与两基阵连线方向成 θ 角时，两接收阵列收到的信号存在相位差的大小为

$$\Delta\phi=\frac{l\cos\theta}{\lambda}\quad 或 \quad \cos\theta=\frac{\lambda\Delta\phi}{l} \tag{5-19}$$

式中，λ 为声波的波长，测量到相位差 $\Delta\phi$ 之后，可根据式(5-19)计算出声波的一维方向角 θ。

当相位法所用的基阵为无方向性声压传感器时，其应用存在两个限制条件：①基阵之间的距离 l 应远小于传感器阵列到被测声激励源的距离，以满足平面波近似条件；②当 l 大于声波半波长($\lambda/2$)时，由于 $\cos\theta$ 为周期函数，将存在定位的不确定性，如式(5-20)所示，式中 $n=0,1,2,\cdots$，都可能是方程合理的解。

$$\cos\theta=\frac{\lambda(2n\pi+\Delta\phi)}{l} \tag{5-20}$$

而对于一个实用的相位定位法系统，在限制条件①的范围内，且在信号噪声确定的情况下，由式(5-19)可得，l 越大其定位精度越高。但是增大 l 会引入限制条件②的定位不确定性，为解决这一悖论，引入基阵波束形成的概念。

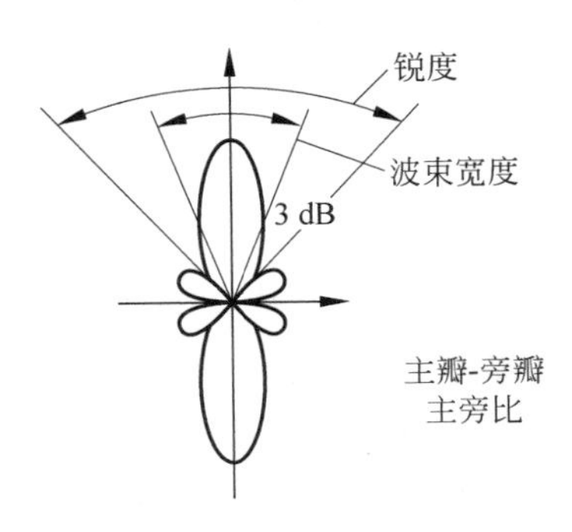

图 5-13　一种典型的传感器波束图

所谓基阵波束，就是图 5-12 中的单一传感器基阵，不再是单一的无方向性声压传感器，而使其拥有方向性特征。一种波束的典型例子和基本参数如图 5-13 所示。通过无方向性传感器阵列的信号处理技术实现传感器阵列的指向性，称为波束形成技术，在雷达定位中获得广泛应用。而矢量

水听器，就是利用单个传感器的矢量性，即实现一种最简单的余弦波束。

普通水听器测量声压信号时，声压的本质反映为声场中某点处水的密度，是标量。矢量传感器的定义：测量水下声场矢量(如声压梯度∇p、质点振速$\boldsymbol{v}$、质点加速度$\boldsymbol{a}$或质点位移$\boldsymbol{s}$)的声接收换能器。即矢量水听器将标量水听器测量的一维标量信号域$\{p\}$，扩展为多维信号域$\{p,\boldsymbol{v},\boldsymbol{a},\boldsymbol{s},\nabla p\}$。

传统压电矢量传感器主要可以分为三种类型：双声压水听器型、不动外壳型和同振球型。其中，前两种测量参量为声压梯度，而同振球型测量的参量则是质点振速。它们都有各自鲜明的特点，同振球型由于高灵敏度和易实现，应用最为广泛，但安装复杂，工作条件要求苛刻；干涉型光纤矢量水听器多基于声压梯度测量。

5.2.4 光纤矢量水听器(声压梯度传感器)的基本结构

图5-14为一种光纤矢量水听器的传感单元的结构图。其中，迈克耳孙干涉仪的两臂都作为传感光纤，分别缠绕在左右两个顺变柱体上，顺变柱体作为换能器端面上分别固定一个声压接收器——膜片。

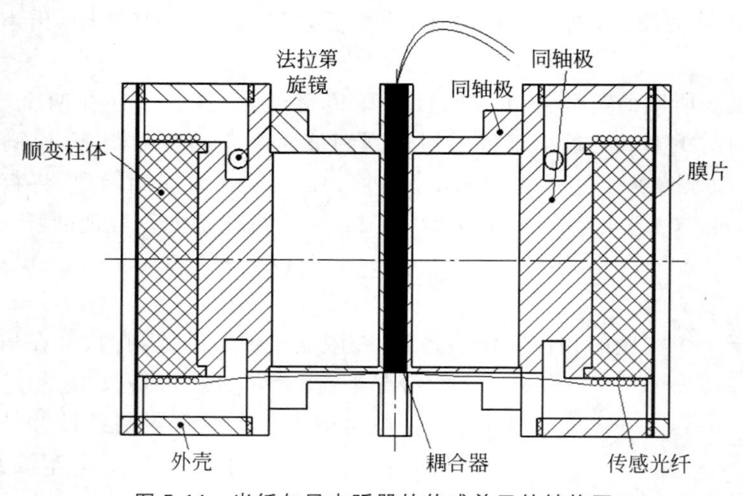

图5-14 光纤矢量水听器的传感单元的结构图

这种光纤矢量水听器可以看成5.2.2节介绍的两个光纤声压传感器的组合。由于耦合器的作用，左右两传感光纤所感受的光程差就为左右两个声压传感器的输出差。因此，此种光纤矢量水听器在本质上为声压梯度类型。假设传感器左右结构对称，膜片表面积为S，两膜片间的距离为d。传感器在平面波声场的受力情况如图5-15所示。

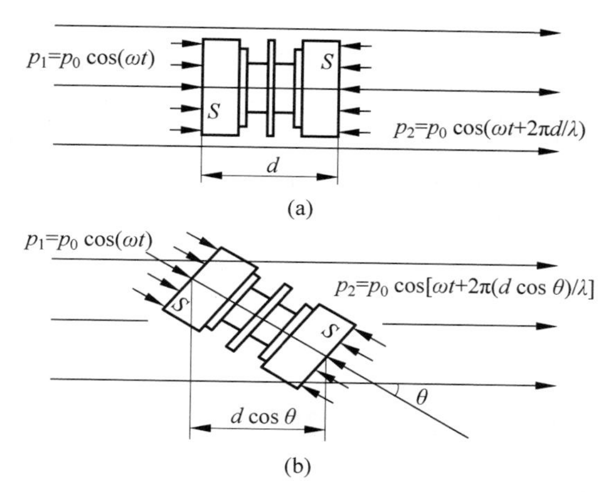

图 5-15　矢量水听器于平面波声场的受力分析

(a) 平面波声场平行于水听器轴；(b) 平面波声场与水听器轴夹角为 θ

假设平面波声场的声压振幅为 p_0，左右膜片的受力 F_1、F_2 分别表示为

$$F_1 = p_0 S\cos\omega t$$

$$F_2 = p_0 S\cos(\omega t + 2\pi d/\lambda) \tag{5-21}$$

因此，传感器的输出信号正比于 $F_1 - F_2$，当 d 远小于声波波长 λ 时，可以表示为

$$\begin{aligned} F_1 - F_2 &= p_0 S\cos\omega t - p_0 S\cos(\omega t + 2\pi d/\lambda) \\ &= -2p_0 S\sin(\pi d/\lambda)\sin(\omega t + \pi d/\lambda) \\ &\approx \frac{-2p_0 S\pi d}{\lambda}\sin(\omega t + \pi d/\lambda) \end{aligned} \tag{5-22}$$

当光纤矢量水听器的纵向主轴和平面声波的传播方向成一定角度 θ 时，左右两膜片受力表面声压信号的相位差变为 $d\cos\theta/\lambda$，代入式(5-22)可得此时传感器的相移响应正比于($F_1 - F_2$)：

$$F_1 - F_2 = \frac{-2p_0 S\pi d(\cos\theta)}{\lambda}\sin(\omega t + \pi d/\lambda) \tag{5-23}$$

由式(5-23)可以清楚地看到传感器响应的余弦指向性，以及传感器对声压梯度的响应灵敏度随声波信号频率的增大而减小。此类型矢量水听器的测量参量为声压梯度，其本质为双声压型传感器，从原理上可分为左右两个声压传感器。这两个声压传感器的一致性将影响矢量水听器的方向性能。

假设左右两个声压传感单元的灵敏度分别为 k_1、k_2，如果它们不相等，且存在比例关系系数 k，$k = k_2/k_1$，则 k 对矢量传感器方向性存在影响。两传感单元的相移 ϕ_1、ϕ_2 分别为

$$\left.\begin{aligned}\phi_1 &= a_1 p_1 = a_1 p_1 \\ \phi_2 &= a_2 p_2 = t a_1 p_2\end{aligned}\right\} \Rightarrow \Delta\phi = \phi_1 - \phi_2 = a_1(p_1 - t p_2) \tag{5-24}$$

矢量水听器的性能优劣一般采用方向图灵敏度最大值 $\Delta\phi_{max}$ 和最小值 $\Delta\phi_{min}$ 的比值 Q 作为一个衡量参数。Q 可以写为式(5-25)的形式，反映声压传感单元一致性 k 值对光纤矢量水听器方向性的影响。

$$Q = \frac{\Delta\phi_{max}}{\Delta\phi_{min}} = \frac{1-k}{\sqrt{[1-k\cos(2\pi l/\lambda)]^2 - k^2\sin^2(2\pi l/\lambda)}} \tag{5-25}$$

5.3 光纤转动传感器(陀螺)

光纤陀螺诞生于1976年，业已发展为惯性技术领域具有划时代意义的主流产品。其原理、工艺和关键技术与传统陀螺仪有巨大差异，具有高可靠性、长寿命、高速和大动态范围等优点，在军用、航天和民用领域都占据了不可替代的位置。

光纤陀螺[6]主要分为干涉型(interference fiber optic gyro，I-FOG)和谐振型(resonant fiber optic gyro，R-FOG)两类。早期也曾研究有源环形谐振腔，但其存在模式锁定而引起的“死区”问题，因此无源光纤环形干涉仪最终成为光纤陀螺技术的主流。

5.3.1 干涉型光纤陀螺

1. I-FOG 原理

使用低损耗单模光纤，采用多匝光路可以有效增强赛格纳克效应，无需谐振腔也可以提供足够的转动速率灵敏度。由转动速率 Ω 引起的 I-FOG 的赛格纳克相移可以表示为

$$\Delta\phi_R = \frac{2\pi LD}{\lambda \cdot c} \cdot \Omega \tag{5-26}$$

式中，λ 为真空中的光波长；D 是光纤环直径；$L = N\pi D$ 为光纤总长度，这里 N 为光纤环匝数。恒定速率产生的相位差为常数，根据双光束干涉原理，输出光强表示为余弦函数：

$$I = I_0(1 + \cos\Delta\phi_R) \tag{5-27}$$

则存在关于 y 轴对称的 $\pm\pi$rad 的单调相位测量区间(图5-16)，对应于 $\pm\Omega_\pi$ 的单值工作范围。则转速的单值区间由式(5-28)确定：

$$\Omega_\pi = \frac{\lambda c}{2LD} \tag{5-28}$$

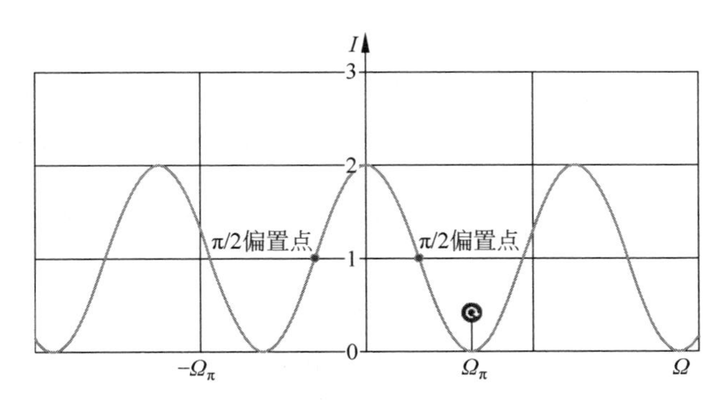

图 5-16　I-FOG 的响应曲线

（请扫V页二维码看彩图）

设光纤环总长度 $L=1$ km，直径 $D=10$ cm，工作波长 $\lambda=1550$ nm 的光纤陀螺，则其转速测量范围 $\Omega_\pi=2.325$ rad/s$=133°$/s；对应于 1 μrad 相位差的转速 $\Omega_\mu=0.152°$/h，则动态范围约 130 dB。

在要求大转速范围的应用中，应采用长度短、直径小的光纤环方案。例如，光纤环总长度 100 m、直径 3 cm 的光纤陀螺，则 $\Omega_\pi=4440°$/s；$\Omega_\mu=5.07°$/h。由于干涉型光纤陀螺一般总是工作在零光程差附近的几个干涉条纹内，因此对所用光源的相干性要求较低，而采用宽带光源将大大降低系统中的寄生效应。

2. 理论灵敏度与光纤长度

无源系统的理论灵敏度由光子散粒噪声决定。在 I-FOG 系统中，光子散粒噪声包括探测器的光电转换过程中的量子效率和响应度与理想值的偏差。将该偏差代入系统可计算得到噪声等效相位差 $\sigma_{\Delta\phi}/\sqrt{\Delta f_{\mathrm{bw}}}=0.77\times10^{-9}/\sqrt{\mathrm{P}}$(rad)，P 为功率，单位 W[1]。设系统的工作波长为 850 nm，偏置功率 1 μW，等效散粒噪声为 10^{-12} W/$\sqrt{\mathrm{Hz}}$，则可得噪声等效相位差为 1 μrad · $\sqrt{\mathrm{Hz}}$。与前述 Ω_μ 值比较可以看到，光纤陀螺的灵敏度很高。

由于随着波长增加，光子能量降低，而同功率的光子数增加，所以，在光纤环直径和光源功率相同条件下，转速引起的赛格纳克相位差与波长成反比，而信噪比则与波长的平方根成正比，用 $10^{-\alpha L/20}$ 估算（α 为光纤的衰减）。即存在一个最佳光纤长度 $L_{\mathrm{op}}=8.7/\alpha$。不难发现，最佳光纤长度远大于实际使用的光纤长度，这主要是动态范围、光纤环体积和灵敏度的折中考虑。

另一方面，光纤陀螺所使用的光纤长度通常不超过 1 km，因此，工作波长选择从 850～1550 nm 的各个通信窗口，光纤陀螺的性能差别不大。选择工作波长的关键考虑是元器件成本、可靠性和标准。

3. 噪声、漂移和标度因素

静止时，光纤陀螺的输出信号即漂移，是一个随机函数，由白噪声和一个缓变函数构成。白噪声，即光子散粒噪声限，用等效转速的标准偏差/检测带宽的平方根(单位：(°%/h)/Hz)表示；等效噪声功率谱密度用标准偏差的平方表示，即$(°\%/h)^2$/Hz。而随机游走的单位是h，仅用于评价白噪声，容易与漂移混淆。

漂移用于评价输出信号平均值的长期变化的峰-峰值范围，单位通常用°/h表示。在光纤陀螺中，噪声极限是探测器噪声，由返回的光功率决定；而漂移对应的是"非互易性"残留，理论上可以消除。对应于不同的应用，快速响应应用要求低噪声，而导航应用则更重视漂移。

标度因子(scale factor)：2005年公布的航天科学技术名词，是输出的变化量与被测量的输入变化量的比值。

带宽：I-FOG的最快响应时间即光在光纤环中的传输时间(200 m光纤约1 μs)，理论带宽约为百千赫兹。但是，后续的信号处理速度使实际带宽降低到千赫兹量级。

5.3.2 谐振型光纤陀螺

1. 光纤环形腔的工作原理

R-FOG利用环形腔的多光束干涉增强赛格纳克效应。与I-FOG相比，R-FOG的理论灵敏度是光纤长度的$F/2$倍(F为环形腔的精细度)。因此，采用较短的光纤即可以实现高灵敏度。但是，环形腔干涉需要高相干度光源，因而不能有效降低各种寄生效应，解调技术难度更高。

参见第3章中的讨论。光纤环形谐振腔的工作原理与F-P腔非常类似(图5-17)，即利用低损耗的光纤耦合器代替F-P的反射镜，使环形腔中多次循环传输光束替代F-P腔的反射光而形成多光束干涉。设环形腔没有传输损耗，且采用2个完全相同的耦合器，则环形腔的精细度表示为

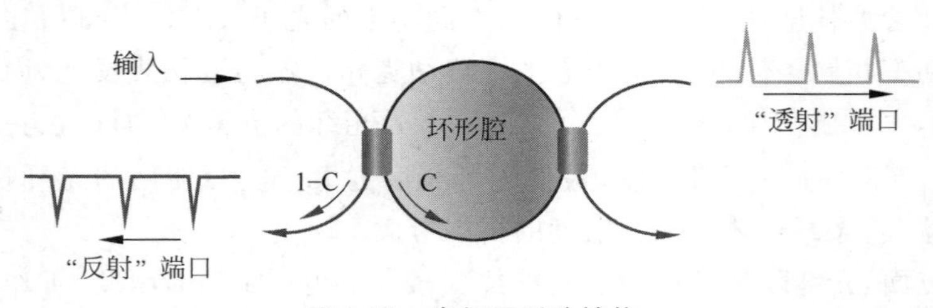

图5-17 光纤环形腔结构
(请扫Ⅴ页二维码看彩图)

$$F = \frac{3}{C} \tag{5-29}$$

式中，C 为耦合器的插入损耗，即 F-P 腔的透射率。透射端的输出可以表示为

$$T(k) = \frac{1}{1 + F\sin^2\left(\frac{nkL_r}{2}\right)} \tag{5-30}$$

式中，传播常数 $k=2\pi/\lambda$；nL_r 为光在环形腔中行进一圈的光程；$F=4(1-C)/C^2$。当环形腔一圈的光程 nL_r 为波长的整数倍时，引起谐振效应，光从透射端输出。谐振响应的周期即自由光谱范围 $\Delta\sigma_{Fr}=1/nL_r(nm^{-1})$，则透射峰的带宽 $\Delta\sigma_{FWHM}=\Delta\sigma_{Fr}/F$。设光源频率 $\sigma_0=1/\lambda_0$ 与环形腔的谐振峰匹配，则透射光功率为转速的函数：

$$P(\Omega) = P_{max}\frac{1}{1 + F\sin^2(\pi\Delta L'_R(\Omega)\sigma_0)} \tag{5-31}$$

式中，$\Delta L'_R(\Omega)$ 是由旋转引起的腔长变化，有 $\Delta L'_R(\Delta\Omega_{Fr})=\lambda_0$，即 $\Delta\Omega_{Fr}=2\lambda_0 c/L_r D$，则角速率响应的半高宽 $\Delta\Omega_{FWHM}$（等效双光束干涉的 $\pm\pi/2$ rad）为

$$\Delta\Omega_{FWHM} = \frac{\Delta\Omega_{Fr}}{F} = \frac{2\lambda_0 c}{FL_r D}, \quad \Omega_\pi = \frac{\lambda_0 c}{2LD} \tag{5-32}$$

而反射端输出的光谱响应曲线则正好与透射端互补。采用两个耦合器，则只有当耦合率完全相同，且谐振腔无损耗时才能获得理想的对比度，这在实际应用中很难实现。而采用一个耦合器的环形腔时，只需要满足耦合率等于腔损耗的条件，即可以获得很高的精细度，且可能得到理想的对比度。而且，可以通过耦合器制备工艺实现无熔接点的谐振光路。但是，R-FOG 的高精细度要求光源具有大相干长度。例如，光纤长度数十米的 R-FOG，精细度为 100 时，光源的相干长度应达到数千米，对应线宽为 10～100 kHz。

2. R-FOG 的信号处理

R-FOG 的信号处理一般分两步，一是采用调制解调获得开环偏置信号，即对未加调制时的输出响应求导；二是将该信号作为闭环反馈电路的输入（误差）信号，可提高标度因素的线性度和稳定性。与 I-FOG 不同的是，R-FOG 的输出并不存在对应于零转速的一个极值，而是满足谐振匹配条件的光源频率和腔长值。通常，利用驱动电流调制光源频率、PZT 等调制谐振腔的腔长值。这种偏置调制解调方法的主要问题是存在非线性和寄生效应，而且对两路信号的对称性要求高。

R-FOG 的信号处理系统如图 5-18 所示。反向传输的两路信号解调后，一路作为偏置误差信号，控制系统工作于谐振峰波长；另一路则作为反馈信号，经闭环电路反馈一个附加频移，对应于被测角速度 Ω，即正反两路信号的谐振频率之

差 Δf_{R}：

$$\Delta f_{\mathrm{R}} = \frac{ND}{n\lambda} \cdot \Omega \tag{5-33}$$

式中，D 是光纤环直径；N 为匝数；n 是光纤折射率；λ 是光源波长。

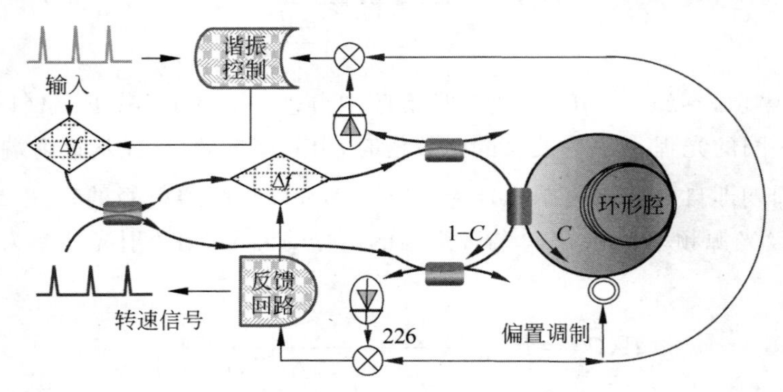

图 5-18　R-FOG 的信号处理系统结构

（请扫Ⅴ页二维码看彩图）

从图 5-18 中可以看到，尽管 R-FOG 的光纤长度比 I-FOG 短，但是系统所使用的元器件（耦合器、调制器）数量远多于 I-FOG，因此其复杂程度大大削弱了其光纤长度上的优势。

3. 环形腔的互易性与寄生效应

环形谐振腔的互易性问题主要来源于光纤中的双折射问题。由于非理想单模光纤中存在 2 个正交偏振模式，所以单模光纤环形谐振腔中就会存在两组谐振。因为两种偏振模式的折射率有微小差异，则其沿光纤环传播一圈的光程不同。当系统无转动时，两组谐振在两个相反的传播方向上完全相同。而实际情况是，光波在单模光纤中传输时，两个正交偏振模式之间总会存在能量耦合，这种寄生交叉模式会降低谐振信号的对称性，而上述互易结构不能完全克服该不对称性，但可以保证两个相反方向上的不对称性一致。

此外，由于使用高相干光源，偏振衰减和偏振抑制都会产生寄生的强度调制，且无法利用宽带光源消除。目前最有效的解决方案是采用单偏振高双折射光纤，如熊猫型、椭圆纤芯光纤等，这也是 R-FOG 的光纤环通常为保偏光纤谐振腔的主要原因。

在保偏光纤谐振腔中，仍然有部分光能量耦合进入交叉偏振模式，引起一个小的寄生谐振峰，随温度变化发生漂移，进而导致主谐振峰的非对称性且不稳定。例如，采用双折射拍长为 1 mm 的保偏光纤 10 m 构成的谐振腔，温度变化 0.1℃时寄生谐振的漂移量就达到了谐振腔的整个自由光谱区范围。作为一种有效的解决方案,可以将环形腔中点处的光纤主轴旋转90°熔接。

除了以上与互易性相关的问题,R-FOG中的瑞利(Rayleigh)背向散射和克尔(Kerr)效应也因为光源的高相干性而变得突出,即主频和背向散射波之间的寄生干涉,以及谐振腔内光功率提高所引起的Kerr效应,成为R-FOG漂移的主因。

与相干性无关的其他寄生效应则与I-FOG中类似,包括法拉第效应、瞬态效应等。

5.4 光纤氢气传感器

根据传感原理,已有报道的光纤氢气传感器[7]主要分为干涉型、微透镜型、消逝场型和光纤光栅型。干涉型光纤传感器中,MZ干涉型氢气传感器最早出现于1984年,1994年报道了菲佐干涉仪结构的光纤氢气传感器,分别如图5-19和图5-20所示。这两种类型的传感原理都是基于钯(Pd)膜的氢气敏感特性。Pd膜吸收氢后产生的伸缩效应使光纤产生轴向应变,进而引起所传输光路的相位改变,通过检测干涉仪输出信号的相位变化量即可以实现对氢气浓度的测量。MZ干涉仪是在传感臂上镀Pd膜,而菲佐干涉仪则是在外套管表面镀一层Pd膜。

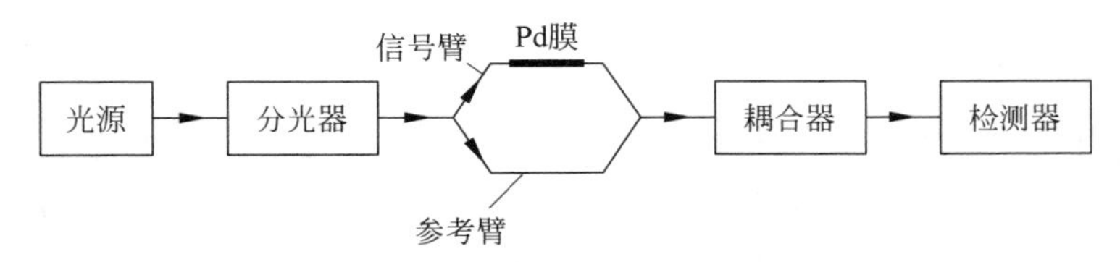

图5-19 光纤MZ干涉型氢气传感器

光纤MZ干涉型氢气传感器难以消除环境温度漂移的影响,且受偏振态衰落影响大;而菲佐干涉仪虽然克服了MZ的固有缺点,但解调技术复杂、难度高。因此,出现了光纤白光菲佐干涉型氢气传感系统。

5.4.1 白光菲佐干涉型光纤氢气传感器

光纤白光菲佐干涉系统主要由三部分组成:白光光源、传感器及解调单元(图5-21)。与单波长激光干涉型氢气传感系统相比,白光干涉型氢气传感系统采用低相干宽谱光源,光源的功率波动和光纤传输损耗对其测量精度影响很小;同时,光谱包含多个单波长信息的组合,信息量远大于单波长系统的输出光强信息量,因此,可以实现高分辨率测量。

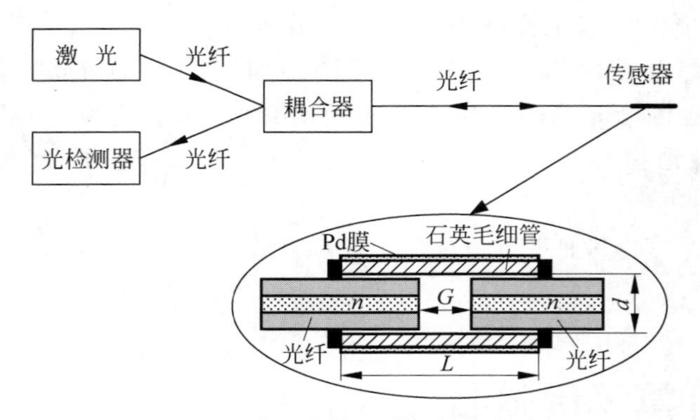

图 5-20　光纤菲佐干涉型氢气传感器

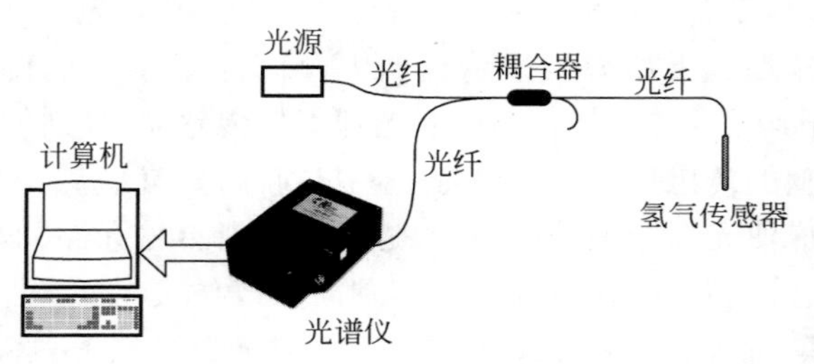

图 5-21　白光菲佐干涉系统结构

(请扫Ⅴ页二维码看彩图)

当被测氢气浓度改变时，传感器中的氢敏膜因吸/放氢气产生形变，导致传感器的腔长改变，从而反射至检测端的干涉光谱信号随之变化，通过干涉光谱数据计算得到传感器的腔长变化量，最终确定被测氢气浓度。

光纤氢气传感器早期采用纯 Pd 膜作为敏感元件，考虑氢脆现象的存在，纯 Pd 膜的使用温度一般在 300℃以上，限制了其在常温常压下氢气测量中的应用。Pd 膜中掺杂其他金属，比如铜(Cu)、银(Ag)、金(Au)可以消除氢脆现象，增强了对氢气的检测能力，一定程度上延长了 Pd 膜在吸氢和放氢过程中的稳定性。

5.4.2　基于相关原理的腔长解调与氢气传感

1. 互相关解调原理

互相关通常用于描述两个不同信号之间的相似程度。设有两个能量有限的实信号序列分别为 $x(a,n)$ 和 $y(b,n)$，其互相关序列 $R_{xy}(a,b)$ 定义为

$$R_{xy}(a,b)=\sum_{n=-\infty}^{\infty}x(a,n)y(b,n) \tag{5-34}$$

当 $x(a,n)$和 $y(b,n)$ 完全相似时，$R_{xy}(a,b)$有最大值。因此，为计算序列 $x(a,n)$中的变量 a，就需要构造一个合适的变换函数 $y(b,n)$，即可事先通过实验测试或理论推导获得；通过调整参数 b，当 $R_{xy}(a,b)$达到最大值时，则 $a=b$，从而解出未知变量 a。这就是互相关解调原理。

在光纤白光干涉型氢气传感器中，在白光光源输出光强稳定的条件下，反射干涉光波形 $I_R(G,\lambda)$只与传感器的腔长 G 有关。当腔长增大时，干涉条纹变密。设存在一个以长度 g 为变量的变换函数 $I(g,\lambda)$：g 的取值范围包含干涉仪所有可能的腔长值，$I(g,\lambda)$的波形随变量 g 的变化而变化，当 $g=G$ 时，$I(g,\lambda)$的波形与 $I_{sp}(G,\lambda)$的波形最相似，即两函数乘积的积分值最大。因此，得到 $I_{sp}(G,\lambda)$ 与 $I(g,\lambda)$ 的互相关函数为

$$R(g)=\int_{\lambda_{\min}}^{\lambda_{\max}} I_R(G,\lambda)\cdot I(g,\lambda)\mathrm{d}\lambda \tag{5-35}$$

式中，λ 为工作波长。由式(5-35)可知，互相关函数 $R(g)$为长度 g 的函数，这里 g 是模拟腔长。$R(g)$取最大值时，对应的模拟腔长值 g 就是真实的待测传感器腔长 G。

设传感系统的光源为 LED，且 LED 的发射光谱近似高斯分布，描述为

$$I_0(\lambda)=I_0\exp\left[-\frac{(\lambda-\lambda_0)^2}{(\Delta\lambda)^2}\right] \tag{5-36}$$

式中，λ_0 是峰值波长；I_0 为对应于 λ_0 的峰值强度；$\Delta\lambda$ 是光源谱宽。对于菲佐干涉型光纤传感器，其归一化干涉光谱为

$$I_R(G,\lambda)=R\left[1+\eta_F-2\sqrt{\eta_F}\cos\left(\frac{4\pi G}{\lambda}\right)\right] \tag{5-37}$$

式中，η_F 为光束传输耦合系数。滤除直流项后，得

$$I_{\eta_F}(\lambda)=-2R\sqrt{\eta_F}\cos\left(\frac{4\pi G}{\lambda}\right) \tag{5-38}$$

2. 传感光束的耦合系数计算与腔长解调

白光干涉传感器中，当入射光纤为单模光纤时，由于传输光束在空气腔内发散和光纤的孔径效应，干涉条纹对比度随腔长增加而下降。将入射光纤简单视为点光源，会引入理论与实验结果的误差。以反射光纤端面为对称中心对入射光纤端面做镜像处理，通过计算返回高斯光束与光纤中传输的高斯光束的两光场积分，则可以得到耦合系数的简易表达式[7]：

$$\eta_F=\frac{\left|\int\psi_{e1}(r,z)\mathrm{d}s\right|}{\left|\int\psi_{e1}(r,z)\mathrm{d}s'\right|}=\frac{\left|\int_0^a\psi_{e1}(r,z)r\mathrm{d}r\right|}{\left|\int_0^\infty\psi_{e1}(r,z)r\mathrm{d}r\right|} \tag{5-39}$$

近轴条件下，基模高斯光束由光纤耦合到传感器的空气腔内自由传输时，

$$\psi_{e1}(r,z)=A\ \frac{w_0}{w_1}\exp\left(-\frac{r^2}{w_1^2}\right)\exp\left(-\frac{\mathrm{j}k_0r^2}{2R}-\mathrm{j}\phi\right) \tag{5-40}$$

式中，w_0 为基模高斯分布光场的模场半径；$w_1(z)=w_0\sqrt{1+(z/z_{\mathrm{R}})^2}$ 为高斯光束在自由空间沿 z 轴（光纤轴向）传输的模场半径，这里 $z_{\mathrm{R}}=\pi w_0^2/\lambda$ 为瑞利距离；$R(z)=(z^2+z_{\mathrm{R}}^2)/z$ 为等相位面半径；$k_0=2\pi/\lambda$ 为传播常数；$\phi(z)=-\arctan(z/z_{\mathrm{R}})$为附加相位差。

考虑到相关算法的计算量大，解调时可以设定一个初始腔长值，并在初始腔长附近一定区域内（例如，3 μm）利用互相关解调方法，计算传感器腔长的精确值。初始腔长的估算可以采用如条纹计数法等精度低且简单的方法。

首先，将菲佐腔长调到预设的最小值，得到互相关函数在 $g=0$ 时的最大值并存储，其表达式为

$$R_{\max}(0)=2(v_2-v_1)R^2 \tag{5-41}$$

然后，利用 $R_{\max}(0)$将所得的互相关函数的最大值 $R_{\max}(G)$归一化，则可由式(5-35)得到传感器腔长理论值。图 5-22 为分别用耦合系数法与解调算法得到的腔长对比图。可以看出，用两种方法得到的传感器腔长值之差皆小于 3 μm，由此排除了产生粗大误差的可能性。

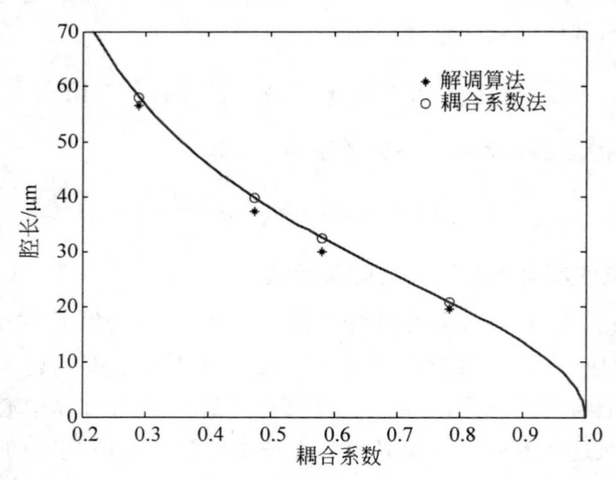

图 5-22　利用耦合系数法与解调算法得到的传感器腔长的关系

（请扫Ⅴ页二维码看彩图）

3. 氢气浓度的测量

氢气传感系统用于长期在线监测密闭气罐内氢气含量的微量变化，为静态测量，相应的传感器设计可选择静态精度指标。设传感单元采用如图 5-23 所示的 EFPI 结构。Pd-Ag 合金膜厚度为 300 nm，传感器标距 $L=3$ cm，E_{PA} 为 Pd-Ag 合金的杨氏模量，α_{PA} 为 Pd-Ag 合金的热膨胀系数，E_s 为石英毛细管的杨氏模量。

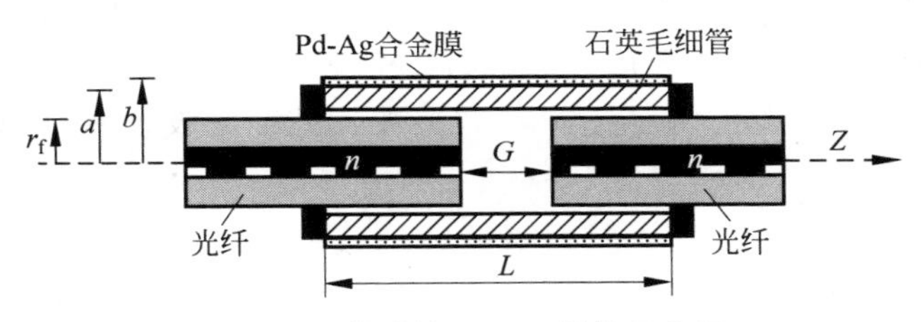

图 5-23　传感单元 EFPI 结构示意图

当传感单元置于氢气环境中时，利用 5.4.2 节 2. 的互相关解调技术可以得到腔长变化量 ΔG 和氢气浓度 C 的关系表达式为

$$\Delta G = 0.12\alpha \frac{\sqrt{C}}{k} \cdot \frac{E_{PA}(b^2 - a^2)L}{(b^2 - a^2)E_{PA} + (a^2 - r_f^2)E_s} \tag{5-42}$$

式中，E_{PA} 取经验值 150 GPa；$E_s=73$ GPa；内径 $r_f=62.5\ \mu$m；外径 $a=150\ \mu$m；含 Pd 膜半径 b，氢气浓度 $C=4\%$；Sievert 系数 $k=350\ \text{Torr}^{1/2}$（1 Torr = 133.322 Pa）；设理论幅值的修正系数 $\alpha=0.95$。计算可得传感器对氢气浓度的响应曲线如图 5-24 所示，由此通过波长漂移测量得到氢气浓度。

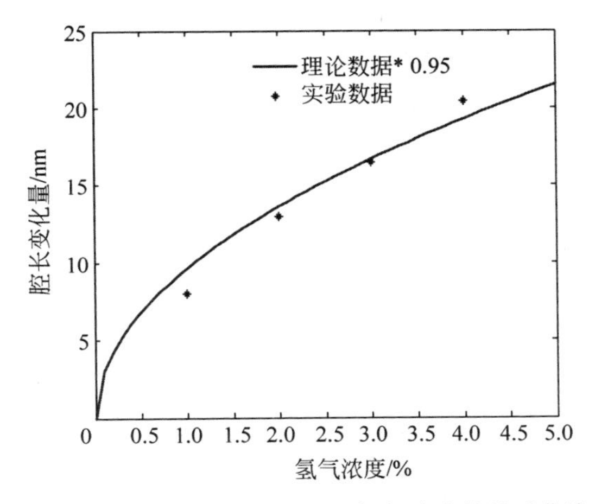

图 5-24　传感单元腔长变化与氢气浓度的关系曲线

5.5 长周期光栅 MZ 干涉型折射率传感器

5.5.1 长周期光栅 MZ 干涉仪原理

长周期光栅(long period grating,LPG)是利用紫外光辐射引起纤芯折射率的周期(百微米量级)性调制而形成。根据耦合模理论,LPG 中纤芯导模和同向传输的包层模式发生耦合,结果其透射谱在共振波长处形成吸收峰,且共振波长 $\lambda_{R,j}$ 满足相位匹配条件：

$$\lambda_{R,j}=(n_{\text{eff}}^{\text{co}}-n_{\text{eff},j}^{\text{cl}})\Lambda \tag{5-43}$$

式中,Λ 为 LPG 的周期；$n_{\text{eff}}^{\text{co}}$ 和 $n_{\text{eff},j}^{\text{cl}}$ 分别是纤芯导模和第 j 阶包层模的有效折射率。根据光纤的色散关系可知,光纤芯模的有效折射率由光纤材料(纤芯和包层)的折射率及纤芯直径决定,而包层模式的有效折射率 $n_{\text{eff},j}^{\text{cl}}$ 还与外界折射率有关。

当两个透射率为 3 dB 左右的 LPG 级联时,即形成 LPG-MZ 干涉仪[8],其原理示意图如图 5-25 所示。由第一个光栅耦合到包层模式的光波在第二个光栅处又耦合回到芯层模式传播,并与直接通过光纤纤芯的光波发生干涉,其输出结果是在原来 LPG 的阻带内形成干涉条纹。LPG-MZ 干涉仪的透射输出可以由耦合模理论和传输矩阵得到[9]：

$$T=t^2+r^2\exp(-2\alpha L)-2tr\exp(-\alpha L)\cos\psi \tag{5-44}$$

式中,α 为包层模的损耗系数,$\alpha=1$ 为无损耗,$\alpha=0$ 为完全损耗；L 为两个光栅中心之间的距离；d 为光栅的长度；t 和 r 分别定义为

$$t=\cos^2 sd+\left(\frac{\Delta\beta}{2s}\right)^2\sin^2 sd \tag{5-45}$$

$$r=\left(\frac{\kappa\kappa^*}{s^2}\right)^2\sin^2 sd \tag{5-46}$$

κ 为模间耦合系数,ψ 为经过一对 LPG 后芯模和包层模之间的相对相位差,可以表示为

$$\psi=\arctan\left(-\frac{\Delta\beta}{2s}\tan sd\right)+\Delta\beta d-(\beta_{\text{co}}-\beta_{\text{cl}})L \tag{5-47}$$

式中,β_{co},β_{cl} 分别为芯层模和包层模的传播常数。s 和 $\Delta\beta$ 分别定义为

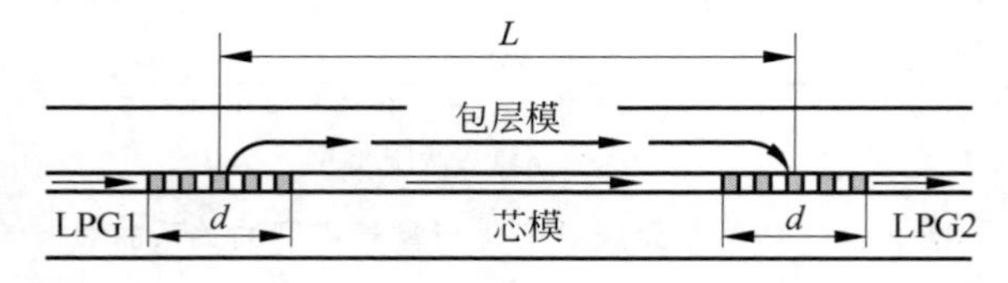

图 5-25　LPG-MZ 干涉仪示意图

$$s^2 \equiv \kappa\kappa^* + \left(\frac{\Delta\beta}{2}\right)^2, \quad \Delta\beta \equiv \beta_{co} - \beta_{cl} - \frac{2\pi}{\Lambda} \tag{5-48}$$

当光栅的耦合系数较小时，在共振波长附近可认为 $\Delta\beta$ 为 0，这时相对相位差 ψ 就可近似写为

$$\psi \approx -(\beta_{co} - \beta_{cl})L = -\frac{2\pi}{\lambda}\Delta n_{eff}L \tag{5-49}$$

式中，Δn_{eff} 为芯层模和包层模的有效折射率差，定义为

$$\Delta n_{eff} \equiv n_{eff}^{co} - n_{eff,j}^{cl} \tag{5-50}$$

当 $\psi = 2m\pi$ 时，透射谱干涉条纹在峰值波长 λ_p 处有极小值：

$$\lambda_p = -(n_{eff}^{co} - n_{eff,j}^{cl})L/m \quad (m \text{ 为负整数}) \tag{5-51}$$

5.5.2 LPG-MZ 干涉折射率传感

任何能引起干涉仪相对相位差变化的微扰作用于干涉仪的一臂时，干涉条纹就会受到调制。当 LPG-MZ 干涉仪周围的折射率改变时，包层模的光程发生变化，从而引起干涉条纹的移动。因此，根据干涉条纹的移动量就能测出外界折射率。

当 LPG-MZ 干涉仪周围折射率变化时，引起光纤包层模有效折射率的改变。而外界折射率的变化几乎不影响芯模的有效折射率，所以芯模有效折射率的改变量可以忽略不计。因此，LPG-MZ 干涉仪的相对相位差可以表示为

$$\psi = -\frac{2\pi}{\lambda}[(n_{eff}^{co} - n_{eff,j}^{cl})L - \Delta n_{eff,j}^{cl}L] \tag{5-52}$$

式中，$\Delta n_{eff,j}^{cl}$ 是由外界折射率变化引起的包层模有效折射率的改变量。式(5-52)表明，由外界折射率变化引起的相对相位差改变量与包层模及两光栅中心间距 L 有关：L 越大，外界折射率变化引起的相对相位差改变量也越大。为保持峰值波长处 $2m\pi$ 的相位差不变，则对应干涉峰值波长的移动量 $\Delta\lambda_p$ 为

$$\Delta\lambda_p = \Delta n_{eff,j}^{cl} \cdot L/m \quad (m \text{ 为负整数}) \tag{5-53}$$

根据式(5-51)，式(5-53)又可以表示为

$$\Delta\lambda_p = -\lambda_p \frac{\Delta n_{eff,j}^{cl}}{\Delta n_{eff}} \tag{5-54}$$

从式(5-54)可知，当外界折射率增加时，$n_{eff,j}^{cl}$ 也变大，引起干涉条纹蓝移。而且干涉条纹的移动量只与包层模阶数及干涉峰波长 λ_p 有关，而与两光栅中心之间的距离 L 无关。

需要强调的是，前面提到的干涉条纹移动仅仅是由相对相位差改变引起的，是指阻带内的干涉条纹移动，也就是说干涉条纹移动的参考标准为 LPG 的阻带。而实际上，将 LPG-MZ 干涉仪用于折射率传感时，整个干涉仪都处于被测的样本中，

所以 LPG 的阻带本身也会随着外界折射率的变化而移动，大小为

$$\Delta\lambda_{R,j} = -\Delta n_{eff,j}^{cl} \cdot \Lambda \tag{5-55}$$

从式(5-55)可以看出，当外界折射率变大时，LPG 的阻带也发生蓝移。所以，LPG-MZ 干涉仪的绝对波长移动量 $\Delta\lambda_{Dip}$ 是 LPG 阻带和阻带内干涉条纹移动量两部分之和，即

$$\Delta\lambda_{Dip} = \Delta\lambda_{R,j} + \Delta\lambda_{p} \tag{5-56}$$

由于 LPG-MZ 的干涉条纹只产生在 LPG 的阻带内，且选择跟踪阻带中心附近的干涉峰，则可以假设 $\lambda_p \approx \lambda_{R,j}$。由式(5-43)、式(5-51)、式(5-54)～式(5-56)可以推出 $\Delta\lambda_{R,j} \approx \lambda_p$，所以 $\Delta\lambda_{Dip} \approx 2\Delta\lambda_{R,j}$。可见，利用波长检测的方法进行外界折射率传感时，LPG-MZ 干涉仪的灵敏度是单 LPG 的 2 倍。

为提高 LPG-MZ 干涉仪的折射率灵敏度，应增大 $\Delta n_{eff,j}^{cl}$。方法有两个：

(1) 腐蚀包层的 LPG-MZ 干涉仪；

(2) 采用双锥 LPG-MZ 干涉仪。

在腐蚀包层 LPG-MZ 干涉仪中，包层直径的减小导致波导结构的变化，包层模在外围介质中的倏逝场增强，所以能提高 LPG-MZ 干涉仪的折射率测量灵敏度。实验结果显示：随着包层直径的减小，透射谱中的干涉条纹发生红移，且对应的包层模阶数越高，移动量越大；同时，干涉强度也在增大。

由上述讨论可见，LPG-MZ 实际上是单根光纤构成的新型 MZ 干涉仪。

参考文献

[1] 王利威. 光纤水听器体阵列及其若干关键技术的研究[D]. 北京：清华大学，2007.

[2] 施清平. 干涉型光纤检波器地震拖缆关键技术研究 [D]. 北京：清华大学，2011.

[3] 殷铠. 芯轴干涉型光纤水听器基元与解调技术研究[D]. 北京：清华大学，2008.

[4] 张华勇. 基于匹配干涉仪结构的光纤水听器时分复用技术[D]. 北京：清华大学，2011.

[5] 曾楠. 光纤加速度传感器若干关键技术研究[D]. 北京：清华大学，2005.

[6] LEFEVRE H C. 光纤陀螺仪[M]. 北京：国防工业出版社，2002.

[7] 杨振. 基于白光干涉的光纤氢气传感系统设计与实现研究[D]. 北京：清华大学，2011.

[8] 丁金妃. 光纤光栅折射率传感技术研究[D]. 杭州：浙江大学，2006.

[9] PANDRIDGE A，TVETEN A B，GIALLORENZI T G. Homodyne demodulation scheme for fiber-optic sensors using phase generated carrier [J]. IEEE Journal of Quautum Electronics，1982，QE-18：1647-1653.